日本陸軍の軍事司法制度

〜「指揮・統制」と「公正性・人権」の視点から〜

The Military Justice System of the Japanese Army:
The balance between 'military command and control', and
'a fair system for the protection of human rights'

著／ 石橋早苗 ISHIBASHI Sanae

目 次

凡 例 ……………………………………………………………… 6

序章　本論文のテーマと研究方法

第 1 節　本論文のテーマ ……………………………………… 7

第 2 節　軍事司法制度一般の史的過程 ……………………… 8

第 3 節　先行研究 …………………………………………… 14

第 4 節　本論文の意図 ……………………………………… 16

第 5 節　研究方法と本論文の構成 ………………………… 19

第 6 節　用語について ……………………………………… 20

　　1　法律用語 …………………………………………… 20

　　2　その他の用語 ……………………………………… 21

第 1 章　陸軍軍事司法制度の全体像と内容

第 1 節　陸軍軍事司法制度の全体像 ……………………… 25

第 2 節　軍事司法制度と憲法の関係 ……………………… 27

　　1　特別裁判所としての位置付け …………………… 27

　　2　国民の権利との関係 ……………………………… 30

第 3 節　陸軍刑法 …………………………………………… 30

　　1　陸軍刑法の変遷 …………………………………… 30

　　2　陸軍刑法の特性──保護法益、効力 …………… 34

　　3　陸軍刑法の特性──罪 …………………………… 39

　　4　陸軍刑法の特性──刑 …………………………… 43

第 4 節　陸軍軍法会議 ……………………………………… 43

　　1　陸軍軍法会議法の変遷 …………………………… 44

　　2　陸軍軍法会議の仕組み …………………………… 50

第 5 節　憲兵制度 …………………………………………… 56

　　1　憲兵制度の変遷 …………………………………… 57

　　2　軍事司法における憲兵の位置付け ……………… 58

第6節　懲罰制度 ……………………………………………………………… 59

　　1　懲罰制度の変遷 ………………………………………………………… 59

　　2　懲罰制度の特性と内容 ………………………………………………… 59

第7節　指揮・統制と公正性・人権の視点からの分析 ………………………… 62

　　1　指揮・統制への寄与 …………………………………………………… 63

　　2　公正性の担保と人権の擁護 …………………………………………… 64

第2章　指揮・統制と公正性・人権──米国陸軍の場合

第1節　検討方法 ………………………………………………………………… 75

第2節　米国陸軍軍事司法制度の変遷（統一軍法制定前まで） ……………… 76

第3節　米国陸軍軍事司法制度の内容 ………………………………………… 78

　　1　陸軍軍事司法制度の人的適用範囲 …………………………………… 78

　　2　陸軍軍事司法制度が扱う案件の範囲 ………………………………… 79

　　3　軍法会議の種類 ………………………………………………………… 79

　　4　裁判手続 ………………………………………………………………… 80

　　5　罪と罰 …………………………………………………………………… 80

第4節　米国陸軍軍事司法制度の特性──指揮・統制への寄与 …………… 82

第5節　米国陸軍軍事司法制度の特性──公正性の担保と人権の擁護 …… 83

第3章　平時における陸軍軍事司法制度の運用実態

第1節　検討方法 ………………………………………………………………… 88

　　1　「陸軍省統計年報」について …………………………………………… 88

　　2　検討の手順 ……………………………………………………………… 89

第2節　1922（大正11）年における軍法会議の運用実態 …………………… 90

　　1　軍法会議 ………………………………………………………………… 90

　　2　高等軍法会議 …………………………………………………………… 95

第3節　50年間における推移（1887年から1937年まで） …………………… 96

　　1　軍法会議の処理人数 …………………………………………………… 97

　　2　人数の多い罪名 ………………………………………………………… 98

　　3　刑名・刑期別の人数 …………………………………………………… 99

　　4　身分・階級別の人数 ………………………………………………… 100

　　5　死刑宣告を受けた者の人数 ………………………………………… 102

第4節　指揮・統制と公正性・人権の視点からの分析（平時） …………… 103

第 4 章 　 戦時における陸軍軍事司法制度の運用実態

第 1 節 　 検討方法――使用する資料について …………………………… 107

1 　 復員局調製「陸軍軍法会議廃止に関する顚末書」 ……………… 107

2 　「支那事変大東亜戦争間 動員概史 (草稿)」 ……………………… 108

3 　「支那事変の経験に基づく無形戦力軍紀風紀関係資料 (案)」 … 109

4 　 戦後刊行された日中戦争期の陸軍軍法会議関係資料 …………… 110

5 　 その他、日中戦争に従軍した個人の手記等 ……………………… 110

第 2 節 　 戦争への制度的対応 ……………………………………………… 111

1 　 制度上および運用上の対応 ………………………………………… 111

2 　 日中戦争における陸軍軍法会議の設置状況 ……………………… 114

第 3 節 　 統計に見る軍法会議の運用実態 ………………………………… 116

1 　 年間処刑人数の変化 ………………………………………………… 117

2 　 中国戦線における年間処刑人数 …………………………………… 118

3 　 戦地において犯罪人数の多い犯罪 ………………………………… 119

4 　 戦地における階級別犯罪人数 ……………………………………… 122

5 　 戦地における役種別犯罪人数 ……………………………………… 123

6 　 部隊の状態別犯罪人数――中支軍の場合 ………………………… 124

第 4 節 　 戦地における軍事司法制度の機能不全――日中戦争の例 …… 125

第 5 節 　 指揮・統制と公正性・人権の視点からの分析 (戦時) ……… 128

終章 　 結論 …………………………………………………………………… 135

参考文献 ……………………………………………………………………… 142

索引 …………………………………………………………………………… 147

【付録】参考資料＊ ………………………………………………………… 234

【付録】参考資料について ………………………………………………… 232

1 　「昭和十二年 　陸軍省統計年報 (第四十九回)」(昭和 14 年 3 月陸軍省印刷) より「Ⅵ．刑罰」を抜粋 ……………………………………………………………………… 231

2 　「支那事変の経験に基づく無形戦力軍紀風紀関係資料 (案)」(昭和 15 年 11 月大本営陸軍部研究班) 第 1 号「支那事変に於ける犯罪非違より観たる軍紀風紀の実相竝に之が振粛対策」より「第 3 章 　支那事変の経験より観たる軍紀振作対策」を抜粋 …………… 195

あとがき ……………………………………………………………………… 236

著者略歴 ……………………………………………………………………… 238

＊【付録】参考資料は 234 ページから始まり、巻末から巻頭の方向に配列されている。

凡 例

1　年号については西暦を基本とし、便宜的に和暦を併記した。

2　資料の文章を引用する時は、読みやすくするために、旧字体は現行漢字に、片仮名書きは平仮名書きに改めて濁点や半濁点を補うとともに、適宜句読点を付加した。また、引用文中の傍点および振仮名はすべて引用者（筆者）による。

3　注は各章末に付した。

4　章末の注などに現れるアルファベット1文字と数字11桁からなる番号は、国立公文書館アジア歴史資料センターが各資料に振っている「レファレンス番号」である。先頭のアルファベットは、当該資料の原本所蔵機関を示し、Aが国立公文書館、Bが外務省外交史料館、Cが防衛省防衛研究所などとなっている。

5　引用文献の著者について、その肩書や略歴等を紹介する場合は、特に断りのない限り、当該文献の記載に基づく。

6　「【付録】参考資料」には、縦書きの文書が含まれている。このため、「【付録】参考資料」のみ、ページの配列は巻末から巻頭の方向である。

序章　本論文のテーマと研究方法

第1節　本論文のテーマ

　古来より軍隊には多くの場合、上位者の命令への不服従や敵前逃亡といった、軍隊の規律を乱す行為をなした軍隊構成員に対して、司令官が制裁を加える仕組みがあった。そのような仕組みが変遷を重ね、近代的な軍隊において、軍事裁判所、あるいは軍法会議と呼ばれる制度となって現代に至っている。多くの国では現在でも、通常の刑事裁判とは別に、原則として軍人により構成され、もっぱら軍人を裁く軍事裁判所を有している*1。これは、後述するように、軍隊にとって規律（以下、軍隊の規律を「軍紀」と呼ぶ）の維持は、その存立にかかわる極めて重要なものであり、軍事裁判所制度は、軍紀を維持するための有力な手段であると見なされているからである。なお、いうまでもないが、現代の日本には、少なくとも法令上は軍隊を保有していないこともあり、軍事裁判所は存在しない。

　ところで、軍事裁判所制度あるいは軍法会議制度は、それに関連する制度や法令と組み合わさって機能している。すなわち、主として軍の構成員に適用され、軍事的な犯罪などを規定した軍刑法（軍法とも呼ぶ）、被疑者の捜査や捕縛などを担う憲兵制度、懲役刑や禁錮刑を宣告された受刑者が刑に服す軍刑務所である。本論文では、これらを一連の制度と捉え、「軍事司法制度」と呼ぶ。

　日本においても、明治初年の建軍とともに軍事司法制度が創設され、種々変遷を重ねたが、軍隊の解体とともに、特別裁判所（後出）の設置を禁ずる「日本国憲法」が施行された1947（昭和22）年5月をもって、完全に消滅した。消滅から相当の時間が経過しており、また、戦後日本の様々な分野に見られた軍事的な事柄を忌避する風潮も相まって、日本軍の軍事司法制度に関する研究の積み重ねは、決して豊かとはいえない。

　本論文は、日本陸軍の軍事司法制度について、それを、「指揮・統制への寄与」（単に指揮・統制とも呼ぶ）と「公正性の担保と人権の擁護」（単に公正性・人

権とも呼ぶ）という、時として両立が難しい二つの要素を持つ制度として捉え、これをいかにして作り、運用しようとしたかという視点から、その「全体像」を捉えることをテーマとし、多少なりともこの分野の研究に寄与しようと試みるものである。特に、平時には公正性・人権の要素は、ほぼ制度が規定するところに沿って運用されているものの、戦時、特に戦争が長期化し、戦況が悪化した際には、公正性・人権の要素は縮小する、という軍事司法制度に内在する本質的な問題が、実態としてどのように表出していたか、また、当時の日本陸軍や政府は、そのような実態に対してどのように臨んだのかについて焦点を当てたい。この点については、「第4節　本論文の意図」においてさらに説明を加える。

　本論文のテーマにある「全体像」とは、上述した各部分からなる軍事司法制度を一体的に捉えるという意味と、制度の仕組みといった静的な面だけではなく、平時と戦時の両面にわたる制度の運用実態に、できる限り迫ることを意味している。なお、日本陸海軍はそれぞれ独立した軍事司法制度を持っていたが、制度的には極めて類似していた。その点を考慮し、本論文は陸軍の軍事司法制度のみを研究対象とする。

　以下、本章では、軍事司法制度一般の史的過程について論述した後、日本における先行研究について確認する。それらを踏まえて、研究の意図と方法等について説明したい。

第2節　軍事司法制度一般の史的過程

　次章でも言及するが、日本の軍事司法制度は欧州のそれを範として導入され、西洋の軍事司法制度の流れをくむものであった。それでは、西洋において軍事司法制度は、どのような過程を経て形成・発展してきたのであろうか。本節では、西洋の軍事司法制度を対象として、軍事司法制度一般の史的過程を確認し、その基本的性格について考えたい。

　英国陸軍の主任法務官であるジェフ・ブラケット（Jeff Blackett）は、どの時代のどの軍隊でも、独自の軍事司法制度を創設して使う必要があったという。また、規律とその強制は、指揮（command）の基礎的な要素であり、作戦上の

効率性の前提であったと指摘している＊²。そして、例として古代ローマの場合を挙げている。ローマ人の法典は、一般的な犯罪と、軍隊や軍人に固有な犯罪とを区分し、それぞれについて違反に対する罰が明示されていた。例えば、「適法命令への不服従」については、次のように規定されていた＊³。

> 　兵が五人隊長に従わず反抗したときは、懲罰を受けさせる。五人隊長が十人隊長に、または十人隊長が百人隊長に従わないときも同様である。兵が上官に反抗し、上官がカウント（count）または軍団司令官であったときは、最高刑を受ける。下位の者が、将軍または総司令官に反抗したときは、それが誰であれ、死刑に処される。

　この例のように、上官の命令に従わず、あるいは反抗する者に制裁を加える趣旨の規定は、ほとんどの軍法に共通するものであるとブラケットはいう＊⁴。

　ローレンス・モリス（Lawrence J. Morris）＊⁵は、次のように指摘する＊⁶。軍人は伝統的に「一つの独立した社会」を形づくっている。一般社会の一員である市民も、いったん軍隊の構成員になれば、軍隊に特有な決まりに従わなければならない。その最たるものは、命令に対して直ちに服従することである。また軍人は、自分の生命や身の安全を危険に晒すことを厭わないなど、一般社会には見られない事柄が期待される。こうしたことが、軍隊が規律と裁判に関する独自の仕組みを持つ必要性を生み出してきた。と同時に、これらのことが軍事司法制度の存在理由であり、21世紀の今日までそれが存続してきた理由であるという。

　さらにモリスはいう。軍事司法制度に関わる法律の存在理由を一つだけ挙げるとすれば、有効な戦闘部隊を維持するのに必要な軍隊特有の事柄を、うまく制御するための規律の強制である。なぜなら、軍隊組織にとって最も核心的な事項は、適法な命令に対する服従であるからである。つまり、規律は軍隊の有効性と密接に結びついている。

　また、モリスは次のようにも指摘している。前近代における軍規律は、制裁と許し以外のことに関して顧慮することはほとんどなく、制裁は即決で残酷なものであった。ほとんどの社会において、人権や適正な手続の概念が、緩やか

に発展したのと同様に、軍紀に抵触した兵士の防御手段も、段階的に進歩してきたという[7]。

　とはいえ、軍紀の重要度や在り方には、古代から近代に至るまでに、紆余曲折があった。例えば、セッティア（Aldo A. Settia）[8]によれば[9]、中世イタリアの自治都市（コムーネ）[10]は、保有する軍隊の構成員の逃亡等に適用する規定を都市条例に定めていた。一般的な逃亡兵に対する罰金は、騎兵100リラ、歩兵50リラであった。さらにボローニャ[11]とトルトーナでは、逃亡兵の名前と人相書きが公示され、逃亡兵は公的な役職から永久追放された。マントヴァでは、都市長官（ポデスタ）[12]が逃亡兵とその財産に対して処罰を行う権限を持っていた。軍旗手は、一般の歩兵や騎兵に比べて罰が重く、罰金の額は一般的に2倍であった。罰金を支払えない場合は、斬首刑に処せられた。マントヴァやモデナでは、逃亡した軍旗手に対する刑は死刑のみであった。しかも、当該受刑者の馬や馬具は焼却処分され、その子供や子孫は末代に至るまで公的な役職には就けないとされた。ところが、このような軍法による統制には、大きな限界があった。集団的な逃走に対しては無力で、脱走者の特定も処罰もできなかったという。通常、一番先に逃亡するのは、騎兵であった。

　上記は北イタリアにおける自由都市の例であったが、中世ヨーロッパにおける日常生活では一般的に、犯した罪によって、より上位に存在する君主が量刑等を行う世俗法と、教会が行う教会法というように、適用される法が異なっていた。遠征中の軍においても、世俗的および宗教的な手続きが行われた記録が残っているという。しかし、逃亡兵を逮捕することは困難で、ほとんど行われなかった[13]。

　軍紀について、マイケル・ハワード（Michael Howard）[14]は、次のような主旨の指摘を行っている。規律という考え方は、現代人にとってあまりに軍事生活の一部となっているので、それが17世紀の欧州における戦争に現れた新しい現象であることを理解するのは難しい。中世の封建騎士や傭兵などは全体として無規律で、規律は歓迎されない考え方であった[15]。

　しかし、16世紀末にオランダのオラニエ公モーリッツ（Maurits）が、火力が戦闘の帰趨を決する決定的要素であることを認識し、火力を極大化する隊形と、絶え間なく発射できるよう統制された手順を工夫した。このような隊形と

その動きを円滑に行うためには、訓練と、それ以上に規律が不可欠のものとなった。規律をいかにして徹底させるかについて、モーリッツは古代ギリシア・ローマの軍事教科書を参考にしたという。また、自制、自己犠牲、権威への服従といった精神面については、ストア学派（古代ギリシア哲学の一派で、禁欲を重視した）の哲学者の著作から学んだ。こうした思想は、濃淡の差はあるが、欧州の他地域の軍隊にも広まっていった[*16]。

　しかし、18 世紀後半までは、欧州の軍隊は、長期間務めた職業軍人と、傭兵を組み合わせたものであった。変化の契機は、フランス革命とそれに続くナポレオン戦争であった。それらにおいて、徴兵制による市民軍（大衆軍）の創設、戦時経済体制やイデオロギー戦争の導入といった、近代戦争の特徴を成す要素が生まれた。フランス軍の兵員規模は膨れあがり、これを効率的に動かすため、師団制や軍団制が導入された[*17]。ここに誕生した近代的な軍隊が、本論文が取り扱う日本軍の直接の祖先ともいえるであろう。すぐ後に述べるが、日本軍の軍事司法制度はフランスの制度を範にとって創設されたといわれている。創設の際に拠り所となった考え方を示すとされる『軍制要論』の原著者は、ナポレオン 1 世配下の大将、ラグス・マルモンであった。このことから、日本陸軍の軍事司法制度は、上述した欧州の軍事司法制度の変遷過程と繋がるものであったと考えて差し支えなかろう。

　さて、米国の法学者シャノー（Charles A. Shanor）とオーグ（L. Lynn Hogue）は、軍法には大きく分けて、二つの目的があるという[*18]。一つは、戦士の集団を、より有効な軍隊に変えるために必要な指揮（command）と統制（control）の強化であり、もう一つは、非戦闘員である一般人が、戦争の惨禍に晒されることを、できるだけ防ぐことである。例えば英国では、リチャード 1 世（RichardⅠ、1157-1199）が「聖地」に向かって出発する第 3 回十字軍に対して発した布告では、船上や陸上で殺人を犯した者は死刑に処すとしていた。これに対して、2 世紀後のリチャード 2 世（Richard Ⅱ）が発した軍法（the Articles of War of Richard Ⅱ、1385 年）では、教会やその財産、聖職者、信仰心の篤い非戦闘員、女性の保護といった事項が加わり、強姦・掠奪・暴動を禁じていた。さらに時代が下って、ジェームズ 2 世（James Ⅱ）が定めた「イングランド軍規律」（English Military Discipline、1686 年）では、戦争会議または軍法会議による指揮

が規定され、統括者である上級将校が、被告人への尋問や弁明の聴取に責任を負った。同じくジェームズ 2 世が定めた軍法（the Articles of War of James II、1688 年）では、それまでの軍法の規定を踏襲するとともに、市民の財産の保護に関する規定を強化した。1765 年に制定された「英国軍法」(the British Articles of War of 1765) は、米国（独立前）の「1775 年軍法」(the 1775 American Articles of War、後述）の母法ともなったが、現代の軍法に比べて、被疑者・被告人の防御手段の面では依然として著しく手薄であった。しかし、それは同時代の一般人も同様であったという[19]。

ところで、アリソン・ダックスバリー（Alison Duxbury）およびマシュー・グローブズ（Matthew Groves）編 *Military Justice in Modern Age* [20] において、「英国王立裁判所」は、現代における軍事司法制度の動向に関して、次のように指摘している。近年、軍事司法制度を持つ国では、制度改革の動きが見られ、その動きの中には、軍人が行う裁判という軍事司法制度のあり方に対する批判も含まれている。現代の軍事司法制度が突き付けられている最大の問題は、軍事司法の一般司法化、つまり軍事司法制度を国全体の一般的な司法制度の中に取り込む動きである。その一方で、英国王立裁判所は、次のように主張している[21]。

> 軍隊は社会の他の部分と大きく異なる面を持ち、国のために機能するためには、独自の司法制度が必要である。平時・戦時あるいは国内外を問わず、独自の司法制度が、仮に一般の司法制度に組み入れられたとしても、少なくとも軍隊の特異な性格を踏まえた制度が必要である。それなくしては、有効に機能する軍隊、特に政府の政策を遂行するための軍隊を想像することはできない。

上記の指摘からは、西洋の国々では、軍事司法制度が時代の要請に応じた変革を迫られながらも、制度の必要性自体はなくならないと見なされていることが読み取れる。

さて、上述のシャノーとオーグは、軍法には二つの相反する要素が内在しているという[22]。一つは、迅速な服従と規律が必要とされる軍隊に対する「指揮・統制」（command and control）の必要性である。もう一つは、不服従や犯罪を裁

き、罰するための「公正（fair）で適正（just）な制度」である。軍法の歴史を
見れば、上記二つの要素が緊張を持ちつつバランスを取ってきたことが分かる
という[*23]。

　以上を要するに、時代や地域を問わず、多くの場合、軍隊のあるところには、
軍紀への違反者に対して制裁を加える制度、あるいは軍事司法制度があり、今
もなお存在し続けている。軍事司法制度が担う最も重要な役割は、軍隊を有効
に機能させるために、軍紀を軍人に強制することである。

　一方、軍法に抵触した軍人に対する人権の保護や、軍事裁判における被告人
の防御手段は、一般の司法制度に見られるのと同様、長い時間をかけて漸進的
に発展してきた。軍事司法制度の中には、これらの相反する要素、すなわち指
揮・統制と、裁判の公正性や人権の擁護が、緊張を持ちつつバランスを保って
きたのである。

　それでは、日本に軍事司法制度が存在していた時代、その性格はどのように
捉えられていたのであろうか。美濃部達吉[*24]は、「軍隊所属員の犯罪に対して
斯（か）く特別裁判所[*25]の制度が設けられて居るのは、専ら軍隊の特殊の性格と軍紀
の厳格さを保つ必要とに基づいて居るもので、（後略－引用者）」[*26]とした。ま
た、日本の陸海軍の後身である復員局[*27]が調製した「陸軍軍法会議廃止に関す
る顛末書（てんまつしょ）」は、「軍に特別裁判所が設けられた理由は、軍事上の特別なる必要に
基いたもので即ち主として厳粛なる軍紀を維持し軍の戦力発揮に資せんがため
であった」[*28]と述べている。

　松下芳男は、日本の軍事司法制度創設はフランスの先例を模範にしたもので、
その先例を顧みる資料として、ナポレオン1世配下の陸軍大将ラグス・マルモ
ンが1845年に著した著書の邦訳本『軍制要論』（1883年刊行）を挙げ、軍法
会議についても同書からフランスにおける考え方を示す部分を引用している。
以下に示す通り、そこには軍法会議の性格がよく表わされている。

> 　人間の社会は、法がなければ存在できないが、軍隊も同じである。軍隊
> は、特殊な規則や風習を持つ一箇の社会であり、そこには、軍法会議が必
> 要である。軍隊の存立には軍紀が必要であり、軍法会議は軍紀を徹底させ
> る手段である。

　それでは、軍法会議を担うのは誰か。それは、軍紀の重要性を理解し、自身も軍務を奉じ、上官として利害を共にする者でなくてはならない。そのため、軍法会議を委ねるのは、在職の将校の他にはあり得ない。しかし、昔から常にそうであったわけではない。革命のときには、民事の官吏が軍事の裁判官となって常に従軍していた。しかし、その弊害が大きかったため、人は皆その弊害を悟り、軍法会議を設置して現在に至ったのである。

　軍法会議は、必ずしも徳義（道徳上の義務）に関する道理に則るのではなく、「やむを得ない」を基本とする。たとえば、盗賊と、憤りから上官に反抗・罵倒した兵士を比べた場合、徳義の道理から見れば、同列に論ずることはできない。しかし、軍法の存在は極めて重い。例えば、前者は懲役刑に処したとすると、後者は死刑にしなければ、一軍の崩壊を招くこともしばしばである。そうした上官への反抗により、軍隊における各種の連繋が破壊される。軍隊制度は、尊敬と服従を存立の根拠としているため、それらがなくなれば、全く転覆する。そのため、普通の裁判と軍法会議とは隔絶しているのである。軍法会議は苛酷であるが、これはやむを得ないことである。また、軍法会議の実施は、軍隊で利害を共にする関係人、すなわち軍人に託すべきであり、それにより軍隊を擁護すべきである[*29]。（筆者が要約・現代語訳した）

　軍隊を成り立たせるものは軍紀であり、それを保つ手段として軍人による軍法会議があることが説かれている。ここに示された考え方が明治時代初頭の制度形成に反映されたことは、その後の制度のあり方からも十分に察せられるのであり、ここからも、日本の軍事司法制度は、欧州のそれの流れをくむものであることが理解される。

第3節　先行研究

　本論文が扱う日本陸軍の軍事司法制度に関する先行研究は、数的には決して多くはないものの、優れたものが少なくない。まず、日本軍の軍事司法制度の成立・発展に関する研究としては、遠藤芳信「1880年代における陸軍軍事司

法制度の形成と軍法会議」[30]、霞信彦「陸軍刑法の制定」[31]、水島朝穂『現代軍事法制の研究——脱軍事化への道程』第三章第二節「軍事司法制度」[32] が挙げられる。さらに、遠藤芳信「1881 年陸軍刑法の成立に関する軍制史的考察」[33] は、1881（明治 14）年に定められた「陸軍刑法」の成立過程について、当時のフランスの陸軍刑法との関連も視野に入れつつ、詳細に検討している。また、山本政雄「旧陸海軍軍法会議法の制定経緯——立法過程から見た同法の本質に関する一考察——」[34] は、建軍とともに導入された原初的な軍事司法制度から始まり、1921（大正 10）年に成立した「陸軍軍法会議法」及び「海軍軍法会議法」まで、それらの成立過程における議論や経緯を、法律改正のために設けられた調査委員会や帝国議会の議事録等を丹念に参照しながら明らかにしている。

　次に、旧軍の軍事司法制度に内在していた諸問題について扱っている研究を挙げれば、山本政雄「旧日本軍の軍法会議における司法権と統帥権」[35] は、陸軍軍法会議法および海軍軍法会議法を、国家の司法権と統帥権の調和を目指した法律と捉え、これらの法における、統帥権からの司法権独立について実態解明を図っている。また、西川伸一「軍法務官序説」[36] は、法務官を「軍と司法のインターフェイスに位置する存在」として捉え、その沿革と役割、実態などに言及している。最近の研究成果としては、新井勉「陸軍刑法における反乱罪と裁判——反乱罪と内乱罪の関係を中心として」[37] があり、陸軍刑法に規定されていた反乱罪について、立法過程にも言及しつつ、一般刑法の内乱罪との関係について考察している。

　そして、軍事司法制度の運用実態を取り扱った研究は、制度面に重点を置いた研究よりもさらに少ないが、山本政雄「旧陸海軍軍法会議制度の実態」[38] が挙げられる。当該論文は、陸軍ならびに海軍の軍法会議法の沿革と特性を述べた後、「司法権のみでは規律できない、軍法会議制度の特質が如実に表れている事例」として、五・一五事件裁判と、二・二六事件関係者を裁いた「東京陸軍軍法会議」を取り上げている。ただ、これらの裁判、特に後者は、超法規的な措置により行われた政治的な色合いの濃い裁判である。軍事司法制度運用実態の一断面は現れているのであろうが、各師団等で日頃行われていた軍法会議とは、その性格が相当異なるというべきであろう。

　さらに、戦時における運用実態を扱った研究は、少なくとも筆者が調べた範

囲では見当たらない。ただし、戦時の日本陸軍における犯罪の実態を取り扱った研究は存在する。弓削欣也「大東亜戦争期の日本陸軍における犯罪及び非行に関する一考察」である[*39]。主として1941（昭和16）年以降の日本軍における犯罪について、軍の指揮・統率に直接関わる、上官に対する犯罪と逃亡罪に焦点を当て、また、地域としては、中国大陸と内地（朝鮮・台湾を含む）に焦点を当てている。主な資料は、当時陸軍が作成した犯罪に関する資料である。犯罪の認知は、軍事司法制度のもつ機能の一つであるから、犯罪の状況は、軍事司法制度の一端を表しているとも解釈できよう。

　以上、主要と思われる先行研究を概観した。先行研究の積み重ねにより、軍事司法制度が拠って立つ法令のうち、最も重要な陸軍刑法と陸軍軍法会議法については、それぞれその成立経緯や内容に関してほぼ解明されていると考えられる。ただ、制度全体をごく簡単に俯瞰したものはあるが[*40]、各部分を掘り下げた上で全体を見渡した研究は、筆者が知る範囲では見当たらない。また、制度の内容や特性に関しては、陸軍軍法会議法を「統帥権」と「司法権」の視点から捉える研究が見られるが、次節で述べるように、やや現代日本における司法の在り方からの影響が強いように思われる。さらに、平時、戦時ともに、制度の運用面について解明した研究は極めて少ない。こうした先行研究の状況を踏まえて、本論文が意図するところを、次節で説明する。

第4節　本論文の意図

　既述のとおり、先行研究には、陸軍刑法や、陸軍軍法会議もしくはその根拠となった陸軍軍法会議法など、軍事司法制度を構成する各部分について個別に扱ったものが多く、制度の各部分について掘り下げた上で、全体を一体的に取り上げたものは見当たらない。各部分が一体となって軍事司法制度を形作っていたことを勘案すると、全体を一体的・総合的に捉えることには意義があると考える。

　次に、軍事司法制度の中心的な部分である軍法会議や軍法会議法の性格に着目すると、「統帥権」[*41]と「司法権」[*42]の視点から捉えたものが比較的多いと思われるが[*43]、このような視点は、もちろん適正なものであろう。ただ、この視

点はややもすれば、「大日本帝国憲法」[44]（以下、帝国憲法という）に比べて三権分立が徹底されている「日本国憲法」の下における「司法の独立」を前提とした評価を行うことになりがちであると思われる。しかし帝国憲法は、行政権からの司法権独立を担保する規定を持っていたものの（帝国憲法第57条−第60条）、制度上においても、また実態上においても、日本国憲法下における司法権の独立とは、その様相が大きく異なっていた。すなわち、帝国憲法および裁判所構成法の下では、裁判所は行政府の一部である司法省に所属していた。しかも、司法大臣は各裁判所に対する司法行政上の極めて強い監督権を持つとともに、各裁判所の裁判官に対して実質的な人事権を有していた[45]。家永三郎は、様々な資料を挙げて「明治憲法下における司法権の独立がいかに有名無実のものであったか、もはや一点の疑を容れる余地のないところといわなければならないのではあるまいか」[46]という。例えば、家永が引用する憲法学者・松本重敏の『憲法真義』（1928・昭和3年刊行）には次のような主張が記されている。すなわち、「司法大臣の裁判所を監督するは、司法行政を監督するものでありとするも、司法行政なるものは、訴訟事件の整理、審理の促進、裁判官の進退栄貶等でありて、直接又は間接に、裁判の完成上欠くべからざるものであるから、裁判と分離することが出来ぬ。其故に司法大臣が裁判と分離することの不可能なる行政を監督するときは、直接又は間接に、裁判を監督するところの結果を生ずる」[47]。一般司法制度がこのようなものであるとしたなら、軍事司法制度における、軍政権あるいは統帥権からの「司法権の独立」も、当時の憲法や法体系により、大きな制約を受けていたと考えるべきではなかろうか。むしろ、軍事司法制度の主目的が指揮・統制への寄与であるとすると、その制約は、一般司法制度のそれよりもさらに強いと考えるのが自然であろう。

　上記に加えて、時代や国によっては、司法権という概念では、軍事司法制度を十分に把握しきれない場合もあることを指摘したい。一例として、第2章で詳しく取り上げる1920年代における米国陸軍の軍事司法制度を挙げたい。合衆国憲法は、合衆国の司法権は所定の裁判所に属する旨を規定する（同法第3条第1節）が、他方、陸海軍の紀律に関する規定を設ける権限は連邦議会が有するとしていた（第1条第8節）。すなわち、軍事司法制度の憲法上の根拠は、裁判所が有する司法権とは異なるものであったと考えられていた[48]。ここで

は、法律上「統帥権」と「司法権」の相克という概念そのものが成立しえないというべきであろう。

　以上から、本論文では、軍事司法制度の特性を把握するための、より普遍的な視点として、第1節で触れた、シャノーとオーグの提示した概念を援用したいと考える。それは、軍法に内在するところの、相反する二つの要素である。すなわち、一つは、迅速な服従と規律が必要とされる軍隊における「指揮・統制」（command and control）の必要性である。もう一つは、不服従や犯罪を裁き、罰するための「公正（fair）で適正（just）な制度」である。ただし、このままだと、分析概念としてやや分かりにくいと思うので、二つの要素の対比をより明確にするため、次のとおり修正を加えることとする。すなわち、指揮・統制については、より明確に「指揮・統制への寄与」とし、公正で適正な制度については、それと密接な関係にある「人権の擁護」を加えて「公正性の担保と人権の擁護」とする。

　さて、本章第2節で見た軍事司法制度一般の史的過程からも分かるように、軍事司法制度の淵源を辿っていくと、軍人や戦士に対して、指揮官や上位者が発する命令への服従を強制し、組織の秩序を維持するための決まり事に行きつく。これは指揮・統制への寄与という要素そのものであるが、時代が下って近代的な軍隊が生まれ、軍事司法制度が成立した後も、この要素は変わらずに保たれた。従って、軍事司法制度における指揮・統制の要素は、祖先から引き継がれてきた遺伝子のように、一貫して存在してきたといえるであろう。一方、公正性・人権の要素は、それとは相当異なる。軍事司法制度に初めから備わっていたものではなく、近代的な裁判制度や人権思想が生まれ、発展するのに伴い、軍事司法制度にも漸進的に取り入れられたものであった。

　上記二つの要素は、シャノーとオーグも指摘するように、場合によっては両立が難しいものである。なぜなら、公正性の担保と人権の擁護はいずれも、それらを維持するためには、あらかじめ適正に定められた手続きを踏むことが必要である（例えば、所定の構成員による裁判の実施、法律専門家の裁判官としての関与、弁護人の付与、裁判の公開、審級制度）。これらの手続きを適正に実行するとすれば、当然、人と時間を要する。一方、指揮・統制が行われる場面では、多くの場合、最大限の迅速性・効率性が必要とされるであろう。そのため、上記

の二つの要素は、相反するベクトルを持つともいえる。それでも、平時においては、基本的に制度の定めに従って事案を処理していけばよいから、その相反が露わになることは少ないであろう。一方、戦時ではどうであろうか。いうまでもなく戦時には敵に勝つこと、あるいは負けないことが最優先課題となるが、そのためには軍隊の指揮・統制は最高度に発揮されなければならない。そうした時に、公正性・人権の要素を顧慮していられるのであろうか。後述するように、日本陸軍の軍事司法制度には、戦時に対応するための仕組み──指揮・統制を優先させ、公正性・人権の要素を縮小させる方向の仕組み──が組み込まれていた。戦時には実際にこうした仕組みが運用されたのであろうか。また、そうした仕組みが実際に運用されたとして、公正性・人権要素の縮小は、制度の想定した範囲に止まっていたのであろうか。特に、戦争が長期化し、戦況が芳しくない状況下では、公正性・人権の要素を維持することには、相当の困難が伴うのではないかと推測される。本論文では、指揮・統制への寄与と公正性の担保と人権の擁護が併存する軍事司法制度に内在する、上記のような本質的な問題が、実態としてどのように表出したのか、また、陸軍や政府がその実態に対してどのように対応したのかを検証する。

第5節　研究方法と本論文の構成

　研究の順序は、第一に制度面、第二に制度の運用面を対象として分析を進める。まず、前者の制度内容については、制度の根拠となっていた法令を取り上げることが必要であり、同時に効率的である。それらの法令の中でも中心となっていた「陸軍刑法」と「陸軍軍法会議法」を重点的に取り扱う。なお、これらの法令は、それぞれ名称や内容が変遷したから、これらの変遷にも言及したい。制度内容を確認した後、指揮・統制と公正性と人権の視点から、分析を加える。以上の制度面の検討は、第1章で行う。

　次に、制度に関して外国の陸軍のものとの比較を行う。本章第1節で述べたとおり、西洋の軍事司法制度には、軍隊の規律や秩序の維持を図り、指揮・統制に寄与するという基本的な要素が、その強弱はあったとしても、時代を通じて一貫していた。それに、公正な裁判と人権の擁護という近代的な要素が徐々

に付加された。本論文では、西洋の軍事司法制度の流れをくむ日本の制度もまた、これら二つの要素を兼ね備えていたとの仮定のもとに、日本陸軍の軍事司法制度の分析を行う。その際、西洋の制度と比較することは、日本の制度における特殊性の有無やその内容を浮き彫りにし、もしも特殊性があるとしたら、それが指揮・統制と公正性・人権の2要素とどのように関わっていたかを明らかにできるのではないかと考える。外国の例として米国陸軍を取り上げ、日米比較の際に対象とする時代については、日本の陸軍軍事司法制度が確立したといわれる1920（大正9）年前後とする。上記の比較・検討は、第2章で行う。

　上述のように、第1章と第2章では、主に制度面からのアプローチを行う。しかし、それだけでは不十分であり、制度の運用面への目配りも必要であろう。しかも、平時と戦時とでは、軍隊や軍事司法制度を取り巻く環境が大きく異なるであろうから、平時と戦時の両方を取り上げる必要がある。制度の運用実態に関して、現在入手できる主な一次資料は、軍法会議が被告人に宣告した罪や刑に関する統計類、軍人による犯罪に関する統計類である。これらの資料を参考にして、第3章では平時、第4章では戦時における陸軍軍事司法制度の運用実態を把握し、指揮・統制と公正性・人権の視点から考察を加える。戦時については、事例として日中戦争を取り上げる。

　終章では、それまでの論述を総括するとともに、結論を記す。併せて、現代の日本に関連した若干のコメントを付す。

第6節　用語について

1　法律用語

　本論文は、安全保障研究の観点から考察を行う。このため、法令や司法制度に関連する用語の選択に際しては、法律学的見地からの厳密性よりも、一般的な国語としての分かり易さを優先した。なお、法律用語に説明が必要と思われる場合は、主として、1993（平成5）年の初版発刊以来版を重ねており信頼性が高いと考えられる、法律用語研究会編『有斐閣 法律用語辞典 第4版』[*49]に依拠しつつ、必要に応じて他の資料も参照して記した。

　次に、「刑法」という用語は、「どのような行為が犯罪となるか、それに対し

て、どのような刑罰が科せられるのかを定めた基本法典」を指すが、広義には、同様の作用を持つ他の法律を含めて用いられる場合もある[50]。本論文では、単に「刑法」と記した場合、特に断らない限り、上記の基本法典を指すものとする。

2　その他の用語

　本論文が取り扱う時間的な範囲は、主として日本の敗戦前である。当時の物事の呼称については、基本的に当時のままとしたが、筆者の判断により適宜、現在一般的に使われている呼称に置き換えた場合もある。たとえば、「支那事変」を「日中戦争」と呼ぶといった場合である。

【注】

* ＊ 1　小笠原高雪・栗栖薫子・広瀬佳一・宮坂直史・森川幸一編『国際関係・安全保障用語辞典　第 2 版』（ミネルヴァ書房、2017 年）80 頁、「軍法会議」。なお、同書の同項には、「ただし国際人権法の興隆を受けて、近年軍法会議を通常の刑事裁判に近いかたちに修正する動きもみられる」とあるが、この点については本論文でも言及する。
* ＊ 2　Jeffrey Blackett, *Rant on the Court Martial and Service Law*, 3rd edn. (Oxford University Press, 2009) p.1.
* ＊ 3　Ibid., p.2.
* ＊ 4　Ibid., p.2.
* ＊ 5　長く米陸軍の法務官を務め、米陸軍主任法務官学校の刑法学科教授・学科長などを歴任した。
* ＊ 6　Lawrence J. Morris, *Military Justice a Guide to the Issues; Contemporary Military, Strategic, and Security Issues* (Santa Barbara: Preager, 2010) p3.
* ＊ 7　Ibid., p.1.
* ＊ 8　イタリアの中世史家、元パヴィーア大学教授。
* ＊ 9　アルド・Ａ・セッティア（白幡俊輔訳）『戦場の中世史　中世ヨーロッパの戦争観』（八坂書房、原著：2002 年、邦訳版：2019 年）36-38、288-292 頁。
* ＊10　有力な住民が交代しながら行政や立法を担った。13 世紀末に全盛期を迎えた。セッティア『戦場の中世史　中世ヨーロッパの戦争観』37 頁、訳注。
* ＊11　自治都市の名前。以下も同様。
* ＊12　13 世紀以降、イタリア都市に普及した最高行政官。セッティア『戦場の中世史　中世ヨーロッパの戦争観』39 頁、訳注。
* ＊13　マシュー・ベネット、ジム・ブラッドベリー、ケリー・デヴリース、イアン・ディッキー、フィリス・Ｇ・ジェスティス（浅野明監修、野下祥子訳）『戦闘技術の歴史 2　中世編』（創元社、

原著：2005 年、訳書：2009 年）228-229 頁。

＊14　英国の歴史学者、国際戦略研究所名誉所長。

＊15　マイケル・ハワード（奥村房夫・奥村大作共訳）『改訂版　ヨーロッパ史における戦争』中公文庫（中央公論新社、原書新版：2009 年、訳書文庫版：2010 年）100-101 頁。

＊16　ハワード『改訂版　ヨーロッパ史における戦争』100-101 頁。

＊17　ジョン・ベイリス、ジェームズ・ウィルツ、コリン・グレイ編（石津朋之監訳）『戦略論　現代世界の軍事と戦争』（勁草書房、原著：2010 年、訳書［序章・パートⅠの抄訳］：2012 年）63-66 頁。

＊18　Charles A. Shanor, L. Lynn Hogue, *Military law in a Nutshell*, 4th edn., (West Academic Publishing, 2013). p.1.

＊19　Ibid., pp.3-5.

＊20　Alison Duxbury and Matthew Groves ed., *Military Justice in the Modern Age*, (Cambridge University Press, 2016).

＊21　Ibid., p. xv.

＊22　Shanor, Hogue, *Military law in a Nutshell*, 4th edn., p.1.

＊23　Ibid., p.1.

＊24　美濃部達吉 （みのべ・たつきち）：1873-1948 年。憲法及び行政法学の学者。19 世紀後半のドイツ国法学の流れをくむ民権的・立憲的な立場から「国家法人説」に基づいて大日本帝国憲法を解釈運用すべしとする立場をとった。東京帝大法科大学教授、貴族院議員などを歴任。1935 年の「天皇機関説事件」を契機にその学説は抑圧された。『日本歴史大事典 3』（小学館、2001 年）833-834 頁。以下、章末の注で歴史上の人物について説明する際は、主に本事典による。

＊25　ここでは、陸海軍の各軍法会議を指す。

＊26　美濃部達吉『逐条 憲法精義 全』（有斐閣、1927 年）605 頁。

＊27　復員局とは、1945（昭和 20）年 12 月の陸軍省・海軍省廃止と同時に、それぞれの復員関係事務を扱う第一復員省と第二復員省が設置され、その後何回かの組織改編を経て、1948（昭和 23）年 1 月に、厚生省復員局となったものである。第 4 章第 1 節の 1 参照。

＊28　復員局調製「陸軍軍法会議廃止に関する顛末書」（復員局法務調査部、1948 年）、松本一郎編『陸軍軍法会議判例集 4』（緑蔭書房、2011 年）所収。4 頁。

＊29　松下芳男『改訂 明治軍制史論（上）』（国書刊行会、1978 年）436 頁。

＊30　遠藤芳信「1880 年代における陸軍司法制度の形成と軍法会議」『歴史学研究』第 460 号（青木書店、1978 年）。

＊31　霞信彦「陸軍刑法の制定」『法学研究』第 57 巻第 7 号（慶應義塾大学法学研究会、1984 年）。

＊32　水島朝穂『現代軍事法制の研究―脱軍事化への道程』第三章第二節「軍事司法制度」（日本評論社、1995 年）。

＊33　遠藤芳信「1881 年陸軍刑法の成立に関する軍制史的考察」『北海道教育大学紀要（人文科学・社会科学編）』第 54 巻第 1 号（北海道教育大学、2003 年）。

＊34　山本政雄「旧陸海軍軍法会議法の制定経緯――立法過程から見た同法の本質に関する一考察――」『防衛研究所紀要』第 9 巻第 2 号（防衛庁防衛研究所、2006 年）。

＊35　山本政雄「旧日本軍の軍法会議における司法権と統帥権」『防衛学研究』第 42 号（日本防衛学会、2010 年）。

＊36　西川伸一「軍法務官研究序説──軍と司法のインターフェイスへの接近──」『政経論叢』
　　　第 81 巻第 56 号（明治大学政治経済研究所、2013 年）。

＊37　新井勉「陸軍刑法における反乱罪と裁判──反乱罪と内乱罪の関係を中心として」軍事史学
　　　会編『軍事史学』第 50 巻第 1 号（錦正社、2014 年）。

＊38　山本政雄「旧陸海軍軍法会議制度の実態」『軍事史学』第 50 巻第 1 号（錦正社、2014 年）。

＊39　弓削欣也「大東亜戦争期の日本陸軍における犯罪及び非行に関する一考察」防衛省防衛研究
　　　所戦史部編『戦史研究年報』第 10 号（防衛省防衛研究所、2007 年）。

＊40　例えば、水島朝穂『現代軍事法制の研究─脱軍事化への道程』第三章第二節「軍事司法制度」
　　　（本節で既出）。

＊41　統帥権とは、軍を統率し、指揮運用する権限を指す。大日本帝国憲法下では、その範囲は一
　　　般的に、①指揮権、②内部的編制権、③教育権、④紀律権とされた。原剛・安岡昭男編『日
　　　本陸海軍事典　コンパクト版　上巻』（新人物往来社、2003 年）155-156 頁。

＊42　司法権とは、具体的な争訟事件について法を適用し、宣言することにより解決する作用（司
　　　法作用）を行う国家権力権能を指す。法令用語研究会編『有斐閣 法律用語辞典 第 4 版』（有
　　　斐閣、2012 年）521、523 頁。

＊43　例えば、山本政雄「旧日本軍の軍法会議における司法権と統帥権」68 頁。西川伸一「軍法
　　　務官研究序説」149 頁。

＊44　大日本国憲法は、1889（明治 22）年公布、翌年施行され、1947（昭和 22）年まで存続し
　　　た。『有斐閣 法律用語辞典 第 4 版』746 頁。

＊45　小島武司『現代裁判法』（三嶺書房、1987 年）118-119 頁。同書同頁で、小島は次のよう
　　　に述べている。「明治憲法、裁判所構成法は、司法権の独立を一応実現し、裁判官の身分保
　　　障なども行ってはいたが、裁判官は天皇の官吏としてまさに天皇主権国家の一翼を担うもの
　　　であった。しかも、裁判所は行政府の一分岐たる司法省に所属し、各裁判所に対する司法大
　　　臣の司法行政上の監督権はきわめて強く、（中略）司法に対する行政の優越が如実にみうけ
　　　られた。したがって、現在の意味における司法権の独立、司法そのものは実質的に存してい
　　　なかったと批判されるのも理由がないわけではなかった」。

＊46　家永三郎『司法権独立の歴史的考察　増補版』（日本評論社、1967 年）35 頁。

＊47　同上、12-13 頁。

＊48　1857 年、米国連邦最高裁判所は、ある事件の判決において、初めて軍法会議が憲法上正当
　　　な根拠を持っている旨の判断を示した。さらに、憲法第 3 条（連邦司法部）に規定する司
　　　法権と、同第 1 条（連邦議会）に示す立法権（軍法はこの立法権に基づく。筆者注）とは、「互
　　　いに完全に独立している」とした。Morris, *Military Justice*, p.16.

＊49　『有斐閣 法律用語辞典 第 4 版』（有斐閣、2012 年）。

＊50　同上、292 頁。

第1章　陸軍軍事司法制度の全体像と内容

　本章では、陸軍軍事司法制度の全体像を、主に制度面から吟味する。手掛かりとするのは、制度を構成する法令である。各法令の変遷にも、必要な範囲で言及する。これは、変遷には当該法令の性格や特性が現れると考えるためである。なお、陸軍には、軍事司法制度とは別に、規則などに違反した者に制裁を加える「懲罰」と呼ばれる制度があった。「制裁」という点では、軍事司法制度と連続性を持っていたので、後に簡単に触れることとする。

　以上を踏まえ、本章の最後に、陸軍軍事司法制度について指揮・統制と公正性・人権の視点から分析する。

第1節　陸軍軍事司法制度の全体像

　前章で定義したとおり、軍事司法制度は、軍事裁判所（日本では「軍法会議」と呼んだ）を中心に、陸軍刑法、憲兵、陸軍刑務所（監獄とも呼んだ）から成り、それぞれに根拠となる法令が制定されていた。ちなみに美濃部達吉は、帝国憲法に関する解説の中で、「司法」という概念について、狭義には民事刑事の裁判のみを意味するが、広義では単に裁判行為のみではなく、刑事においては、司法警察（犯罪を捜査し、犯罪人を逮捕する作用）や刑の執行の作用を含むとしている[1]。本論文においても、司法制度を上記の広義の概念として捉える。

　また、陸軍司法制度を関連する法令の側面から見れば、犯罪と刑罰に関する法律は一般に「刑事法」と呼ばれ、大別すると実体法[2]としての「刑法」、手続法[3]としての「刑事訴訟法」、執行法としての行刑法[4]の三つに分けられる。[5]すなわち、実体法が陸軍刑法、手続法が陸軍軍法会議法、行刑法が「陸軍監獄令」である。また、司法警察官である憲兵の制度を規定するのが「憲兵令」であった。なお、各法令には、施行細則など付属する法令が定められていた。しかし、本論文では必要以上に細部に立入って煩雑になることを避けるため、原則として付属する法令には言及しない。

　さて、各法令、制度について個別に吟味する前に、陸軍軍事司法制度の全体像を俯瞰するため、同制度を構成する各法令を簡単に見ていきたい。なお、各法令は、それぞれ変遷を重ねたので、どの段階における法令を取り上げるか留意する必要がある。ここでは、各法令が規定する制度（例えば軍法会議制度や憲兵制度）が確立されたとされる段階における法令とする。また、法令を取り上げる順番は便宜的に、軍事司法制度が処理すべき事案（例えば、兵が正当な理由がないのに自分が所属する部隊の駐屯地からいなくなるといった事件）が発生した後に行われる処理の、時間的な順番とする。

　軍人等による犯罪が認知されると多くの場合、憲兵が捜査や容疑者の逮捕等に当たった。憲兵について規定していたのが憲兵令であった。憲兵令は、憲兵の職務や配置等について規定する勅令[*6]であった。憲兵は陸軍の兵科[*7]の一つであり、軍事に関連した事柄を扱う警察としての役割が主であった。しかし同時に、行政警察と司法警察[*8]の役割も担った。なお、陸軍軍法会議法にも、憲兵が陸軍司法警察官あるいは陸軍司法警察吏として、捜査やその補助を行う旨が規定されていた。

　容疑者が逮捕され起訴されると、軍法会議が開かれた。陸軍軍法会議法は、主に陸軍の軍人・軍属（後出）の犯罪を裁く陸軍軍法会議の権限や職員配置、訴訟手続などについて規定した法律であった。陸軍軍法会議は、陸軍刑法に規定された犯罪だけでなく、刑法や他の特別刑法に規定された犯罪も対象とした。陸軍刑法は、軍人・軍属[*9]を主な対象とした刑法で、一般法である刑法に対する特別法[*10]（特別刑法）に位置付けられた。このため、刑などに関しては、原則として刑法の総則[*11]を適用し、これによらない場合のみ陸軍刑法に規定した。

　さて、被告人が軍法会議で有罪となり、懲役刑や禁錮刑が宣告されると、陸軍刑務所（監獄）に収容された。陸軍監獄令は、監獄の種類や管理運営、在監者の処遇などについて規定した勅令であった。懲役や禁錮などの判決を受けた陸軍軍人・軍属の刑の執行は、原則として陸軍監獄で行われた。陸軍監獄ではこの他に、死刑の言渡しを受けた者や刑事被告人の拘禁も行われた。

　以上がごく簡単な軍事司法制度の流れであるが、前述したように、司法とは別に懲罰と呼ばれる措置があった。「陸軍懲罰令」は、陸軍軍人の違反行為に対する懲罰について規定した軍令[*12]であった。陸軍軍人が軍隊の規則に違反し、

軍紀や風紀を乱した場合で、その犯行が陸軍刑法の罪に当てはまらない場合には、陸軍懲罰令に基づく懲罰を加えた。また、陸軍刑法以外の法令（例えば刑法）の刑に処せられた軍人に対して、その刑に加えて更に懲罰を行うこともあった。

第2節　軍事司法制度と憲法の関係

前節において、ごく大摑みに陸軍軍事司法制度の全体像を見たところで、軍事司法制度が帝国憲法とどのような関係にあったのか確認したい。国の最高法規である憲法においてどのように位置づけられていたかという点は、制度を理解する上で基本的な事柄であると考えるためである。着目が必要な点は2点ある。一つは軍法会議の特別裁判所としての位置付けで、特に憲法が謳っていた行政権と司法権の分離との関係である。もう一つは、憲法で保障された国民（法文上は臣民）の権利との関係である。

1　特別裁判所としての位置付け

軍法会議は、帝国憲法に規定されていた特別裁判所の一つであると見なされていた。特別裁判所とは「特殊な身分を持つ人又は特定の種類の事件について裁判するために、一般的に司法権を行う裁判所（通常裁判所）の系列のほかに設けられる特別の裁判所」[13] である。帝国憲法下では陸軍軍法会議及び海軍軍法会議の他に、皇族に関する特別裁判所（皇室典範による）や違警罪即決裁判所[14] としての警察官署などがあった[15]。特別裁判所である軍法会議は、通常裁判所とは全く別の系統にあり、軍法会議における裁判に関して、通常裁判所に上訴することは制度上許されていなかった[16]。

帝国憲法では、司法権は天皇の名において法律により裁判所が行うと規定されていたが（同法第57条）[17]、ここでいう司法権とは裁判権を意味しており、専ら民事・刑事裁判を指していた[18]。第57条でいう裁判所は通常の裁判所を指しているが、特別裁判所の管轄に属すべきものは、別に法律により定めると規定していた（第60条）[19]。

帝国憲法は、第57条から第59条までの規定[20] で、司法権と行政権の分離、

裁判官の身分保障、裁判の原則公開などを定めていたが、これらの規定が特別裁判所にも適用されるのか否かについては、以下に示すように見解が分かれていた。美濃部達吉によれば、第57条から第59条までの規定に定められた原則がどの程度まで特別裁判所にも適用されるかは、各特別裁判所の設置に関する法律によって定まるのであり、必ずしもこれらの規定がそのまま当てはまるわけではない。従って、特別裁判所は必ずしも通常裁判所のように行政権から独立の地位を有するものとは限らないし、その裁判官も必ずしも終身官という保障を有する者であることを要しない。すなわち、特別裁判所の制度は、行政権と司法権との分離に対する一つの例外をなすものである[*21]。

さらに美濃部は、軍法会議の性格について次のようにいう。なお、下記の文中にある「法務官」については後に詳しく言及するが、簡単にいえば、軍隊に所属し軍法会議に参画していた法律の専門知識と資格を有する文官（後述）である。

軍法会議は軍統帥権（とうすいけん）の機関ではなく、国家の司法機関であることは、其の行ふ所の権力が国家の刑罰権であつて、軍隊内部の規律権ではなく、其の課する所の処罰が国家の刑罰であつて軍隊内の懲罰でないことに依つても明瞭であり、又それが軍令ではなく法律に依つて定められて居ることからも、推定し得る所であるが、併し軍法会議は一面に於いて軍紀を振粛（しんしゅく）[*22]する目的をも有つて居るのであるから、其の長官は陸軍大臣、海軍大臣、師団長、鎮守府（ちんじゅふ）司令長官其の他凡て軍統帥の機関を以て之に宛て、裁判官の多数も陸海軍将校を以て之に宛てゝ居る。長官は唯軍法会議を統括するだけで、自ら裁判を行ふ者ではなく、裁判官は判士及法務官を以て組織し、而して判士は陸海軍将校が之に当り、法務官のみが専任の司法官である。即ち軍法会議は、唯専門法律家を加へて居るだけで、主としては同僚裁判であり、実質的には国の司法機関たるよりも、寧ろ軍令機関たる要素を多分に含んで居る。軍法会議の特色は主として此の点に在り、それが又軍人に対し特別の刑事裁判制度の備はつて居る所以である[*23]。

一方、佐々木惣一[*24]は次のとおり、美濃部とは異なった見解を述べている。

　　特別裁判所も亦司法裁判所なるが故に、帝国憲法が司法裁判所に付て定めたる原則は固より特別裁判所に付ても適用あり。特別裁判所を以て司法裁判所に関する帝国憲法の適用なきもの、即ち帝国憲法の原則の例外として取扱はるるものなりとすべからず[25]。

また、清水澄[26]は次のとおり、上記二人の中間的な見解を示している。

　　帝国憲法第五十七条乃至第五十九条の規定は広く司法裁判所に関するものにして通常裁判所は勿論特別裁判所にも亦当然適用せらる。（中略−引用者）然れども特別裁判所に付ては其の固有の事情に因り多少の特例を認めざるべからず。而して其の特例は事 苟 も司法権の行動に関するが故に法律を以て之を規定すること当然の事理なりとす。例えば陸軍軍法会議、海軍軍法会議に於て将校及法務官を以て軍法会議の裁判官とし法務官の任用及懲誡に関する規定は勅令を以て之を定むべきものとし、戦時事変に際し又は別段の必要に因り特設する軍法会議に在りては審判を公開せざるものとするが如き是なり[27]。

　以上のように、帝国憲法が司法について定めていた、司法権と行政権の分離、裁判官の身分保障、裁判の原則公開などの規定（以下、この項では「諸原則」と呼ぶ）が、特別裁判所たる軍法会議にも適用されるのか否かについては、当時の有力な法学者の間でも見解が分かれていた。佐々木は、軍法会議も諸原則の例外として扱うことはできないとした。清水は、軍法会議にも当然諸原則が適用されるが、法律で定めることにより、多少の例外は認められるとした。最も佐々木と対照的なのは美濃部であった。美濃部は、特別裁判所に対しては、必ずしも諸原則がそのまま適用されるのではなく、各特別裁判所の設置に関する法律によって定まるのであり、特別裁判所の制度は、行政権と司法権との分離に対する一つの例外をなすものであるとした。その上で、軍法会議も国の司法機関の一つであるが、実質的には軍令機関[28]としての要素が強いとした。軍法会議の実態との整合という観点から見るならば、これら三つの見解の中では、美濃部のそれが最も軍法会議制度の実態に合致していたといえよう。

2　国民の権利との関係

　憲法との関係で着目する二つ目の点は、軍法会議で裁かれる軍人には、帝国憲法が国民に保障していた権利が認められるのかという点である。帝国憲法は「第二章 臣民権利義務」の第 24 条において、「日本臣民は法律に定めたる裁判官の裁判を受くるの権を奪はるることなし」と定めていたが、主として軍人から構成される軍法会議はこの規定に抵触しないのであろうか。美濃部は、この第 24 条にいう「裁判官」は第 57 条で「裁判所」といっているのと同じ意味であると解釈している。つまり、第 24 条の「法律に定めたる裁判官」というのは、第 57 条第 2 項や第 60 条に「法律を以て之を定む」とあるのに対応し、通常裁判所も特別裁判所も、必ず法律によって設定されるべきことを示すとしている*29。この見解に従えば、特別裁判所である軍法会議による裁判を受けた場合でも、上述の第 24 条に規定する国民の権利は侵害されないことになるであろう。

　もっとも、軍人について帝国憲法は、第 2 章に掲げた条規は陸海軍の法令又は規律に抵触しないものに限って軍人に準行*30 としており（第 32 条）*31、必ずしも憲法に規定する国民の権利が保障されるものではないことを明示している。

第 3 節　陸軍刑法

　前 2 節で、陸軍軍事司法制度の全体像を概観し、帝国憲法における位置づけについて吟味した。既述のとおり陸軍軍事司法制度は、特別裁判所である軍法会議と陸軍刑法を中核とし、これに加えて、憲兵制度や監獄制度などから構成されていた。本節以降で、これらの各部分について、陸軍刑法と陸軍軍法会議（法）を中心に、やや詳しく吟味していきたい。本節は陸軍刑法を取り上げ、まず、その変遷から見ていく。変遷を辿ることにより、時代状況によって変わる部分と変わらない部分を浮き彫りにできるであろう。

1　陸軍刑法の変遷

　陸軍刑法は、「軍律－海陸軍刑律－陸軍刑法（明治 14 年制定）－陸軍刑法（明治 41 年制定）」という変遷を辿って形成された。本項では、日髙巳雄*32「軍刑

法」[*33]、遠藤芳信「1881 年陸軍刑法の成立に関する軍制史的考察」[*34] などにより、陸軍刑法の変遷を見ていく。

（1）　軍律と海陸軍刑律

1869（明治 2）年、凡例と 5 条からなる「軍律」[*35] が制定された。これは、明治維新後最初の軍刑法であった[*36]。罪は、「徒党の罪」「武器戎服[*37] を携え脱走する罪」「武器戎服を携えず脱走する罪」「金談に及び押借[*38] 強談[*39] する罪」「賭博の罪」が規定され、罰は、死刑、流罪、仮牢、謹慎の刑が定められていた。

翌 1870（明治 3）年に「新律綱領」が頒布されると、軍律は出征行軍の際に限って適用されることになった。もっとも、太政官[*40] は、1873（明治 6）年に軍人犯罪律改正を布告（第 132 号）し、軍人・軍属の犯罪は出征行軍でない時でも軍律を適用することにし、1873 年制定の「改定律例」にも採り入れられた[*41]。

1871（明治 4）年、オランダの軍律に倣ったといわれる「海陸軍刑律」が制定頒布され、翌 5 年に施行された。全 11 篇 204 条からなり、罪を規定する篇は第三篇「謀叛律」、第四篇「対捍[*42] 徒党律」、第五篇「奔敵律」、第六篇「戦時逃亡律」、第七篇「平時逃亡律」、第八篇「凶暴劫掠律」、第九篇「盗賊律」、第十篇「錯事律」、第十一篇「詐欺律」となっていた。刑は、将校については自裁[*43]、奪官、回籍[*44]、退職、降官、閉門、下士については死刑、徒刑、放逐、黜[*45] 等、降等、禁錮、兵卒水兵については死刑、徒刑、放逐、杖、笞、禁錮を定めていた[*46]。この海陸軍刑律の特徴としては、軍人・軍属に対して軍事犯と常事犯等とを区別せず、軍事とは関係のない窃盗や賭博などの罪を含めたことが挙げられる[*47]。

なお、1873（明治 6）年に「海陸軍刑律改正増加」（太政官布達第 276 号）が定められ、軍隊艦船の隊員ではない軍人・軍属の軍務上の過誤失錯に対する処罰等について規定した。

（2）　陸軍刑法（明治 14 年制定）

1880（明治 13）年に刑法（後に「旧刑法」と呼ばれる）が公布されたが、これに合わせて、軍刑法も改正が必要になった[*48]。また、1877（明治 10）年の西南戦争の後に発生した近衛兵の反乱「竹橋事件」（1878 年）は、政府に軍紀確

立の必要性を痛感させ、高まりを見せていた自由民権運動の軍隊への影響も懸念された。このような1870年代後半における陸軍の秩序・管理強化の方向を背景にして、「陸軍治罪法」（1880年）、「憲兵条例」「陸軍懲罰令」（1881年）が制定されることで陸軍司法制度の骨格形成がなされるとともに、次のとおり新たな陸軍刑法が成立した[49]。

　すでに兵部省が改編されて陸海軍両省に分かれていたので、軍刑法も個別のものとし、1881（明治14）年、陸軍刑法（太政官布告第69号）と海軍刑法が制定され、1882（明治15）年1月1日に施行された。フランスの軍律に倣ったこの陸軍刑法（以下、「明治14年陸軍刑法」と呼ぶ。）は、全2編126条から成り、罪は反乱、抗命（上官の命令に反抗し又は従わない）、擅権（職権を逸脱し濫用する）、辱職（軍人としての義務・任務に背く）、暴行、侮辱（上官などの名誉に対して侮辱の意思表示をする）、違令（軍の法令や紀律に違反する行為を行う）、逃亡、詐欺、結党（徒党を組む）を規定していた。罰は、重罪（後述）の主刑として死刑、無期徒刑、有期徒刑、無期流刑、有期流刑、重懲役、軽懲役、重禁獄、軽禁獄を、軽罪の主刑には重禁錮、軽禁錮を、付加刑[50]に剥奪公権、剥官、停止公権、禁治産、監視、没収を規定していた[51]。

　上記のうち、現行刑法にはない刑罰について説明を加えるなら、まず、主刑にある徒刑は、受刑者を島地に派遣して懲戒するとともに、開拓や鉱業など公益を興す作業に従事させるものである。流刑は、島地の獄に幽閉するが、定役（作業）には服させない。禁獄は、獄に入れるが、定役に服させない。重罪の各刑にある重・軽の区分は、服役期間の長短による。軽罪の禁錮は禁錮場に入れるが、重禁錮は定役に服させ、軽禁錮は服させない。次に付加刑であるが、剥奪公権は、刑法に規定する所定の権利を剥奪する。剥官は、将校の犯罪に付加する本法律特有の刑で、官職を剥奪する。停止公権は、期間を定めて所定の権利を停止する。禁治産は、自己の財産を処分することを禁じ、管財人に管理させる。監視は、主刑が終わった日から多少の年月の間付加し、その間その行動を監視し旅行や移転の自由を束縛する[52]。なお、主刑を重罪の刑、軽罪の刑に分けるのは旧刑法を踏襲したもので、現行刑法にこの区分はない。

　遠藤芳信によれば、明治14年陸軍刑法の重要な特質は、軍隊の平時における軍紀維持と教育・教化の厳格化に対応して、戦時よりも平時に重点を置いた

罪刑処置思想が込められていることである。その具体的な現れの一つは、軍人による政治に関する活動を罪とする規定（第110条）を設置したことである[*53]。

（3）　陸軍刑法（明治41年制定）

　明治14年陸軍刑法が施行されて20数年経過する間に見られた軍制改革等の軍事的な発展や日清・日露両戦争の経験を踏まえ、また、折しも進められていた刑法の改正作業に合わせて、陸軍刑法・海軍刑法も改正の必要に迫られた。1908（明治41）年、陸軍刑法は改正公布され（法律第46号）、同年、改正海軍刑法とともに施行された（以下、「明治41年陸軍刑法」と呼ぶ）。

　官撰陸軍史ともいえる陸軍省編『自明治三十七年至大正十五年 陸軍省沿革史』[*54]（以下、『陸軍省沿革史』という）は、本法律の制定理由として、明治14年陸軍刑法の制定以来、軍制の改良や数回の戦役は現行陸軍刑法の規定中に多少の不備があることを感じさせただけでなく、大体において規定を同じくすべき普通刑法はすでに改正を経たことを挙げている[*55]。

　『陸軍省沿革史』は次に、本法律における、明治14年陸軍刑法からの変更点を説明している。それによると、総則について重要と思われるものは次のとおりである。①独立の総則を設ける方式を廃止した。「総則」という編はあるが、そこには従前の陸軍刑法にあった刑に関する規定はない。②土地に関する本法律の効力について明文を置いた。例えば、陸軍刑法が適用される者が外国で罪を犯したときにも適用する。③日本軍の占領地及び日本以外にある陸軍の軍隊、官衙（官庁）等の所在地に限って土地に関する普通刑法の効力の範囲を拡張した。④剥官の刑を廃した。なお、上記①について、本法律には、普通刑法の総則の除外例である規定のみを掲げるようにしたためと説明している。すなわち、現行刑法第8条の「本法の総則は、他の法令に於て刑を定めたるものに亦之を適用す。但、其法令に特別の規定あるときは此限に在らず」[*56]という規定に対応している。

　『陸軍省沿革史』は、次に刑に関する変更点を挙げているが、あまり大きな変更はない。一つだけ挙げるとすれば、一罪について懲役、禁錮の択一刑を設けたことであろう[*57]。

　明治41年陸軍刑法については、司法制度全般においてドイツ法への移行が図られる中で旧法をいわば形式的に改正したものであり、実質においては旧法

と大きな相違点はないとの指摘がある[*58]。とはいえ、上記②、③は、日清・日露という国外における戦争の経験を踏まえて、国外に展開する軍隊における軍事司法制度のより円滑な運用を図ったものであり、その意味合いは小さくないといえるであろう。

（4）　陸軍刑法の部分改正

1942（昭和17）年、陸軍刑法の改正を行い（法律第35号）、辱職罪と逃亡罪の罰を重くするとともに、上官殺傷罪を新設した。これらは、1937（昭和12）年の日中戦争開始以降、内地や中国大陸などの戦地における将兵の犯罪状況の質的・量的な悪化に対応しようとするものであった[*59]。

以上、陸軍刑法の沿革を概観した。明治初年における原初的なものから出発し、その後変遷を重ねたが、明治40年代初頭には確立して、形式上も刑法に対する特別刑法としての体裁を整えたといえるであろう。

2　陸軍刑法の特性――保護法益、効力

前項で見たとおり、明治41年陸軍刑法をもって陸軍刑法は確立したと見られるが、その特性はどのようなものであったろうか。保護しようとする法益[*60]と効力にその特性が現れていると考えられるので、以下、それぞれについて見ていく。主に日髙巳雄「軍刑法」と菅野保之[*61]『陸軍刑法原論 増訂4版』[*62] に拠る。

（1）　陸軍刑法の保護法益

陸軍刑法は、「陸軍軍隊の安全と軍紀を法益とする特別刑法」[*63] である。日髙巳雄も、「軍刑法は軍紀を維持し軍の安寧を保持する為制定せられた刑罰法である」[*64] としている。さらに日髙は、次のとおり軍刑法の意義が軍規律の維持に重点があることを示唆している。

> 軍人は一般臣民と同一の義務を負担すると同時に、其の身分に依り特別の義務を負ひ厳重な紀律に服する者であるから、其の特別義務違反の可能性と其の義務違反に対する刑罰を必要とする。此の軍人に適用せらるる刑罰法が軍刑法である。而して軍人の犯した罪は一般に法規の違反であると同時に、軍の命脈たる軍紀侵害を包含して居るのである[*65]。

　一方、陸軍刑法が保護しようとする法益について、菅野保之は、陸軍の戦力であるとする。すなわち、軍隊が担う国家の防衛という極めて重要な使命を達成するためには、軍隊を構成する各種要素の保全と円滑な運用、言い換えれば戦力が十全であることが不可欠である。菅野は、陸軍刑法が専ら慮るのはこの点であるとし、次のようにいう[66]。

> 　従来陸軍刑法を説くもの、多くは其の目的を以て軍紀侵害の防遏[67]なりと為したりと雖も、所謂軍紀を以て専ら軍隊組成の無形的要素に限るの意なりとせば失当免れざるなり。何者、固より軍紀は軍の命脈なることは疑なき所なれども、一面軍の有形的要素、就中装備も亦戦闘に於ける必須の要件を為し、其の侵害は軍の目的貫徹を阻礙する点に於て軍紀破壊に劣らざればなり。

　以上を勘案すると、陸軍刑法の保護法益は、陸軍の軍紀と、装備の保全など陸軍の安全であったと考えられる。

　陸軍刑法に規定する刑は、刑法のそれに比べて死刑が非常に多く自由刑もより重いなど、厳しいものであった。これについて日髙巳雄は、「一般予防[68]の見地において威嚇を目的として規定せられて居ることを窺ふに足るのである」[69]という。刑が一般人のそれと比較してより峻烈なものとなったのは、一部の軍人の犯罪が、作戦の成否や軍全体の安危に重大な影響を及ぼしかねない軍隊の性格を反映していたからであろう。

（2）　陸軍刑法の効力

　陸軍刑法の特性は、その効力[70]にも表れていた。ここでは、人と場所に関する効力を取り上げて、その特性について考察する。

　まず、「人」についてであるが、本法律が適用されるのは、基本的に陸軍軍人であった（第1条）。ただし例外として、哨兵[71]守兵暴行脅迫罪など一定の罪に限って軍人でない者にも適用された（第2条）。

　ここで軍人とは、次の者を指す（第8条）。
① 　陸軍の現役にある者（未だ入営していない者と帰休兵[72]を除く）
② 　召集中の在郷軍人[73]

③　召集中ではないが、部隊にあって陸軍軍人の勤務に服する在郷軍人

④　上記②及び③の該当者以外で陸軍の制服を着用中又は現に服役上の義務履行中の在郷軍人

⑤　志願により国民軍隊に編入され服務中の者

さらに、次の者は陸軍軍人に準ずる（第9条）。

　i　陸軍所属の学生生徒

　ii　陸軍軍属[74]

　iii　軍の勤務に服する海軍軍人

　これらはいずれも、軍紀に服し軍の構成員となっている者である[75]。また、上述したように、非軍人であっても第2条に規定する罪を犯した場合に本法律が適用されるのは、それら軍紀に害ある行為や軍の安全を害する行為は軍人でなくとも犯しうるからである[76]。その犯罪を例示すれば、軍用物損壊罪（第79条、第85条）、掠奪罪（第86-第89条）、俘虜（捕虜と同義）を逃走させる罪等（第91-第93条・第94条）、哨兵を欺いて哨所を通過する罪・召集の期日を守らない罪・召集を免れようとする罪・流言飛語をなす罪等（第95条第1項・第96条・第97条第2項、第99条）である。

　次に、「場所」については、本法律が日本国内で適用されたことはいうまでもないが、さらに、本法律の効力が及ぶ者が外国で罪を犯した場合にも本法律が適用され（本法律第3条）、いわゆる積極的属人主義[77]を採用していた。また、日本軍の占領地や部隊の所在地における刑法や他の刑罰法令の適用について規定している。すなわち、日本軍の占領地においては、軍人、日本国民、従軍外国人、俘虜が刑法や他の法令の罪を犯したときは、国内で犯したものと見なされる（第4条）。この規定について菅野保之は、これは軍の作戦遂行の円滑を期するために占領地の治安の確保を第一義とするためであり、第4条に列挙された人的範囲に属しない者、中でも相手国の人民による不法行為については、原則として我が国の刑罰法令の規定を適用することはできず、いわゆる軍律[78]によって適宜処置すべきであるとしている[79]。

　また、外国にある部隊の所在地においては、その部隊に属す者や、当該部隊の俘虜となっている者が、刑法その他の法令の罪を犯したときは、国内で犯したものと見なされる（第5条）。これについて、既出の日髙巳雄は次のように説

明する＊80。

> 　外国にある軍隊が其の国の法権に服しないことは国際法上認めらるる所
> であるが、如何なる法令が其の軍隊に適用さるるかは国内法で決せらるる
> のである。而して軍刑法は「軍は法典を携行す」との主義を採用し、帝国
> 外に在る陸軍部隊又は海軍官衙隊の所在地に於て是等に属する者、即ち軍
> 人、之に従う者即ち従軍記者、従軍僧侶、酒保商人の如き及び俘虜が刑法
> 又は他の刑罰法令の罪を犯したるときは之を帝国内に於て犯したるものと
> 看做して居るのである。（陸刑五条、海刑五条）

　また、第 5 条の意義について菅野保之は、日本軍が占領地ではない外国に存
在する場合であっても、軍そのものの規律保持上その所属者に対する関係にお
いて刑罰法令を全面的に適用するのは極めて肝要であるとしている。なお、占
領地の場合については前記のとおり第 4 条に規定しているから、第 5 条には占
領地は含まれず、例えば占領には至らない日本軍の戦闘地域を指しているもの
と考えられる＊81。

　なおここで、陸軍刑法で使われている用語のうち、留意すべきと思われるも
のについて説明を加える。まず、官吏制度に関連する用語であるが、それらの
説明のためには、帝国憲法下における官吏制度の概略を踏まえる必要があるの
で、ここで説明する。「官吏」とは、国家から選任され、国家に対して忠実勤勉
に職務を尽くすべき公法上の義務を負う者であった。官吏は、「文官」と「武
官」に分けられた。武官とは陸海軍の下士官＊82 以上を指し、武官以外の官吏を
文官と呼んだ。これとは別に、「高等官」と「判任官」に分ける分け方もあっ
た。高等官は「法令に遵由＊83 して之を施行する」者、判任官は「上官の指揮を
承け庶務に従事する」者であった。両者とも、「官等」に区分された。高等官は
任命の形式により、「勅任官」と「奏任官」に分けられ、勅任官はさらに「親任
官」と、その他の勅任官に分けられた。親任官は天皇自ら任命する親任式によっ
て任命され、その他の勅任官は勅命により任命された。奏任官は、内閣総理大
臣が奏請（天皇に奏上して裁可を請うこと）して直裁を得て任命した。前出の判
任官は、天皇の任命大権の委任に基づいて、各行政官庁において任命された。

　なお、高等官と判任官は国から俸給を受けていたが、国の官吏でありながら、地方自治体から俸給を受ける者もあった。例えば市町村立小学校の校長や教頭である。このため、高等官と判任官を、「狭義の官吏」と呼ぶ場合があった[*84]。

　軍隊において将校と下士官は、それぞれ高等官、判任官であり、いずれも国の官吏たる武官であった。一方、兵は武官ではなく、国民の義務として兵役にある国民であった[*85]。

　以上を踏まえて、陸軍刑法に現れる用語について説明を行う。前述した陸軍軍属に含まれるもの（第14条）のうち、「陸軍文官」は、高等官または判任官、すなわち狭義の官吏であり、一般の文官と同じく政務官、事務官、技術官、教官に大別されていた[*86]。

　同じく陸軍軍属に含まれる「陸軍文官待遇者」は、狭義の官吏である陸軍文官に対して、待遇官吏と称すべきものであった。具体的には、判任官の待遇を受ける陸軍監獄看守、陸軍警査、奏任官または判任官の待遇を受け陸軍の事務に従事する者などがあった。これらの者はいずれも狭義の官吏と同じく陸軍の構成員であることから、陸軍刑法が適用された[*87]。

　「上官」とは、基本的には命令関係のある陸軍軍人間において命令権を有する者であるが（第16条第1項）、命令関係のない者の間では、官等、等級[*88]または階級の上位者は上官に準じた。兵は原則として、すべて同等とされた（同条第2項）。

　「部隊」とは、陸軍の軍隊、官衙[*89]、学校、特務機関、戦時における陸軍の特設機関を指した（第19条）。このうち「陸軍の特務機関」とは平時編制[*90]に規定されたもので、元帥府、軍事参議院、侍従武官府、皇族附武官、王公族附武官、陸軍将校生徒試験常置委員、外国駐在員[*91]を指した。なお、通俗的に「特務機関」と称されるものの多くは戦時や事変の際に諜報、謀略等特殊な業務を行うために設置されるものであり、正確には「戦時における陸軍の特設機関」に該当する。その「戦時における陸軍の特設機関」とは、戦時に際して作戦に関する特殊な業務を担当させるために設置された機関で、官衙、学校、特務機関に該当しないものをすべて含んだ[*92]。

3　陸軍刑法の特性——罪

　陸軍刑法第2編は罪について規定している。これらは軍隊固有の罪であり、そこに軍紀と軍の安全を保持するためにはどのような行為を防止する必要があったかが現れている。そこで、その主なものを見ていく。

　最初に取り上げるのは、「叛乱罪」である。叛乱罪とは、徒党を組み兵器を使って叛乱を行う行為（第25条）と、叛乱を行う目的で徒党を組み兵器、弾薬、その他軍用に供する物を劫掠する行為（第26条）である。ここでは「徒党を組み」と訳したが、原文は「党ヲ結ヒ」である。陸軍刑法で集団犯[93]とされるものには、上記の叛乱罪や結党の罪（第104条）における「結党」の他に、「党与」と「多衆聚合」がある。これらの言葉の定義の違いは必ずしも明確ではないが、菅野保之によれば、党を結ぶとは、多数人が同一事項の実行に関し意思を合一させることを指す。結党がさらに目的とする行為に現実として発展すれば、ある場合には党与となり、あるいは多衆聚合となるという。結党はすでに1869（明治2）年4月発布の軍律第1条において「徒党」として規定され、それ以降の軍刑法にも引き継がれた[94]。結党が建軍当初から軍の紀律を害する忌むべきものとして認識されていたことが窺える。

　次に「利敵罪」は、犯人の動機を問うことなく一定の外形的行為の存在によって成立するもの（第27条）と、敵を利するために当該行為を行ったことにより成立するもの（第28条）とに分けられる。前者には、軍事施設を明け渡す行為、間諜に関する行為、機密漏洩行為、敵国誘導行為、司令官誘導行為がある。後者は、軍用物損壊行為、交通妨害行為、司令官の職務離脱、隊兵の行動に対する妨害行為、軍用物欠乏行為、命令・通報・報告に関する行為、人心惑乱行為である。

　「擅権の罪」とは、司令官や指揮官が、擅（ほしいまま）に自分の職域を逸脱し、職権を濫用する罪である。そのような行為は、綱紀の紊乱をもたらし、軍の統帥を混乱させるのである[95]。なお、擅権の罪は後述の辱職の罪と類似する面があるが、前者はその外形上職務や機能の実行として表れるが、後者はそうではないことが相違点である[96]。擅権の罪には、司令官が理由なく外国に対して戦闘を開始する罪（第35条）、司令官が休戦や講和の告知を受けた後に理由なく戦闘を継続する罪（第36条）、司令官が権限外の事についてやむを得ない理由がないのに

軍隊を進退させる罪（第37条）、命令を待たずに理由なく戦闘を行う罪（第38条）がある。

　「辱職の罪」とは、軍隊の構成員が正当な理由がないのにその職務上の義務を履行しない罪である。一般の公務員との違いについて、菅野保之は次のように説明する。「（前略）一般公務員の職務上の義務違反と外形的類似性を有すと雖も、後者（一般公務員）に於ては原則として刑罰法上の効果を伴はざるに反し、（軍の）構成員の職務上の義務違背の軽易なるものは別とし、重大なるものは戦力保持の見地より犯罪として規定せらるるの必要あるなり。是即ち辱職の罪の存する所以にして（後略、引用文中のカッコ内はすべて筆者による補足）」*97。

　辱職の罪には、司令官が尽くすべき所を尽さないで敵に降りまたは要塞を明け渡す罪（第40条）、司令官が野戦において尽くすべき所を尽した上で隊兵を率いて敵に降る罪（第41条）、司令官が敵前で尽くすべき所を尽さずに隊兵を率いて逃避する罪（第42条）、司令官が軍隊を率いて故なく守地あるいは配置の地に就かずまたはその地を離れる罪（第43条）、司令官が出兵を要求する権限を持つ官憲から出兵要請を受けたにもかかわらず、故なく応じない罪（第44条）、将校が部隊等を率いて輸送船舶にあって敵の艦船に遭遇した際、尽くすべき所を尽さずにその船舶を退去する罪（第45条）、部下が多衆共同して罪を犯しても鎮定の方法を尽さない罪（第46条）、哨兵*98が故なく守地を離れる罪（第47条）、哨兵が睡眠又は酩酊してその職務を怠る罪（第48条）、衛兵や斥候など警戒・伝令の勤務に服する者が故なく勤務場所を離れる罪（第49条）、勝手に哨兵を交代させるなど哨令に違反する罪（第50条）、戦時等において斥候等の勤務に服する者が虚偽の報告をする罪（第51条第1項）、戦時等において、軍事に関する命令等の伝達を掌る者が誤り伝え、あるいは故なく伝えない罪（第51条第2項）、健康を害する飲食物を配給する罪（第54条）などがある。

　「抗命の罪」には、上官の命令に反抗する、あるいは服従しない罪（第57条）、徒党を組んで前条の罪を犯す罪（党与抗命）（第58条）、暴行をす為すに当たり上官の制止に従わない罪（第59条）などがある。

　「暴行脅迫の罪」には、上官を傷害したり暴行脅迫したりする罪（第60条）、徒党を組んで前条の罪を犯す罪（第61条）、兵器を用いて第60条の罪を犯す罪（第62条）、徒党を組んで前条の罪を犯す罪（第63条）、前4条の罪を犯し

たことにより上官を死に至らしめる罪（第63条ノ2）、上官を殺す罪（第63条ノ3）、哨兵に対して暴行または脅迫する罪（第64条）、徒党を組んで前条の罪を犯す罪（第65条）、兵器を用いて第64条の罪を犯す罪（第66条）、徒党を組んで前条の罪を犯す罪（第67条）、多衆聚合して暴行または脅迫する罪（第70条）、職権を濫用して陵虐行為を行う罪（第71条）などがある。なお、第70条が規定する多衆聚合して暴行または脅迫する罪は、刑法第106条の騒擾の罪（現在は騒乱の罪）と同じ行為類型であり、実質的に刑法の騒擾の罪の刑を加重したものと見なされる[*99]。

「侮辱の罪」には、上官をその面前で侮辱する罪（第73条第1項）、図、絵、偶像を用いて公示し、あるいは演説するなど公然の方法により上官を侮辱する罪（同条第2項）、哨兵をその面前で侮辱する罪（第74条）がある。

「逃亡の罪」には、理由なく役職を離れまたは就かない罪（第75条）、徒党を組んで前条の罪を犯す罪（第76条）、敵に奔る（味方を裏切って敵に降伏したり加担したりする）罪（第77条）がある。

「軍用物損壊の罪」は、不動産や重要な動産である軍用物を焼燬する罪（第79条）、その他の動産である軍用物を焼燬する罪（第80条）、火薬や汽罐等の激発する物を破裂させて軍用物を損壊させる罪（第81条）、軍用の航空機を墜落・転覆・覆没させる罪（第81条ノ2）、重要軍用物を損壊しまたは使用不能にする罪（第82条）、軍用物を毀棄または傷害する罪（第83条）などである。なお、「焼燬」とは、刑法第108条[*100]以下放火の罪で使われているものとその意義は同じであり[*101]、現在では「焼損」の語が使われている。

「掠奪および強姦の罪」は、戦地や占領地における住民等に対する掠奪や暴行に関する罪である。これらの犯罪行為そのものは、刑法にも規定されているが、特に戦地や占領地において行った場合を取り上げて、陸軍刑法に規定する罪としたのである。菅野保之は、「作戦地に於ては戦闘の混乱に因りて醸さるる異常なる雰囲気の為斯種犯罪発生の危険は秩序の整備せる平時に比すべくもあらざるべく、而も之が防圧は最も緊要の事に属す」[*102]としている。これが記載された『陸軍刑法原論』の発行年は昭和15（1940）年から同18年と、日中戦争や太平洋戦争のただ中である。後に第4章で見るように、菅野のこの言葉の背景には、戦地におけるこの種の犯罪の多発があったとみられる[*103]。

　掠奪強姦の罪には、戦地または占領地で住民の財物を掠奪する罪（第86条第1項）、前項の罪を犯すに当たり婦女を強姦する罪（同条第2項）、戦場で死者または戦病者の財物を褫奪（後述）する罪（第87条）、前2条の罪を犯して人を傷害する罪（第88条）、戦地または占領地で婦女を強姦する罪（第88条ノ2第1項）、前項の罪を犯して人を傷害する罪（第88条ノ2第2項）がある。第88条ノ2は、昭和17年に行われた陸軍刑法の改正により新設されたもので、戦地または日本軍の占領地において婦女を強姦することにより成立する。婦女の国籍は問わない＊104。

　なお、褫奪の罪（第87条）は、戦場や占領地で戦死者や戦傷者からその財物を奪うことにより成立する。「褫奪」とは、他人の財物を不法に領得する一切の行為を指す＊105。

　「俘虜に関する罪」には、看守護送者が俘虜を逃走させる罪（第90条）、職務のない者が俘虜を逃走させる罪（第91条第1項）、俘虜を逃走させる目的で幇助する罪（第91条第2項）、俘虜を逃走させる目的で暴行または脅迫する罪（第91条第3項）、俘虜を奪取する罪（第92条）、俘虜をかくまいまたはその他の方法で発見・逮捕を免れさせる罪（第93条）がある。

　なお、上記のとおり捕虜の逃亡に関する規定はあるが、捕虜への加害行為の禁止など、国際法の定めに沿った捕虜の取り扱いに関する規定はない。ただし、捕虜への虐待行為には、上述した職権を濫用して陵虐行為を行う罪（第71条）を適用する余地は考えられるであろう。

　「違令の罪」の「違令」とは、軍の法令や紀律に違反する行為を指す。そうした行為の中で軍紀を紊乱し軍の安全を害する重大なものが違令の罪として第11章に挙げられているが、それらの性格にはややばらつきが見られるので、同章は「雑規」とも呼ばれたという＊106。

　哨兵を欺いて哨所を通過する罪（第95条）、在郷軍人＊107が理由なく召集の期限に後れる罪（第96条）、兵役を免れるために詐病・身体毀傷等の詐欺行為を行う罪（第97条第1項）、在郷軍人が召集を免れるために前項の行為を行う罪（同条第2項）、戦時等において軍事に関する虚偽の命令通報等を行う罪（第98条）、戦時に軍事に関する流言飛語を行う罪（第99条）、礼砲や号砲等空砲を発すべきところ弾丸等を装填して発射する罪（第100条）、戦時に急呼の号報

があったにもかかわらず理由なく来会しない罪（第102条）、政治に関し上書・建白書等の請願を行い、あるいは演説文書で意見を公にする罪（第103条）、服従の義務に反する目的をもって徒党を組む罪（第104条）などが違令の罪に属す。第103条における上書は天皇に書を上げること、建白は政府または帝国議会に意見を建議すること、請願は請願令などに基づいて嘆願等をすることを指す[108]。

　以上のとおり、陸軍刑法の法益である軍紀と軍の安全を脅かす行為が、罪として陸軍刑法に具体化されていたことが理解されるが、罪の中で徒党を組むことが、軍隊の秩序を脅かす忌むべきものの筆頭と見なされていたことが特徴的であるといえよう。

4　陸軍刑法の特性——刑

　本節1の（3）で述べたとおり、刑については、本法に特段の定め（例えば、死刑の執行方法）がない限り、刑法の規定によった。その上で、抗命の罪（第57条・第58条）のように、行為の主体が単独か集団かにより刑の重さに差を付けているものがあった。また、職務離脱の罪（第43条）のように、行為が行われた際の状況による区分、すなわち敵前か軍中・戒厳地境かその他かにより刑の重さに大きな差を付けているものも多かった。同一の行為でも、これらの区分により軍に及ぼす危険度が大きく異なることを反映していた。[109]

　また、集団犯の場合に、首魁（しゅかい）（首謀者）、謀議参与者・群衆指揮者、諸般の職務従事者、付和随行者といった役割分担によって刑の軽重差が付けられていたことは、刑法の内乱罪（第77条）や騒擾罪（第106条）と同様であった。上述のとおり、群衆犯罪は特に軍の禁忌とするところであり、中でも首謀者には厳刑をもって臨んだ[110]。

　なお、上述の死刑の執行方法については、刑法が絞首による旨を規定しているところ（刑法第11条）、陸軍刑法は銃殺を規定していた（第21条）。

第4節　陸軍軍法会議

　前節では陸軍刑法を取り上げて、その特性などについて考察した。軍紀の維持と軍の安全が最も重要な法益であった。この陸軍刑法や、刑法などの法律を

適用し、軍人等の犯罪を裁くのが軍法会議であった。本節では、陸軍軍法会議を規定していた陸軍軍法会議法を基に、軍法会議制度の特性などを吟味する。同法についても、その変遷から見ていくが、そこから、時代の推移に応じて変化した要素と、一貫していた要素が見て取れるであろう。

1 陸軍軍法会議法の変遷

　陸軍軍法会議法はその原型が明治初年に制定され、「陸海軍糾問司－陸軍裁判所－陸軍裁判所条例－陸軍治罪法－陸軍軍法会議法」と変遷した。復員局調製「陸軍軍法会議廃止に関する顛末書」[*111] を基本にしつつ、その他の資料・先行研究も参考にして、軍事裁判制度の成立と展開について見ていく。

（1） 陸海軍糾問司

　1868（明治元）年4月19日に軍防裁判所なる組織が設置されたが、同年5月25日には早くも廃止されたようである[*112]。翌1869（同2）年、兵部省の一部局として江戸龍ノ口に糾問司が設置され（太政官布告第837号）、軍内犯罪の処理を掌った。1871（明治4）年には糾問司の事務取扱章程が定められた。これによると、将校の犯罪と士卒への放逐や、律内に規定がなく他の律条を援用して処断する場合には兵部省へ伺いを立て、下士の黜等・卒夫の杖以下で律内に正条がある場合には、直ちに諸省府県において処断した後に申出するよう記されていた[*113]。

　兵部省の糾問司は、1871（明治4）年の兵部省職員令改正によって海陸軍糾問司に改められ、海陸軍の犯罪を糺し処断する役割が規定された。1872（明治5）年2月、兵部省が廃止されて陸軍省と海軍省に分れたことに伴い、陸軍省が糾問司を所管し、海軍省には「糾問掛」が設置された[*114]。同年3月、糾問司に仮軍法会議を設けて軍人の犯罪を審理し、犯人所管部隊に出張して同部隊の将校や、その他の部隊を所管する鎮台[*115] 等の将校と会同して判決することとした（陸軍省達第15号）[*116]。

　なお、上記の陸軍省達において「軍法会議」という用語が初めて使われたとされる。軍法会議はフランス語のコンセイユ・ド・ゲール（Conseil de guerre）の訳語であるが[*117]、直訳すると軍事評議会といったところで、軍法会議の「会議」は、評議するための機関・組織を表している[*118]。

（2）　陸軍裁判所条例

　1872（明治 5）年、糾問司が廃止され、陸軍省に陸軍裁判所が設置された（太政官布告第 118 号）。陸軍の司法官庁という意味での裁判所としては、明治元年にごく短期間設けられていた裁判所を除けば、これが最初である[119]。陸軍裁判所には、長官、評事、主理、録事、捕部、管獄といった職員が配置された。同年の陸軍裁判所職員令（陸軍省達）は各職員の主な役割を示し、例えば、長官は諸官員の総括・罪状断案罰文の検討判決、正権評事は罰文の作成・長官の補佐代理、主理は犯人の糾問・断案の作成と評事への提出・未決囚徒の庶務、などとなっていた[120]。

　さらに同年、東京・仙台・名古屋・大坂・広島・熊本の各鎮台の本分営に軍法会議所を置き、犯罪があったときには本分営の大中佐及び副官と主理（後の法務官に相当）、録事が会議を行って審判することとした（陸軍省達第 80 号）。また、軍人の犯罪に関する取り扱いについて規定した「鎮台本分営罪犯処置条例」も定められた（陸軍省令第 110 号）[121]。この時期の軍法会議法制は、陸軍省の陸軍裁判所と、各鎮台の軍法会議所の二本立てであったといえる[122]。

　1874（明治 7）年、陸軍裁判所に関する布告が改正され、「陸軍裁判所条例」（陸軍省達布第 424 号）が公布された。これによると、東京に置かれた陸軍裁判所は陸軍省に隷属し、陸軍軍人・軍属の犯罪を糾問処断する（陸軍裁判所条例第 1 条）。陸軍卿に直隷する裁判長は事務全般を総理し、その下に三つの課を置く（第 2 条）。3 課とは、第一課（庶務）、第二課（擬律）、第三課（鞫獄）である[123]。さらに、1875（明治 8）年に鎮台本分営罪犯処置条例が廃されるとともに、新たに「鎮台営所犯罪処置条例」が制定され（陸軍省達第 140 号）、審判に関するさらに詳細な規則が定められた[124]。水島朝穂は、ここまでが我が国の軍事裁判制度確立の第一段階であるとしている[125]。

（3）　陸軍治罪法

　1882（明治 15）年、陸軍裁判所の廃止とともに、軍法会議法制は一本化された[126]。翌 1883（明治 16）年には陸軍治罪法が制定され（太政官布告第 24 号）、これにより各鎮台軍法会議所は、鎮台軍法会議となった[127]。陸軍治罪法の内容は、次に示す点において、1880（明治 13）年に制定された一般法の治罪法（後の刑事訴訟法）とは異なっていた。

46

① 傍聴は禁止（第2条）。

② 司令官（軍団長・師団長・旅団長・軍管司令官・合囲地[128]司令官）が、犯罪捜査の結果により審問（予審）・判決・軍法会議開催を命ずる（第36条、第55条）。

③ 司令官が、軍法会議から上申された判決書の宣言を命令（第65条・66条、第69条）。

④ 弁護人制度はない。

⑤ 上訴、再審の制度はない。司令官の再議命令のみ（第67条）。

このように、徹底した糾問主義[129]であり、司令官が裁判の開始や判決の宣告を命ずる「司令官主義」であった[130]。軍人・軍属の犯罪は、戦時平時を問わず、また軍刑法の罪に限定せず、全て軍法会議において裁判する制度が確立したのは、陸軍治罪法の制定によるといえる[131]。

陸軍治罪法に規定する軍法会議の構成の要点は、次のとおりである[132]。

① 軍法会議は、各軍管[133]に1箇あるいは数箇を置く。軍中においては、軍団・師団・旅団に軍法会議を設け、合囲の地にも軍法会議を置く（第7条）。

② 軍法会議には、判士長・判士・理事・理事補・審事・審事補・録事を置く（第8条）。

③ 佐官1名を判士長とし、尉官3名と理事・理事補のうち1名により判士とする。ただし、被告人が准士官以上の場合には、その階級に応じて判士長・判士を変更する（第9条）。

④ 軍団長および独立師団長は、部下の将校に軍法会議の判士長・判士を命ずることができる。また、理事・審事が欠員のときは部下の将校に、録事が欠員のときは下士に、それぞれ命じてその職務を行わせることができる（第11条）。

1884（明治17）年、各軍法会議に主事を置き、軍法会議の庶務を管理させた（陸軍省達乙第87号）。同時に軍法会議主事服務内則を定めて、主事は理事から任用することとした[134]。1886（明治19）年には、審事・審事補が廃されるとともに、判士は尉官4名で構成されることとなった[135]。法律専門家である理事は審事に替る審問官とされ、軍法会議における説明官とされた[136]。つまり、この段階では、後に見るような裁判官の一員とはされていなかったのである。

（4）　陸軍治罪法全面改正

1888（明治21）年、陸軍治罪法の全面的改正が行われた（法律第2号）。旧

法との主要な相違点は、次のとおりである。

①　審判の対象を陸軍軍人に限定した（第 1 条）。

②　旧法の「司令官」を「長官」に変更した（第 4 条）。

③　（普通）治罪法が規定する日出前日没後の家宅捜査禁止（同法第 133 条）、有罪推定の禁止・自由心証主義[137]（同第 146 条）、一事不再理原則[138]（同第 261 条第 1 項）の適用を明示した（第 6 条）。

④　将官の犯罪と再審の審理を行うための「高等軍法会議」を設置した（第 9 条第 2 項、第 20 条）。

⑤　判士長・判士・理事について除斥制度[139]を設定した（第 15 条・第 16 条）。

⑥　理事の職務権限を強化した（第 85 条）。

⑦　再審、復権、特赦の規定を設置した（第 7 章–第 9 章）。

　一方、傍聴禁止、弁護制度なし、一審制などは旧法のままであり、引き続き糾問主義的、長官全権主義的であった[140]。水島朝穂は、ここまでが軍事裁判制度確立の第二段階であるとしている[141]。

（5）　陸軍軍法会議法

　上述のとおり 1907（明治 40）年に刑法が、翌 1908 年には陸軍刑法・海軍刑法が制定されると、それに伴い手続法も整理・完成させる必要性が生じ、1921（大正 10）年、陸軍軍法会議法が制定された（法律第 85 号）。これは日本の軍法会議制度構築の第三段階であり、軍法会議制度の基本的骨格が形成されたとされる[142]。言い換えるなら、糾問主義の色彩を残す旧態依然とした裁判制度から、少なくとも形式的には、裁判所以外の者の請求によって訴訟を開始する弾劾主義[143]に基づいた近代的裁判制度に移行したのであり、これにより陸軍軍法会議制度は完成を見たといえる[144]。

　陸軍軍法会議法の制定理由と経緯を『陸軍省沿革史』によって概観すると、次のとおりである。すなわち、1888（明治 21）年制定の陸軍治罪法（及び 1889 年制定の海軍治罪法）は、

①　事件の審理は長官の命令によって開始され公訴提起実行機関がない、

②　審理が非公開である、

③　被告人に弁護人を付ける制度がない、

④　裁判[145]は長官の命令がなければ宣告できない、

⑤　裁判は一審であり上訴が許されない、

　などその規定は概ね旧制に従っている。これでは、裁判の公正を保ち、信用を維持し、被告人の利益を保護することにならず、早くから軍治罪法改正を求める声も多かった。

　このため、両省内においてそれぞれ調査検討を行った後、1914（大正3）年に部外委員も加えた「陸軍治罪法・海軍治罪法改正案共同調査委員会」を設置して検討を行った。同調査委員会は4年半の間に99回の総会、70回の整理委員会を開催して検討を進め成案を得た。

　改正案は広く諸国の立法例を参酌し、大綱において軍紀の維持と軍の利益保護について周到な用意をすると同時に、被告人の利益を顧慮し「人権保護の方面に於て亦十分の用意をなす」ものとされた。また、陸海軍両法案はできるだけ規定を同じにするよう努めるとともに、裁判手続については、「軍の利益と相反せざる限り主として法律取調委員会に於て現に調査中に係る刑事訴訟法改正案を参酌し以て立法の統一に努」めた＊146。

　次に、陸軍治罪法に加えた主要改正点は、『陸軍省沿革史』の記述によれば、次のとおりである。［　］内は旧法である陸軍治罪法の規定である。

①　裁判の言渡しに関して軍法会議が全権を持つことと審判は他からの干渉を受けないことを明示した。［裁判の言渡しに長官の確認が必要。］

②　審判公開の制度を定めた。［裁判宣告時における現役軍人の傍聴のみ可能。］

③　公判において弁護人を付する制度を新設した。

④　法令の違背を理由とする上告の制度を新設した。

⑤　専門法官を審判機関の一員に加えた。［裁判官の一員ではない。］

⑥　法務官を終身官とし、その身分保障に関する規定を置いた。

⑦　新たに検察官を置き、捜査・公訴を行わせることとした。

⑧　捜査権の系統及び各官憲の権域を明確にした。すなわち、陸軍司法警察官・海軍司法警察官を設け、これに憲兵あるいは陸軍大臣・海軍大臣が指定した司法警察官を充てて軍司法警察の職務を執らせる。［憲兵は陸軍治罪法では検察権を持ち、海軍治罪法では検察権を持たない。警察官は軍人・軍属の犯罪については現行犯に限って特別処分を行う権限を持つ。］

⑨　裁判官の除斥・回避＊147の制度の設け、かつ検察官あるいは被告人から長

官に、裁判官の除斥を具申できる規定を設けた。

⑩　軍人・軍属以外の被告人が拘留を受けた場合の保釈を認め得る規定を設けた。［保釈は許さない。］

⑪　捜査中に強制処分を要するときは予審官に請求できることとした。

⑫　従来の審問に相当する処分を予審に、判決に相当する審級を公判に改めた。また、長官の命を受けた検察官の請求又は公訴提起により予審又は公判を開始する制度とした。［長官の命令により審問及び判決に着手する制度。］

⑬　欠席裁判制度を廃止した。

⑭　再審に関する規定を変更した。

⑮　新たに執行に関する規定を置いた。＊148

　軍法会議法の制定および上記⑤、⑥の法務官制度導入の理由について、制定当時の陸軍省法務局長は、諸外国の制度を調査・研究した結果これが一番先進的制度であることと、今回の法制定で軍事裁判の訴訟手続を大幅に改めるので、裁判官の中に専門法官がいないと対応できないこと、を挙げたという＊149。また⑦は、弾劾主義的要素であるといえる。一方、長官の権限が大きいこと、裁判官の構成（軍人が多数を占める）、二審制であること（旧刑訴法では三審制）、軍人・軍属には保釈の制度がないこと、などの点で、旧刑事訴訟法が規定する訴訟手続とは異なっていた＊150。

　その後、日本は戦争の時代を迎えるが、戦争の長期化や戦域の拡大を背景として、軍法会議制度にも変更が加えられた。1941（昭和16）年、常設の軍法会議として、軍軍法会議が設置され（法律第8号）、特設の軍法会議は合囲地軍法会議と臨時軍法会議となった。この改正の要因として既述の「陸軍軍法会議廃止に関する顛末書」は、「軍制の飛躍的改革及日華事変に於ける軍司法実践の経験に鑑み従来の法制を以ては到底軍法会議の運営に完璧を期し得ない様に至ったので」と説明している＊151。

（6）　陸軍軍法会議法改正

　1942（昭和17）年、陸軍軍法会議法の改正が行われた（法律第78号）。その主な内容は次のとおりである。

①　法務官について、「終身官とし勅任又は奏任とす」とあったのが、「司法官試補たるの資格を有し勅令の定むる所に依り実務を修習したる陸軍の法務部

将校を以て之に充つ」と変更された（第35条）。すなわち、法務官は文官から武官に変わり、終身官としての身分保障はなくなった。

② 法務官に関する次の規定は削除された。刑事裁判または懲戒処分による以外には意に反して免官・転官させられないこと（第37条）、身体または精神の衰弱によって職務遂行が困難な場合には陸軍大臣または高等軍法会議の決議により退職を命ずることができること（第38条）、懲戒や病気等による休職や退職の扱い（第39条・第40条）、法務官の任用や懲戒に関する規定は勅令で定めること（第41条）。

なお、他の法律中に「陸軍の理事」や「陸軍の法務官」とあるのは、「陸軍の法務部将校」と読み替えることとした[*152]。

以上、陸軍軍法会議法の変遷を概観したが、刑事訴訟法の近代化には多少遅れながらも、前近代的な軍事裁判から脱皮し、近代刑事訴訟法の原則と被告人の権利保護を採り入れる方向で発展してきたことが分かる。しかし、戦争の長期化に伴って、軍法会議に対する指揮・統制を強化するとともに、訴訟手続の簡略化・迅速化を優先する改正が行われた。松本一郎は、1942（昭和17）年に行われた法務官の武官化・身分保障の廃止に関して、「身分保障を有し、曲がりなりにも司法の公正を担保しようとする法務官制度が廃止されたことによって、軍法会議による『法の支配』は事実上終わったといえる」とする[*153]。また、山本政雄も、「陸海軍治罪法下の旧制度を改め、司法権の統帥権と軍政権からの独立を目指した軍法会議法は、こうして完全に統帥上の手段として、その理念を退化させてしまった」とする[*154]。このような評価は理解できるものである。ただし、武官化しても、法務官が法律の専門知識を有する者であったことに変わりはなかった。しかしそれも、太平洋戦争の最末期になると変更され、法律の専門知識を有さない者も法務官を務めるようになる。これらの点については、第4章で触れる。

2 陸軍軍法会議の仕組み

前項で見たとおり、陸軍軍法会議制度は、1921（大正10）年の陸軍軍法会議法制定により確立したとされる。本項では、この法律を基に、陸軍軍法会議の仕組みについて吟味する。なお、陸軍軍法会議法は上述のとおり、戦争の長

期化を受けて、1941（昭和16）年以降数回改正されている。本項で参照するのは原則として、1941年時点、すなわち法務官の武官化（1942・昭和17年）の前のもの＊155 とする。これは、法務官の武官化は、戦時における比較的重要な改正ではあるが、改正後の期間が約3年と短いためである。

（1）　陸軍軍法会議の裁判権

軍法会議は以下の者の犯罪について裁判権を有していた（第1条）。

①　陸軍刑法に記載されている次の者（陸軍刑法の項で既述）

　ⅰ　陸軍の現役にある者

　ⅱ　召集中の在郷軍人

　ⅲ　召集中ではないが、部隊にあって陸軍軍人の勤務に服する在郷軍人

　ⅳ　上記ⅱ・ⅲの該当者以外で、現に服役上の義務履行中の在郷軍人

　ⅴ　志願により国民軍隊に編入され服務中の者

　ⅵ　陸軍所属の学生生徒

　ⅶ　陸軍軍属

　ⅷ　陸軍の勤務に服する海軍軍人

②　陸軍用船の船員

③　上記①、②以外で陸軍の部隊に属し、あるいは従う者

④　俘虜

上記の者については、その身分発生前の犯罪についても裁判権を有しており、身分喪失後であっても、身分があったときに捜査の報告があり、あるいは逮捕・勾引・勾留された場合も同様である（第2条）。加えて、召集中でもなく、また部隊で陸軍軍人の勤務に服してもいない在郷軍人で、陸軍の制服を着用中の在郷軍人については、その者が犯した陸軍刑法の罪について裁判権を有していた（第3条）。

合囲地境では、軍人・軍属等以外の者、すなわち一般人に対しても、次の犯罪に関して裁判権を有していた（第4条）。

①　合囲地司令官の部下や合囲地で罪を犯した軍人・軍属と共に犯した罪

②　陸軍刑法・海軍刑法・軍機保護法そのほか軍事の必要により特に設けた法令の罪

戒厳が敷かれた場合、戒厳令に定めた特別裁判権を行使することができた（第

5条)。また、戦時・事変においては、軍の安寧を保持するため必要があるときは、軍人・軍属等以外の者、すなわち一般人の犯罪について裁判権を行使することができた（第6条）。

(2) 陸軍軍法会議の種類と管轄権

軍法会議には、常設のものと特設のものがあった（第9条）。常設のものには、高等軍法会議、軍軍法会議、師団軍法会議が、また、特設のものには、合囲地軍法会議（戒厳の宣告があったときに合囲地境に特設する）、臨時軍法会議（戦時・事変に際して編成した陸軍部隊に必要により特設する）があった（第8条）。高等軍法会議は陸軍大臣、軍軍法会議は軍司令官、師団軍法会議は師団長、特設軍法会議は軍法会議を設置した部隊あるいは地域の司令官をもって、各軍法会議の「長官」とした（第10条）。

各軍法会議の管轄権について見ると、高等軍法会議は、①陸海軍の将官・勅任文官・勅任文官待遇者に対する被告事件、②上告、③非常上告*156について管轄権を有した（第11条）。その他の軍法会議は、例えば師団軍法会議は、師団長の部下に属する者や監督を受ける者に対する被告事件について管轄権を有していたほか、師管内にある陸軍部隊に属する者および部隊長の監督を受ける者に対する被告事件や、師管内にいる、あるいは師管内で罪を犯した軍人・軍属等に対する被告事件に対しても管轄することができた（第13条）。もしも軍人・軍属等に対する被告事件について管轄軍法会議がない場合には、被告人の現在地や犯罪地の付近にある軍法会議が管轄した（第17条）。

(3) 陸軍軍法会議の職員構成

軍法会議には、判士、陸軍法務官、陸軍録事、陸軍警査を置いた（第31条）。このうち判士には、陸軍の兵科将校が充てられた（第32条）。法務官は勅任官または奏任官であり、さらに終身官であって刑事裁判または懲戒処分によらなければその意に反して免官・転官されることはないとされた（第35条、第37条）。録事は判任官であった（第42条）。警査は長官が任命した（第43条）。特設軍法会議では、准士官または下士官に録事の職務を行わせ、あるいは下士官または兵に警査の職務を行わせることができた（第44条）。また、合囲地軍法会議では、合囲地境にいる判任文官に録事の職務を行わせることができた（第45条）。

（4）　陸軍軍法会議を構成する機関

　陸軍軍法会議は、「審判機関」「予審機関」「検察機関」から構成されていた。まず、事案の審判[* 157]を行う審判機関であるが、審判を行うに際して他から干渉を受けることはないとされた（第 46 条）。審判は長官が任命する裁判官 5 人で構成した会議で行われたが、裁判官には判士と法務官を充て、上席判士を裁判長とした。ただし、特設軍法会議では、上席判士及び法務官以外の裁判官を 2 名減ずることができた。この措置は、戦時事変の場合には常設軍法会議にも適用された（第 47 条・第 48 条）。

　裁判官の構成は、高等軍法会議では判士 3 名、法務官 2 名であり、それ以外の軍法会議では、判士 4 名、法務官 1 名であった。判士の階級は、被告人の階級に応じて決められていたが、必ず被告人と同等以上であり、かつ裁判長は、被告が将官の場合を除いて被告人より上位であった（第 49 条、第 51 条）。

　予審機関では、法務官中から長官が任命した予審官が予審[* 158]を行った（第 61 条・第 62 条）。予審官は、被告人の召喚・勾引・勾留について、軍法会議や裁判長と同一の権限を有した（第 176 条）。

　検察機関は、捜査や公訴を行った。捜査や公訴については、陸軍大臣が指揮監督権を持っていた。また、軍司令官は、隷下部隊の軍法会議の管轄に属する事件などについて、捜査や公訴を指揮監督する権限を有した（第 65 条）。長官は、所管軍法会議の管轄に属する事件などについて、捜査や公訴を指揮監督した（第 66 条）。捜査や公訴は、長官が法務官中から任命し、長官に隷属する検察官が行った（第 67 条・第 68 条）。ただし、特設軍法会議においては、陸軍の兵科将校に同職務を行わせることができた（第 70 条）し、合囲地軍法会議においては、合囲地境にいる高等文官に検察官の職務を行わせることもできた（第 71 条）。検察官は、「陸軍司法警察官」または「司法警察官」に捜査の補佐をさせることができた（第 72 条）。憲兵の将校、准士官あるいは下士官は、陸軍司法警察官として捜査を行った。陸軍大臣は所管大臣と協議して、警察官の中から陸軍司法警察官として勤務する者を指定することもできた（第 73 条）。中隊以上の軍隊、官衙、学校、特務機関、戦時の特設機関等の部隊の長は、その部下に属する者や監督を受ける者の犯罪について、陸軍司法警察官の職務を行った（第 74 条）。また、これらの部隊の長は、部下の将校に委任して、特定の事

件について陸軍司法警察官の職務を行わせることもできた（第75条）。

　警査や憲兵の兵は、検察官などの命令を受けて、陸軍司法警察吏として捜査の補助を行った（第77条）。陸軍司法警察官として勤務することを指定された警察官の部下の巡査や、陸軍司法警察官の職務を行う者の部下も、捜査の補助を行うことがあった（第78条・第79条）。

（5）　訴訟手続

　陸軍軍法会議の変遷の項で見たとおり、裁判官に対する除斥・回避の制度が設けられており、除斥原因その他正当な理由がある場合、長官は裁判官を変更しなければならなかった（第80条）。除斥原因には、裁判官が被害者であることや、被告人あるいは被害者の親族や法定代理人であった場合などが挙げられていた（第81条）。検察官や被告人は、裁判官の変更を長官に具申することができた（第82条）。また、裁判官は長官に対して回避の具申を行うことができた（第84条）。これらの除斥・回避に関する規定は、予審官や録事にも準用されたが（第85条）、特設軍法会議ではこれらに規定によらないことも許された（第86条）。

　被告人は、公訴提起後にはいつでも弁護人を被告人1人につき2人まで選任することができた。また、被告人の法定代理人や夫などは、独立して弁護人を選任することができた（第87条、第90条）。弁護人は、①陸軍の将校、②陸軍高等文官または同試補、③陸軍大臣の指定した弁護士、の中から選任しなければならなかった（第88条）。ただし、弁護人に関する規定は、特設軍法会議では適用されなかった（第93条）。被告人の法定代理人や夫などは、公訴提起後にはいつでも補佐人となることができた（第94条）。

　裁判は、定数の裁判官が非公開の評議を行い、過半数の意見によった（第95条・第96条、第98条）。判決は原則として口頭弁論に基づいて行わなければならなかった。決定は公判廷においては訴訟関係人の陳述を聴いて行わなければならなかった（第100条）。被告人その他訴訟関係人は、裁判書あるいは裁判を記載した調書の謄本等を請求して交付を受けることができた（第105条）。

　軍法会議が公訴を受けた場合は、召喚状を発して被告人を召喚した（第140条・第141条）。さらに、①軍紀を保護するために必要なとき、②被告人が逃走したとき、あるいはそのおそれがあるとき、③証拠湮滅のおそれがあるとき、

④被告人が住所不定のときには、勾引状を発して被告人を勾引することができた（第143条・第144条）。勾引した被告人は、軍法会議に引致した時から48時間以内に訊問しなければならず、その時間内に勾留状を発しないときは釈放しなければならなかった（第145条）。勾留できる事由は上記①から④までであった（第146条）。検察官・陸軍司法警察官・陸軍司法警察吏が現行犯を発見した場合で、被告人が逃走や証拠湮滅の恐れがある時などには、直ちに逮捕しなければならなかった（第178条）。

　軍法会議は、証拠物や没収すべき物と判断した物を押収したり、所持者に提出を命じたりすることができた（第191条）。必要があるときは、被告人の身体、物、住居などを捜査することができ、被告人以外に対しても、押収すべき物の存在を認知できる状況にあれば、捜索を行うことができた（第194条）。

　軍法会議は、原則として誰でも証人として訊問することができた（第234条−第237条）。しかし、証言することによって刑事上の訴追を受ける恐れがあるときは、証言を拒むことができた（第238条）。

　検察官が捜査を行ったときは、書類や証拠物に意見書を添えて長官に報告した（第307条）。報告を受けた長官は検察官に対し、公訴を提起すべきと考えた場合には公訴提起を、予審に付する必要があると考えた場合には予審請求を、それぞれ命令した（第308条）。長官が公訴提起や予審請求を行わないと決したときは、速やかにその旨を検察官に告知することになっていた（第310条）。そのような告知を受けた検察官は、拘留した容疑者を速やかに釈放しなければならなかった（第311条）。なお、上記第310条の規定は、第3章で再度言及することになる。

　予審は、事件が公訴を提起すべきものであるか否かを決定する上で必要な事項や、公判では取調べることが難しいと思われる事項について取調べた（第321条）。予審官は、予審中に検察官が指定しない被告人を発見した場合で急を要するときは、検察官の指定を待たずにその者を被告人とすることができた（第316条）。予審官が取調べを終了したときは、書類や証拠物を検察官に送付し（第329条）、検察官は意見書を添えて長官に予審終了の報告を行った（第329条・第330条）。これを受けて長官は、公訴提起あるいは不起訴処分などを判断して命令を行った（第331条）。

　公判は、被告人が期日に出頭しないときは、原則として開廷することはできなかった（第363条）。死刑、無期あるいは1年以上の懲役・禁錮に該当する事件については、判決の宣告を除いて弁護人なくして開廷することはできなかった。弁護人が出廷しない、あるいは選任されていないときは、裁判長が職権で弁護人を付けた（第367条）。弁論は公開されたが（第371条）、安寧秩序や風俗を害したり、軍事上の利益を害したりするおそれがあるときは、弁論の公開をやめることができた（第372条）。

　検察官または被告人、被告人の法定代理人などは、上告を行うことができた（第420条・第421条）。しかし、上告ができるのは、「法令違反」を理由とするときに限られていた（第423条）。法令違反には、軍法会議が法令通りの構成となっていなかった場合、除斥すべき裁判官が審判に関与した場合、軍法会議が不当に公訴を受理し、あるいは受理しなかった場合、審判の公開に関する規定に違反した場合、公判廷で被告人の身体を拘束した場合などが含まれていた（第424条）。軍法会議の判決確定後、その判決が法律で罰しない行為に対して刑を言い渡したり、相当の刑より重い罰を言い渡したものであることを発見したりした場合は、高等軍法会議の長官は、検察官に対し高等軍法会議に非常上告をさせることができた（第468条）。

　原判決の根拠となった証拠書類や証拠物が、偽造・変造であることが証明されたときや、刑の言い渡しを受けた者に対して無罪や免訴を言い渡すべき明確な証拠を新たに発見したときなどには、再審の請求を行うことができた（第473条）。再審の請求は、検察官や刑の言い渡しを受けた者などが行うことができた（第479条）。

　死刑の執行は、陸軍大臣の命令により、命令から5日以内に、監獄において執行された（第502条、第504条・第505条）。

第5節　憲兵制度

　既述のとおり、陸軍軍事司法制度において憲兵は、主として軍事司法警察官としての役割を担っていた。その具体的な内容について見ていく。なお、憲兵制度の導入や変遷には、軍紀の問題も関与しているので、それについても触れたい。

1　憲兵制度の変遷

　明治政府は早くから憲兵の必要性を認識していたが、早急な国防軍の建設が求められており、非戦闘部隊と見なされた憲兵を創設する余裕はなかった。しかし、竹橋事件（1878・明治11年）の発生や脱走兵の頻発、自由民権思想の軍隊への浸透などの情勢もあり、1879（明治12）年頃から本格的に憲兵編制の準備に入った。そして、1881（明治14）年、陸軍部内に憲兵を設置（太政官達第4号）するとともに、「憲兵条例」を制定し（太政官達第11号）、当面東京に一憲兵隊を置くことにした。これには、フランス留学経験があり、短期間ではあるが警視局長として警察を指揮した経験もある陸軍中将・大山巌[*159]の決断に負うところが大きいと考えられる。こうして同年、東京憲兵本部及び6屯所各分屯所が、一斉に憲兵業務を開始した[*160]。憲兵設置の目的として、軍紀の維持、軍の擁護、公安の維持が挙げられていた[*161]。

　上述の憲兵条例[*162]によれば、憲兵は陸軍兵科の一つであり、役割としては、巡按検察（後述）のことを掌り、軍人の非違を視察し、行政警察及び司法警察の事を兼ね、内務・海軍・司法の3省に兼隷して国内の安寧を掌る（第1条）とされた。憲兵は各軍管に布き、各府県に配置するとした（第2条）。隷属関係については、軍紀の検察に関することは陸海軍両省に、行政警察に関することは内務省に、司法警察[*163]に関することは司法省に隷属した（第3条）。憲兵への指示は、警視総監・東京府知事を除く府知事県令・地方裁判所検事からも行われた（第4条）。憲兵の通常業務は、昼夜交番して非違を視察する「巡察」と、臨時に探偵逮捕するために派遣する「検察」の2種であった（第6条）。

　1885（明治18）年に制定された「戦時憲兵服務規則」（陸軍省達乙第12号）は、戦時における憲兵の服務について規定していた。憲兵の職務は大きく分けて、①軍隊の軍紀風紀の監視、②戦地の一般人民との関係の処置、の二つであった（第2条）。そして、軍人・軍属の酩酊・喧嘩・争闘・放歌・博奕（ばくち）・威迫・淫蕩・押売等を制止し、侵掠・偸盗（ちゅうとう）・不法の要求等を防止するとともに、その他すべての不法の者を取押え処置すべきとした（第6条）。また、敵地に進入するときに行うべきこととして、村長を介して懇切に日本軍が進入する理由を説明し、人民を害する者ではないことを知らしめ、安心させて逃亡等の企てを防止するよう命ずる（第8条）など、敵地における財物の確保・防護、防諜、軍紀

の維持、衛生の確保等を挙げている。また、憲兵隊長は牢獄を管理し、軍人・軍属の犯罪が重罪・軽罪と認められるときは留置して参謀部に申告し、違警罪に係る者は直ちに処分すべきとされた（第17条）＊164。このように、戦地において憲兵は、軍人・軍属の犯罪取締りばかりでなく、敵地の人民に対する宣撫工作や占領地の保安・秩序維持など幅広くかつ重要な役割を与えられていた。

　その後も数次にわたり憲兵条例の改正が行われた。しかし、組織面の変遷や増強はあったが、憲兵の役割や職務そのものについては、当初から大きな変化は見られなかった。なお、1915（昭和4）年の改正で、「憲兵条例」という名称が「憲兵令」に変更された。

2　軍事司法における憲兵の位置付け

　軍事司法制度における憲兵の位置付けについては、これまで何回か触れたが、ここで更に詳しく見ておきたい。前述した陸軍治罪法（明治21年法律第2号）では、「陸軍ニ関スル犯罪ヲ捜査シ證憑ヲ収集ス」る「陸軍検察官」として、憲兵の将校や下士官が挙げられていた（第31条、他に師団や旅団の副官・警備隊司令官）。さらに、陸軍軍法会議法（大正10年法律第85号）において、「憲兵ノ将校・准士官又ハ下士ハ、陸軍司法警察官トシテ捜査ヲナス」（第73条）とされ、また海軍軍法会議法にも同様の規定があり、憲兵の軍司法警察官としての位置付けが法律に明示された。また、憲兵卒＊165は検察官あるいは陸軍司法警察官の命令を受け、陸軍司法警察吏として捜査の補助を行うとされた（第77条）。

　旧刑事訴訟法（大正11年法律第75号）も、憲兵将校・准士官・下士は検事の輔佐としてその指揮を受けて司法警察官として犯罪を捜査し（第248条）、憲兵卒は検事あるいは司法警察官の命令を受けて司法警察吏として捜査の補助を行う旨（第249条）を明示して、憲兵の司法警察官・司法警察吏としての位置付けを規定していた。このように、司法警察官は犯罪の捜査や捕縛を行うのであるが、旧刑事訴訟法下における司法警察官はあくまで検事の補佐として、その指揮を受けて捜査を行った。これは、現行刑事訴訟法において、司法警察職員が第一次捜査権を有する（刑事訴訟法第189条第2項）のとは異なっていた。このことは、憲兵が陸軍司法警察官として捜査を行う場合も同様であった。既述のとおり、軍法会議の長官が法務官の中から検察官を任命したが、憲兵が捜

査を行うのは、あくまで検察官の補佐という位置付けであった（陸軍軍法会議法第 72 条）[166]。

第 6 節　懲罰制度

　前述したとおり、陸軍の懲罰制度は司法制度の中に位置付けられてはいなかったが、違反に対する「制裁」[167] という点において軍事司法制度と連続性を持っていた。ここでも、制度の変遷を一瞥した後、制度の特性や内容について吟味したい。

1　懲罰制度の変遷

　陸軍省は 1872（明治 5）年、「懲罰令」を制定した[168]。松下芳男（序章第 2 節に既出）によれば本令は、①懲罰は、軽犯で軍律によって論じない者を、懲治し悔省させることにより過ちを改めさせる罰典であること、②一軍一隊あるいはその場所の司令官に委任して、本令によって軍人・軍属の犯罪を治させること、③本令は、軍人・軍属が平時に「瓦留仁曾運（ガルニゾン）」[169] や屯営内で諸法を犯し、あるいは職務を誤る者を懲治する罰典であるから、戦時守城中は概ね「取行」しないこと、などを規定していた[170]。

　1881（明治 14）年、「陸軍懲罰令」が制定された（陸軍達乙第 73 号）。その後もたびたび改正され、1911（明治 44）年改正の陸軍懲罰令（軍令陸第 4 号）でほぼ確立された[171]。

2　懲罰制度の特性と内容

　主に陸軍懲罰令（明治 44 年軍令陸第 4 号）[172] に基づいて、制度の特性と内容について見ていく。

（1）　懲罰制度の特性

　特別裁判所である軍法会議の行う裁判が、国家の司法権に基づいて犯罪に刑罰を科すのに対し、懲罰は天皇の統帥権に基づいて科する制裁であった[173]。懲罰の意味についてもう少し詳しく見てみると、社会を構成する諸組織の中には、組織の秩序あるいは対外的な信用・名誉を守るために懲戒制度[174] を持つもの

が少なくない。例えば、日本の現行法制度の下で法律によって懲戒制度を規定しているものに、国家公務員法、地方公務員法、弁護士法、会計法等がある[175]。また、民間企業においても、一定規模以上の会社の多くはそれぞれの懲戒制度を持ち、それを就業規則等に規定している。

　帝国憲法下においては、官吏に対する懲戒に関して「文官分限令」（明治32年勅令第62号）と「文官懲戒令」（明治32年勅令第63条）があり、懲戒の種類について、①免官、②減俸、③譴責の3種を規定していた。軍人も官吏ではあったが、軍人に対する懲戒は、営倉など身体の自由を拘束したり食事を制限したりするなど、文官に比べてはるかに厳しいものであった。この点について美濃部達吉は、前述した帝国憲法第32条[176]に関する説明の中で次のように言及している。「普通の官吏ならば、勅令を以て定め得べき懲戒処分の限度は、官吏関係から生じた権利または利益を剥奪するより以上に及ぶことを得ないのに反し（後略）」「軍人に付いては、軍の規律を保つに必要なる限度に於いて、軍隊内部に於ける統帥上の命令、即ち軍令または大権の委任に基く司令官の命令に依り、其の憲法上保障せられた自由権を束縛することが出来る（後略）」とし、例として陸軍懲罰令を挙げている[177]。このように、軍人に関する憲法上の特別な規定の影響は、軍人に対する懲罰にも及んでいたが、換言すれば、軍人に対する厳しい懲罰制度も、憲法にその根拠を持っていたといえよう。

（2）　懲罰制度の内容

　まず、どのような場合に懲罰が行われるのかについて見ると、陸軍軍人が、①その本分に背くか、②軍事の定則に違反するか、③その他軍紀を害し風紀を乱した場合で、その行為が陸軍刑法の罪に該当しないとき、であった。ただし、陸軍刑法以外の法令に規定する刑に処せられた軍人については、軍事上の必要があれば、さらに懲罰することができた（第1条）。

　罰の種類は、階級によって異なっていた。それぞれ重い順に、将校には、①重謹慎、②軽謹慎、③譴責、下士には、①免官、②重営倉、③軽営倉、④譴責、兵卒には、①降等、②重営倉、③軽営倉であった。

　主な罰の内容を簡単に記すと、重謹慎は、勤務すること、居宅外に出ること、外の人と接見することを禁じられ、罰期間中、俸給の10分の5を減じられた。日数の限度は、1日以上30日以下であった。軽謹慎が重謹慎と異なる点は、連

隊長など罰権を持つ上官の命令によって演習や教育のために出勤することがあることと、俸給の減額が 10 分の 2 であることであった（第 10 条）。

　免官は、官を免じて一等卒とし、降等は 1 階級下げた（第 11 条）。重営倉は、営倉（兵隊を監禁・独居させた建物）に拘禁し、寝具を貸与せず、飯・湯・塩のみを支給し、演習・教育の場合を除いて勤務に服することを禁止した。ただし、3 日に 1 日は寝具を貸与し、通常の食料を支給した（第 12 条）。また、罰期間中、俸給を減じられたが、その割合は営内居住者では 10 分の 8、営外居住者では 10 分の 5 であった（第 14 条）。日数の限度は、1 日以上 30 日以下である。軽営倉が重営倉と異なるのは、常に寝具が貸与され、通常の食料が支給されること（第 13 条）、減俸割合が、営内居住者で 10 分の 5、営外居住者で 10 分の 2 であることであった。なお、勤務その他の必要が認められる場合は、重営倉・軽営倉を、所定の換算方式により禁足又は苦役に代えることができた。その場合でも、減俸は行われた。例えば営内居住の兵卒の場合、重営倉 1 日を苦役 3 日に、軽営倉 1 日を禁足 2 日に換算した（第 15 条）。ここで禁足とは、勤務・演習・教育の場合を除いて、営内居住者は営外に、営外居住者は居宅外に出ることを禁ずるものであった（第 16 条）。苦役は、勤務・演習・教育の場合を除いて営外に出ることを禁じ、営内の雑役に服させるものであった（第 17 条）。

　譴責は、犯行を糺し、将来を「戒飭」（いましめること）するものであった（第 18 条）。

　次に、懲罰を行う権限についてであるが、尉官以上の上官は部下に対して懲罰を行う権限があったが、一人の上官は一つの犯行に対して、複数の罰目を併科することはできなかった（第 20 条）。また、科することのできる罰目の範囲は、上官の職位によって決められていた。例えば、師団長やそれと同等以上の権限のある軍隊の長（以下、師団長等という）は、その部下に対して陸軍懲罰令に規定するすべての罰目を科する権限があった（第 21 条）。旅団長、連隊長、独立・分屯・分遣する軍隊の長である将官・佐官の場合も、その部下に対して同令に規定するすべての罰目を科する権限があったが、免官・降等については師団長等の上官の認可を必要とした（第 22 条）。大隊長や独立・分屯・分遣する軍隊の長である大尉の場合は、その部下について、①士官准士官に対しては 10 日以内の重謹慎・軽謹慎・譴責、②下士に対しては 20 日以内の重営倉・軽

営倉・譴責、③兵卒に対しては30日以内の重営倉・軽営倉（第23条）、であった。師団長や旅団長など高官に対する罰権者も決められていた（第25条）。また、直接の部下ではない場合もあった。例えば、東京衛戍総督・衛戍司令官・要塞司令官・警備隊司令官・その他一地域における陸軍の秩序を維持し警備に任ずる司令官は、その職権に基づく命令規則に対する反抗者があるときは、下級官等の軍人に対して部下に対するのと同一の罰権を有していた（第29条）。

懲罰処分を行ったときは、直ちに直属上官に報告しなければならなかった（第35条）。報告を受けた上官は、罰目・罰期を変更したり、懲罰処分を取り消したりすることができた（第36条・第37条）。

懲罰処分は、本人に対して口頭で詳しく対象となった犯行を示して懲罰を言い渡した。対象者が遠隔地にいる場合は、言渡書を直属上官に送って読み聞かせた。懲罰の言い渡しは、必要に応じて、適宜の方法により所属部隊中に公示することができた（第43条）。戦時には、罰を受けさせたまま服務させることができた。この場合、その服務日数は懲罰期間に算入した（第46条）。

以上見てきたことから、上官への懲罰実施報告及び上官による監督が規定されてはいたが、懲罰の決定は合議制ではなく、罰権者が単独で行う仕組みであり、軍法会議に比べて、罰権者に与えられた裁量幅が大きいといえる。軍事司法制度と比べた場合、制裁の厳しさの点でははるかに弱いものの、上訴や弁護人の制度もなく、公正性・人権の要素に対する指揮・統制の優越という点では、懲罰制度の方が強いといっても過言ではないであろう。

第7節　指揮・統制と公正性・人権の視点からの分析

ここまで、陸軍軍事司法制度の全体像と、制度を構成する各部分の制度内容や特性について見てきた。これらを踏まえ、同制度の中核ともいえる陸軍刑法と陸軍軍法会議制度に焦点を当てて、指揮・統制への寄与と公正性の担保と人権の擁護の両面から分析したい。既述のとおり、両法とも変遷を重ねている。このため、本節でも本章第3節および第4節と同様、主として陸軍刑法（明治41年法律第46号）および陸軍軍法会議法（大正10年法律第85号）を対象とする。

1　指揮・統制への寄与

　軍事司法制度の主目的が軍紀の維持であることは、創設当初からほぼ一貫していた。それでは何のための軍紀の維持かといえば、上位者あるいは上位組織から、下位者あるいは下位組織に対して行う指揮・統制を徹底するためであろう。そのため、指揮・統制への寄与という要素は、陸軍刑法と陸軍軍法会議法の随所に見られる。以下、各法律別に吟味する。

　初めに陸軍刑法を取り上げる。同法について最初に指摘したいのは、陸軍刑法が規定する「違法性阻却事由」[178] の特例である。刑法は違法性阻却事由として、「正当行為」[179]（刑法第 35 条）、「正当防衛」（第 36 条）、「緊急避難」[180]（第 37 条）を規定する。これらに加えて陸軍刑法は、「軍事上の緊急行為」を規定していた（陸軍刑法第 22 条）。具体的には、多数が共同して行う暴行（例えば叛乱罪、党与暴行脅迫罪、多衆聚合暴行脅迫罪に該当する行為）を鎮圧するためや、敵前にある部隊が差し迫った状態に陥った場合、軍紀を保持するためにやむを得ず行った行為は罰しないとした（第 22 条第 1 項）。前者の、反乱など集団で軍隊の秩序を乱す行為は、軍隊の存立にも関わる重大な犯罪であり、これを鎮圧すべき立場の軍人は、鎮圧に必要な限りどんな手段を用いてでも、鎮圧しなくてはならない。また後者の、敵前にある部隊の急迫は、場合によっては全軍の安危に関わってくるから、速やかに対応する必要がある。いずれの場合も、解決のためには普段にもまして軍紀を厳しく保つことが必要であり、そのためには通常の方法を逸脱した方法を用いても、部隊長や司令官は原則として罪を問われない旨を明記したのである[181]。これが指揮・統制に寄与することはいうまでもないであろう。

　ここで、陸軍刑法に規定された罪について、便宜的に、指揮・統制への関わり方が直接的なものと間接的なものとに分けて見ていく。まず、直接的に関わるものとして、抗命の罪（上官の命令に反抗し、あるいは服従しない）、叛乱の罪（集団で兵器を使って叛乱を行う罪）、擅権の罪（司令官や指揮官が、勝手に自分の職域を逸脱し、職権を濫用する罪）、辱職の罪が挙げられる。4 番目に挙げた辱職の罪は、軍隊の構成員が正当な理由がないのにその職務上の義務を履行しない罪であり、種々の罪が含まれている。その中で指揮・統制の視点から重要と思われるのは、次の罪である。すなわち、司令官が尽すべき所を尽さないで降伏

する、要塞を明け渡す、敵前で隊兵を率いて逃避する、軍隊を率いて勝手に守備地等の配置につかない、その地を離れる、出兵を要求する権限を持つ官憲から出兵要請を受けても理由なく応じないといった罪。将校が部隊等を率いて輸送船舶にあって敵の艦船に遭遇した際、尽すべき所を尽さずにその船舶を退去する、部下が多数共同して罪を犯すに当たり鎮定の方法を尽さない罪である。これらの罪に該当するのは、いずれも、上位者から下位者への指揮・統制を直接阻害する行為である。

　次に、指揮・統制への関わりが間接的なものを挙げる。ここで「間接的」というのは、当該の罪が、指揮・統制を直接障害させるとまではいえないが、指揮・統制の前提となる軍隊の良好な秩序を棄損する行為であるという意味である。これらに該当する罪として挙げられるのは、暴行脅迫の罪（上官に傷害を負わせたり暴行脅迫する罪など）、侮辱の罪（上官を侮辱する罪など）、逃亡の罪（理由なく職務を離れる罪など）、敵に奔る罪（味方を裏切って敵に降伏したり加担したりする罪）、利敵の罪、軍用物損壊の罪などである。

　以上から、陸軍刑法は指揮・統制に寄与する要素がきわめて大きいといえよう。

　続いて、陸軍軍法会議法に関して指摘したいのは、軍法会議の運営に関して、長官（司令官）に大きな権限が付与されていたことである。確かに、軍法会議は審判を行うに際して、他から干渉を受けることはないとされていた。しかし、検察官が事件の捜査を行って、その結果を長官に報告した場合、公訴するか、予審に付すか、あるいはどちらも行わず被疑者を釈放させるかは、長官の裁量に委ねられていた。これは、予審官が調査結果を長官に報告したときも同様であった。また、長官は検察官が行った公訴を取り消させることができた。つまり、長官が、裁判案件の継続よりも他の事案、例えば作戦の準備や遂行を優先することもあり得たと考えられる[182]。こうした長官の権限は、指揮・統制の強化に大いに資するものであろうが、同時に、軍事司法制度の公正性担保の面からは、公正性を損なう可能性が否定できないといえるであろう。

2　公正性の担保と人権の擁護

　先に見たように、公正性の担保と人権の擁護の面については、陸軍軍事司法制度創設期にはほとんど見られず、漸進的に整備されていった。従って、時代

の経過による変化も考慮に入れながら見ていく。

　まず、陸軍刑法に関して言及すべきことは少ない。本章第 3 節で見たとおり、1871（明治 4）年に制定され翌年施行された「陸海軍刑律」には、兵卒を対象とした刑罰の中に、杖、笞*183 といった前近代的な身体刑*184 が規定されていた。しかし、1881（明治 14）年に制定され翌年施行された「明治 14 年陸軍刑法」では除外された。ただし、徒刑、流刑といった刑罰は残されていたが、1908（明治 41）年制定・施行の「明治 41 年陸軍刑法」になって、刑罰は刑法（現行刑法）と同一のものが適用されるようになった。また、近代の法治国家では当然のことともいえるが、陸軍刑法は罪刑法定主義*185 を体現するものであり、司令官などによる恣意的な制裁を抑止するという意味では、公正性の担保に寄与する存在であったといえよう。

　次に、陸軍軍法会議法であるが、本章第 4 節において同法の変遷について見た際に記したとおり、陸軍軍法会議法において公正性の担保と人権の擁護を図る仕組みが最も充実していたのは、従前の陸軍治罪法を改めて 1921（大正 10）年に制定された陸軍軍法会議法である。煩雑になるのを避けるために個々の内容については繰り返さないが、公正性の担保と人権の擁護の 2 つの要素に分けて主なものを記す。なお、この中には、1888（明治 21）年に行われた陸軍治罪法全面改正の際に規定され、陸軍軍法会議法に引き継がれたものも含まれている。

　公正性の担保については、審判の独立性の規定、弁論の原則公開、法務官の審判への参画、法務官の身分保障、裁判官の除斥・回避、検察官の設置、欠席裁判制度の廃止、自由心証主義、有罪推定の禁止、上告制度が挙げられる。一方、人権の擁護については、弁護人制度、保釈制度（被告人が軍人・軍属以外の場合）、日の出前日没後の家宅捜索禁止が挙げられる。

　もっとも、既述のとおり、戦時等に設置される特設軍法会議では、公正性と人権に関わる事項のかなりの部分を省略することができると規定されていた。すなわち、裁判官の除斥・回避の不適用、弁護人制度の不適用、兵科将校の検察官への任命（常設軍法会議では、法務官の中から任命）、裁判官のうち上席裁判官と法務官以外の 2 名削減可能、上告不可などである。これらの規定からは、戦地にある軍隊に対して、軍法会議の運営に関わる負荷をできるだけ軽くするとともに、迅速な処理が行えるようにする意図が読み取れる。本論文の視点か

らいえば、特設軍法会議では、常設軍法会議に比べて、公正性・人権の要素よりも、指揮・統制の要素が、より優先されたといえよう。

さて、既述のとおり、1937（昭和 12）年に始まった日中戦争を皮切りとして戦時に入ると、陸軍軍事司法制度を取り巻く環境の変化に合わせて、陸軍軍法会議法の改正が行われた。これについてもすでに記したので、摘記に止める。1942（昭和 17）年、陸軍軍法会議法の改正が行われ、法務官は武官となった。それに伴い、終身官などの身分保障は廃止された。この改正も、公正性・人権の要素よりも、指揮・統制の要素を優先させる措置といえるであろう。ただし、武官となった後も、法務官は一定の資格を備えた法律の専門家であったことに変わりはなかった。

しかし、第 4 章で触れるが、敗戦の約半年前の 1945（昭和 20）2 月、陸軍軍法会議法が改正され、それまでは裁判官のうち一人は法務官であったが、特設軍法会議においては、法務官の代わりに陸軍の将校を裁判官とすることができるようになった。いわば法律の素人集団によって裁判が行われ、判決が下されることとなったのであり、ここに制度の公正性の担保はほとんど失われたといえるであろう。

【注】
* 1　美濃部達吉『逐条 憲法精義 全』566 頁。
* 2　実体法とは、権利義務の発生、変更、消滅の要件等の法律関係について規律する法を指す。民法、商法、刑法等がこれに当たる。『有斐閣 法律用語辞典 第 4 版』507 頁。
* 3　手続法とは、権利、義務等の実現のために執るべき手続きや方法を規律する法を指す。『有斐閣 法律用語辞典 第 4 版』827 頁。
* 4　行刑とは、懲役や禁錮など身体の自由の剥奪を内容とする刑罰である自由刑を執行することをいう。『有斐閣 法律用語辞典』214、544 頁。
* 5　平川宗信『刑事法の基礎』（有斐閣、2008 年）3 頁。
* 6　勅令とは、帝国憲法下で、天皇により制定された法形式の一つ。皇室の事務及び統帥の事務を除く天皇の大権事項について法規を定立する場合に用いられた。『有斐閣 法律用語辞典 第 4 版』800 頁。
* 7　兵科とは、職能別に分けた陸軍武官と兵の区分を指す。時代により変化があったが、歩兵・騎兵・砲兵・工兵・輜重兵の如きである。兵科の他に、会計部・軍医部・獣医部など「各部」と呼ばれる区分があった。なお、「将校」の呼称は兵科に限られ、各部は「将校相当官」と

　　呼ばれた。秦郁彦編『日本陸海軍総合事典 第 2 版』（東京大学出版会、2005 年）710、
　　766 頁。

＊ 8　司法警察は、犯罪捜査・被疑者逮捕など司法に関連する活動であり、行政警察は、それ以外の、
　　公共の安全と秩序維持等を図る活動を指す。『有斐閣 法律用語辞典 第 4 版』220、522 頁。

＊ 9　軍属とは一般的には、軍人以外の軍に所属する公務員を指すが（『有斐閣 法律用語辞典』
　　275 頁）、その厳密な定義は時と場合により一定しない。陸軍刑法における軍属の定義につ
　　いては後述する。

＊10　特別法とは一般法に対するもので、当該一般法の一部について特別の定めをするもの。『有
　　斐閣 法律用語辞典 第 4 版』871 頁。

＊11　総則とは、目的規定、趣旨規定、定義規定その他その法令全体に通ずる原則あるいはその法
　　令における基本的な事項を定める規定の総称を指す。『有斐閣 法律用語辞典 第 4 版』710 頁。

＊12　軍令とは、帝国憲法下において、軍の統帥に関して発せられた天皇の命令を指す。勅令が人
　　民に対して拘束力を有するのに対して、軍令は軍隊に対してのみ拘束力を有した。『有斐閣
　　法律用語辞典 第 4 版』275 頁。

＊13　『有斐閣 法律用語辞典 第 4 版』867 頁。

＊14　違警罪とは、犯罪をその重さにより区分していた旧刑法において最も軽い罪で、拘留または
　　科料を主刑とした。「違警罪即決例」（明治 18 年太政官布告 31 号）により、違警罪に含ま
　　れた一定の軽い罪については、裁判所による正式裁判を必要とせず、警察署長等による即決
　　処分で拘留または科料を言い渡すことができた。『有斐閣 法律用語辞典 第 4 版』14 頁。

＊15　牧英正・藤原明久編『日本法制史』青林法学双書（青林書院、1993 年）384 頁。

＊16　美濃部達吉『逐条 憲法精義 全』605 頁。

＊17　第 57 条「司法権ハ天皇ノ名ニ於テ法律ニ依リ裁判所之ヲ行フ 2 裁判所ノ構成ハ法律ヲ以テ
　　之ヲ定ム」

＊18　美濃部達吉『逐条 憲法精義 全』566-567 頁。

＊19　第 60 条「特別裁判所ノ管轄ニ属スヘキモノハ別ニ法律ヲ以テ之ヲ定ム」

＊20　第 58 条「裁判官ハ法律ニ定メタル資格ヲ具フル者ヲ以テ之ヲ任ス 2 裁判官ハ刑法ノ宣告又
　　ハ懲戒ノ処分ニ由ルノ外其ノ職ヲ免セラルルコトナシ 3 懲戒ノ条規ハ法律ヲ以テ之ヲ定ム」
　　第 59 条「裁判ノ対審判決ハ之ヲ公開ス但シ安寧秩序又ハ風俗ヲ害スルノ虞アルトキハ法律
　　ニ依リ又ハ裁判所ノ決議ヲ以テ対審ノ公開ヲ停ムルコトヲ得」

＊21　美濃部達吉『逐条 憲法精義 全』604-605 頁。

＊22　衰えたものを振るいおこし、ゆるんだものをひきしめること。新村出編『広辞苑 第七版』（岩
　　波書店、2018 年）。

＊23　美濃部達吉『逐条 憲法精義 全』605-606 頁。

＊24　佐々木惣一（ささき・そういち）：1878-1965 年。大正・昭和期の公法学者。京都帝大教授。
　　東京帝大の美濃部達吉と併称された天皇機関説論者。1933（昭和 8）年の「滝川事件」に
　　より文部省と対立し辞職。立命館大学長などを歴任。『日本歴史大事典 2』（小学館、2001 年）
　　252 頁。

＊25　佐々木惣一『日本憲法要論 訂正第 5 版』（金刺芳流堂 1933 年）515 頁。

＊26　清水澄（しみず・とおる）：1868-1947 年。明治後期から昭和前期の公法学者、官僚。学
　　習院大学教授、行政裁判所長官、枢密院議長などを歴任。『日本歴史大事典 2』417 頁。

＊27　清水澄『逐条 帝国憲法講義』（復刻原本：松華堂書店・1932 年、復刻版：呉 PASS 出版・

2016 年改訂第 1 刷）330 頁。

＊28　軍令機関とは、天皇の統帥権を輔翼（補佐）する機関および統帥命令を実施する機関のこと。後者は、軍・師団・艦隊などを指す。秦郁彦編『日本陸海軍総合事典 第 2 版』729 頁。

＊29　美濃部達吉『逐条 憲法精義 全』371-372 頁。

＊30　一般的な意味は、「ある物事を標準として行うこと」（『広辞苑』）であるが、ここでは、現代の法律用語である「準用」と同義であると思われる。意味は、「ある事項に関する規定を、他の類似事項について、必要な修正を加えつつ、あてはめること」（『有斐閣 法律用語辞典 第 4 版』575 頁）。

＊31　第 32 条「本章ニ掲ケタル条規ハ陸海軍ノ法令又ハ紀律ニ牴触セサルモノニ限リ軍人ニ準行ス」

＊32　日髙巳雄：1942（昭和 17）年に陸軍少将・台湾軍法務部長、1943 年に南方軍法務部長兼第 3 航空軍法務部長、1947（昭和 22）年に刑死。福川秀樹編著『日本陸海軍人名辞典』（芙蓉書房出版、1999 年）。なお、本辞典では「日髙己雄」と記載されているが、1940 年発刊の著書「軍刑法」には「日髙巳雄」とあり、こちらが正しいと思われる。

＊33　日髙巳雄「軍刑法」末弘嚴太郎編輯代表『刑法各論；刑事補償法；軍刑法；治安維持法』新法学全集第 24 巻刑事法 II（日本評論社、1940 年）。

＊34　「序章　第 3 節」に既出。

＊35　軍律とは、一般的には軍人に関する法律又は軍法を意味する（『有斐閣 法律用語辞典 第 4 版』275 頁）。しかし、ここでいう「軍律」は明治 2 年制定の軍刑法を指す。

＊36　日髙巳雄「軍刑法」6 頁。

＊37　軍服のこと。下中邦彦編『大辭典 上巻』（平凡社、初版：上巻 1935 年・下巻 1936 年、覆刻版：1974 年）による。以下、現代ではほとんど使われなくなった言葉の語義については、主として本辞典による。

＊38　無理に金品を借りること。『広辞苑　第七版』。

＊39　相手方に対し、自己の要求に応ずるよう無理に談判すること。『広辞苑　第七版』。

＊40　1868（慶応 4）年に設置された最高官庁。今日の内閣に当たる。1885（明治 18）年、内閣制度の設置と同時に廃止。『広辞苑　第七版』。

＊41　遠藤芳信「1881 年陸軍刑法の成立に関する軍制史的考察」129 頁。

＊42　逆らうこと。下中邦彦編『大辭典 下巻』。

＊43　自ら生命を断つこと。『広辞苑　第七版』。

＊44　官吏が疾病その他の事故により原籍地に帰ること。同上。

＊45　罷免すること。新潮社編『新潮日本語漢字辞典』（新潮社、2007 年）。

＊46　松下芳男『改訂 明治軍制史論（上）』414-416 頁。

＊47　遠藤芳信「1881 年陸軍刑法の成立に関する軍制史的考察」126 頁。

＊48　日髙巳雄「軍刑法」7 頁。

＊49　遠藤芳信「1881 年陸軍刑法の成立に関する軍制史的考察」125 頁。

＊50　主刑に付加してだけ科することができる刑。『有斐閣 法律用語辞典 第 4 版』980 頁。

＊51　「陸軍刑法」『法令全書 明治 14 年』（内閣官報局、明治 20-45 年）国立国会図書館デジタルコレクション。〈https://dl.ndl.go.jp/pid/787961〉2023 年 6 月 1 日最終アクセス。

＊52　井上義行編纂『陸軍刑法釈義 二』（偕行社、1882 年）第十六条以降の頁。なお、遠藤芳信によれば、著者の歩兵大尉井上義行は、陸軍裁判所権評事兼太政官少書記官として陸軍刑法の策定に重要な役割を果たした。遠藤芳信「1881 年陸軍刑法の成立に関する軍制史的考察」131 頁。

＊53　遠藤芳信「1881 年陸軍刑法の成立に関する軍制史的考察」139 頁。

＊54　陸軍省編『自明治三十七年至大正十五年 陸軍省沿革史 上巻・下巻』（巖南堂書店、第 1 刷 1929 年・第 2 刷 1969 年）。

＊55　同上、1035 頁。

＊56　渋谷恵編『模範六法全書 十二版』（復刻原本：浩文堂・1933 年、復刻版：現代法制資料編纂会編、国書刊行会、1984 年）。なお、現行刑法は 1995（平成 7）年「刑法の平易化」と呼ばれる改正が行われ、片仮名書き・旧仮名遣いから平仮名書き・現代仮名遣いとなった。このため、以下、終戦以前の時点における現行刑法を引用する場合は、本書による。

＊57　陸軍省編『自明治三十七年至大正十五年 陸軍省沿革史 上巻』1035-1036 頁。

＊58　山本政雄「旧陸海軍軍法会議法の制定経緯――立法過程から見た同法の本質に関する一考察――」55 頁。

＊59　松本一郎「解説」松本一郎編『陸軍軍法会議判例集 4』（緑蔭書房、2011 年）677 頁。

＊60　法によって保護される国家的、社会的又は個人的な利益。保護法益ともいう。『有斐閣 法律用語辞典 第 4 版』1033 頁。

＊61　下記の『陸軍刑法原論』には、菅野の肩書として陸軍法務中佐とある。他の著書に『陸軍法会議法原論（上）』がある。

＊62　菅野保之『陸軍刑法原論 増訂 4 版』（松華堂書店、1943 年）。

＊63　松本一郎「解説」674 頁。

＊64　日髙巳雄「軍刑法」3 頁。

＊65　同上、2-3 頁。

＊66　菅野保之『陸軍刑法原論』21-22 頁。

＊67　防止すること。下中邦彦『大辞典 下巻』。

＊68　刑罰を執行すること又は法律に刑罰を規定することによって、社会の一般人の心理に影響を及ぼし、一般人が罪を犯すことを予防すること。『有斐閣 法律用語辞典 第 4 版』32 頁。ここでは「一般人」を「陸軍軍人」に読み替えるべきであろう。

＊69　日髙巳雄「軍刑法」11 頁。

＊70　効力とは、時、人、場所など、法の実効性、すなわち法がその効力を及ぼしうる範囲を指す。『有斐閣 法律用語辞典 第 4 版』1050 頁。

＊71　哨兵とは、儀仗又は警戒のために守地にある陸軍軍人を指す（陸軍刑法第 19 条）。

＊72　帰休兵とは、帰休兵制度の対象者を指す。同制度は、現役兵としての服役期間中、現役兵の身分のまま帰郷させ生業に就かせ、戦時、事変、演習の際に召集する制度。原剛他『日本陸海軍事典 上』109 頁。

＊73　本法律でいう「在郷軍人」とは、①陸軍の現役以外の者（予備役・後備役等）、②陸軍の現役にあってまだ入営していない者、③陸軍の帰休兵、④退役陸軍将校・准士官、を指した（第 13 条）。

＊74　「陸軍軍属」とは、①陸軍文官（退職の文官は含まない）、②同待遇者、③宣誓して陸軍の勤務に服する者、を指した（第 14 条）。

＊75　日髙巳雄「軍刑法」2-3 頁。

＊76　同上、14 頁。

＊77　積極的属人主義とは、国が裁判権を設定する方式の一つで、自国領外で自国民が犯した一定の犯罪であることを条件とするもの。松井芳郎・佐分晴夫・坂元茂樹・小畑郁・松田竹男・田中則夫・岡田泉・薬師寺公夫『国際法 第 5 版』（有斐閣、2007 年）102 頁。

＊78　軍がその安全と秩序維持のために「軍律」を制定して、敵国の俘虜や占領地の住民等による「戦時重罪」などを軍事裁判（「軍律裁判」と呼ばれる場合があった）で裁くことが、国際法（ヘーグ陸戦法規など）で条件を課した上、認められていた。秦郁彦『日本陸海軍総合事典 第2版』729頁。

＊79　菅野保之『陸軍刑法原論』41頁。

＊80　日髙巳雄「軍刑法」14頁。

＊81　菅野保之『陸軍刑法原論』42頁。

＊82　下士官は、准士官とともに、将校と兵の中間にある軍人の階級で、判任官に相当する武官であった。准士官の官等は特務曹長で、下士官は曹長・軍曹・伍長であった。原剛他『日本陸海軍事典 上』136頁。

＊83　「遵」は規則や法律などを尊重して守ること。「由」は元になるものに従うこと。新潮社編『新潮日本語漢字辞典』1491、2245頁。

＊84　伊藤隆監修・百瀬孝著『事典 昭和戦前期の日本 制度と実態』（吉川弘文館、1990年）92-95頁。

＊85　百瀬孝『事典 昭和戦前期の日本』265頁。

＊86　菅野保之『陸軍刑法原論』70-71頁。

＊87　同上、71-72頁。

＊88　軍人の階級は、武官は「陸海軍武官官等表」、兵は「兵等級表」により定められていた。原剛他『日本陸海軍事典 上』101頁。本条文における等級とは、兵の階級と同義であると考えられる。兵の階級は、兵長・上等兵・一等兵・二等兵であった。

＊89　官衙とは一般的には、役所、官庁の意。『広辞苑 第七版』。

＊90　平時に必要な陸軍の編制を指し、「陸軍常備団隊配備表」（大正14年軍令陸第1号）により公表されていた。百瀬孝『事典 昭和戦前期の日本』261、294頁。

＊91　試験委員や海外駐在員は個人であり、機関という呼称には必ずしも馴染まないが、陸軍刑法では特務機関の一つとされていた。類似のものとして、領事官が挙げられる。治外法権のある外国に滞在する日本人に対して民事裁判を行うとされていた領事官は、特別裁判所の一つとされていた。百瀬孝『事典 昭和戦前期の日本』58、294頁。

＊92　菅野保之『陸軍刑法原論』130-133頁。

＊93　集団犯とは、犯罪の成立上、多数の者が同一の目的に向かって共同して行動することを必要とする犯罪を指す。内乱罪、騒乱罪など。『有斐閣 法律用語辞典 第4版』551頁。

＊94　菅野保之『陸軍刑法原論』81頁。

＊95　日髙巳雄「軍刑法」20頁。

＊96　菅野保之『陸軍刑法原論』319頁。

＊97　同上、333頁。

＊98　「哨」は敵の攻撃などに備えて見張りをすること。『新潮日本語漢字辞典』417頁。陸軍刑法には哨兵のほか、哨令、哨所などの用語が見られる。

＊99　菅野保之『陸軍刑法原論』287-298頁。

＊100　第108条「火ヲ放テ人ノ住居ニ使用シ又ハ人ノ現在スル建造物、汽車、電車、艦船若クハ鉱坑ヲ焼燬シタル者ハ死刑又ハ無期若クハ五年以上ノ懲役ニ処ス」

＊101　菅野保之『陸軍刑法原論』155頁。

＊102　同上、498頁。

＊103　幡新大実「『戦陣訓』と日中戦争―軍律から見た日中戦争の歴史的位置と教訓―」軍事史

　　学会編『日中戦争再論』（錦正社、2008 年）231-232 頁。
＊104　菅野保之『陸軍刑法原論』517 ノ 2-517 ノ 3 頁。
＊105　同上、514 頁。
＊106　日髙巳雄「軍刑法」48 頁。
＊107　陸軍の現役以外の者（予備役・後備役）等。本節 2 の（2）「陸軍刑法の効力」の注参照。
＊108　日髙巳雄「軍刑法」51 頁。
＊109　同上、22 頁。
＊110　同上、22 頁。
＊111　序章第 2 節に既出。
＊112　内閣記録局編輯『法規分類大全第一編　兵制門四　陸海軍官制四　陸軍四』（1891 年）
　　　　921 頁。
＊113　同上、922-923 頁。
＊114　山本政雄「旧陸海軍軍法会議法の制定経緯──立法過程から見た同法の本質に関する一考
　　　　察──」50 頁。
＊115　1871（明治 4）年、天皇直属の陸軍の創設とともに、全国を各地区に分けて本営と分営
　　　　を置き、本営を鎮台と称した。1888（明治 21）年、鎮台の呼称を廃止し師団司令部とし
　　　　た。原剛他『日本陸海軍事典　上』152 頁。
＊116　復員局「陸軍軍法会議廃止に関する顛末書」593 頁。
＊117　松下芳男『改訂 明治軍制史論（上）』433 頁。
＊118　松本一郎「解説」660 頁。
＊119　松下芳男『改訂 明治軍制史論（上）』433 頁。
＊120　『法規分類大全第一編　兵制門四　陸海軍官制四　陸軍四』923-924、926 頁。
＊121　復員局「陸軍軍法会議廃止に関する顛末書」5 頁。
＊122　松本一郎「解説」662 頁。
＊123　『法規分類大全第一編　兵制門四　陸海軍官制四　陸軍四』930-931 頁。
＊124　復員局「陸軍軍法会議廃止に関する顛末書」5 頁。
＊125　水島朝穂『現代軍事法制の研究－脱軍事化への道程』140-141 頁。
＊126　松本一郎「解説」663 頁。
＊127　復員局「陸軍軍法会議廃止に関する顛末書」6 頁。
＊128　合囲地とは、敵に囲まれ、あるいは攻撃を受けた地域や事変に際して警戒すべき地方を区
　　　　画した地域を指す。合囲地境とも呼ぶ。「戒厳令」（明治 15 年太政官布告第 36 号）第二
　　　　条第二。
＊129　糺問主義とは、刑事訴訟について、裁判官と訴追者との分離がなく、裁判官が職権で手続
　　　　きを開始し、被告人を取り調べ、審理し、裁判する方式。『有斐閣 法律用語辞典 第 4 版』
　　　　206 頁。
＊130　松本一郎「解説」664 頁。
＊131　山本政雄「旧陸海軍軍法会議法の制定経緯」50-51 頁。
＊132　『法規分類大全第一編　兵制門四　陸海軍官制四　陸軍四』942-943 頁。
＊133　軍管とは、軍の管轄区域を指す。軍管区ともいう。その地域の防衛や軍事行政を軍管区司
　　　　令部が管轄する。1873（明治 6）年、全国を 7 軍管とし、6 鎮台を置き、その下に 14 の
　　　　師管（師団長が防衛や軍事行政を管轄する区域）を置いた。1888（明治 21）年、鎮台条

例廃止、師団司令部条例制定に伴い、軍管は師管の名で置き換えられた。原剛他『日本陸海軍事典　上』114、129頁。

＊134　『法規分類大全第一編　兵制門四　陸海軍官制四　陸軍四』943-944頁。

＊135　同上、944頁。

＊136　松本一郎「解説」665頁。

＊137　自由心証主義とは、裁判所が証拠に基づいて事実認定をするに際し、証拠の信用性の程度について法的規制を設けず、その評価を裁判官の自由な判断にゆだねる立場を指す。『有斐閣 法律用語辞典 第4版』548頁。

＊138　一事不再理原則とは、ある事件について裁判が確定した場合に、同一事件について再び実体審理をすることは許されないという原則を指す。『有斐閣 法律用語辞典 第4版』25頁。

＊139　除斥とは、裁判官等が事件の当事者又は事件自体と特殊な関係にあり、その公正につき客観的疑念を生じさせる事由がある場合に、その事件についての職務執行から排除されることを指す。『有斐閣 法律用語辞典』623頁。

＊140　松本一郎「解説」665-666頁。

＊141　水島朝穂『現代軍事法制の研究－脱軍事化への道程』141頁。

＊142　同上、141頁。

＊143　『有斐閣 法律用語辞典 第4版』757頁。

＊144　山本政雄「旧陸海軍軍法会議法の制定経緯」66頁。

＊145　裁判とは、裁判所又は裁判官が具体的事件についてする公権的な判断を指す。判決、決定及び命令の3種類がある。『有斐閣 法律用語辞典 第4版』447頁。

＊146　陸軍省編『自明治三十七年至大正十五年 陸軍省沿革史 下巻』1567-1568頁。

＊147　回避とは、事件を担当する裁判官等について、除斥又は忌避されるべき原因があると考える場合に、裁判に関与することを自発的に避けること。『有斐閣 法律用語辞典 第4版』102頁。

＊148　陸軍省編『自明治三十七年至大正十五年 陸軍省沿革史 下巻』1568-1570頁。

＊149　西川伸一「軍法務官研究序説」174頁。

＊150　松本一郎「解説」668-669頁。

＊151　復員局「陸軍軍法会議廃止に関する顛末書」9頁。

＊152　「陸軍軍法会議法」（大正10年法律第85）現代法制資料編纂会編『戦時・軍事法令集』旧法典シリーズ3（国書刊行会、1984年）96-97、130頁。

＊153　松本一郎「解説」673頁。

＊154　山本政雄「旧日本軍の軍法会議における司法権と統帥権」82頁。

＊155　「陸軍軍法会議法」（大正10年法律第85号）現代法制資料編纂会編『戦時・軍事法令集』94-129頁。

＊156　非常上告は、陸軍軍法会議法第468条に規定されている。すなわち、「軍法会議ノ判決確定後其ノ判決法律ニ於テ罰セサル所為ニ対シ刑ヲ言渡シ又ハ相当ノ刑ヨリ重キ刑ヲ言渡シタルモノナルコトヲ発見シタルトキハ高等軍法会議ノ長官ハ検察官ヲシテ高等軍法会議ニ非常上告ヲ為サシムルコトヲ得」。

＊157　ここでいう審判とは、訴訟における審理と裁判（裁判官による判断）を合わせたもの。『有斐閣 法律用語辞典 第4版』447、644頁。

＊158　予審とは一般に、旧刑事訴訟法（大正11年法律第75号）における手続きで、被告事件

を公判に付すべきか否かを決めるために必要な事項を取調べることを目的とし、予審判事
は公判において取調べ難いと判断した事項について取調べを行わなくてはならないとされ
た（同法第 295 条）。ただし、陸軍軍法会議法では旧刑事訴訟法と異なり、予審は起訴前
の手続きとされた。

＊159　大山巌（おおやま・いわお）：1842-1916 年。明治期の軍人。西郷隆盛の従弟。陸軍大臣、
　　　　参謀総長などを歴任。最初の元帥の一人。『日本歴史大事典 1』484 頁。

＊160　全国憲友会連合会編纂委員会編『日本憲兵正史』（全国憲友会連合会本部、1976 年）
　　　　123-124 頁。

＊161　同上、128 頁。

＊162　同上、1327-1331 頁。

＊163　行政警察、司法警察については、本章第 1 節「陸軍軍事司法制度の全体像」に付した注
　　　　を参照。

＊164　田崎治久『日本之憲兵』明治百年史叢書 153 号（復刻原本：軍事警察雑誌社・1913 年、
　　　　復刻版：原書房・1971 年）527-530 頁。

＊165　卒は、徴兵令によって徴集された最下級の兵士を指す。明治時代の陸軍では、下級兵士の
　　　　中に一線を引き、兵と卒に分け、上等兵・一等卒・二等卒としていた。1931（昭和 6）年、
　　　　卒を兵に改めた。原剛他『日本陸海軍事典　上』169 頁。

＊166　第 72 条「検察官ハ陸軍司法警察官又ハ司法警察官ヲシテ捜査ノ輔佐ヲ為サシムルコトヲ得」

＊167　制裁とは、法令、規則その他の定めに違反する行為をした者等に対して、不利益や苦痛を
　　　　与えること。『有斐閣 法律用語辞典 第 4 版』660 頁。

＊168　山縣有朋『陸軍省沿革史』（復刻原本：陸軍省・1905 年、復刻版：日本評論社・1942 年。
　　　　松下芳男編・解題）160 頁。

＊169　フランス語の garnison（駐屯軍、駐屯地）のことであろう。

＊170　松下芳男『改訂 明治軍制史論（上）』427 頁。

＊171　陸軍省編『自明治三十七年至大正十五年 陸軍省沿革史 上巻』1050 頁。

＊172　「陸軍軍法会議関係諸法規」松本一郎編『陸軍軍法会議判例集 4』432-436 頁。

＊173　松下芳男『改訂 明治軍制史論（下）』626 頁。

＊174　一般的な用語としては、「懲罰」と「懲戒」はほとんど同じ意味で用いられていると思われる。

＊175　『有斐閣 法律用語辞典 第 4 版』791 頁。

＊176　第 32 条「本章（第二章 臣民権利義務）ニ掲ケタル条規ハ陸海軍ノ法令又ハ紀律ニ牴触セ
　　　　サルモノノ限リ軍人ニ準行ス」

＊177　美濃部達吉『逐条 憲法精義 全』419-420 頁。

＊178　違法性阻却事由とは、構成要件（犯罪定型として法律に規定された違法・有責な行為の定
　　　　型）に該当し違法と推定される行為について、特別の事由のため、違法性の推定を破るこ
　　　　とをいう。『有斐閣 法律用語辞典 第 4 版』35、355 頁。

＊179　正当行為とは、形式的に刑罰法令に触れるが、処罰すべき違法性を欠くとされる行為。『有
　　　　斐閣 法律用語辞典 第 4 版』668 頁。

＊180　緊急避難とは、急迫の危難を避けるためにやむを得ず他人の法益を害すること。『有斐閣
　　　　法律用語辞典 第 4 版』252 頁。

＊181　日髙巳雄「軍刑法」20 頁。

＊182　第 3 章で触れるが、長官の判断により、公訴も予審も行わずに処理された事案が実際に

一定程度あったことが、陸軍の統計資料から読み取れる。

＊183 杖、笞とも、古代の日本が中国に倣って制定した律に規定されていた。古代日本の律では、杖、笞とも鞭打ち刑であったが回数が異なり、それぞれ5段階あった。なお、1870（明治3）年に頒布された一般刑法である「新律綱領」の刑罰も笞・杖・徒・流・死であった。大竹秀男・牧英正編『日本法制史』青林双書（青林書院、1975年）78、278頁。

＊184 身体刑とは、身体に対し損傷又は苦痛を与える刑罰を指す。『有斐閣 法律用語辞典 第4版』639頁。

＊185 罪刑法定主義とは、どのような行為が処罰されるか、その場合どのような刑罰が加えられるかは、行為前の法律（成文法）によってだけ定められるとする立法上の立場を指す。『有斐閣 法律用語辞典 第4版』429頁。

第2章　指揮・統制と公正性・人権——米国陸軍の場合

　前章では、日本陸軍の軍事司法制度について、制度の根拠となっていた法令を手掛かりにして、全体像や特性を把握したうえで、指揮・統制と公正性・人権の視点からの吟味を試みた。日本陸軍の軍事司法制度が、欧州のそれを手本として導入されたことはすでに述べたとおりである。そして、その後変遷を重ねたが、その過程で、西洋の軍事司法制度に比べて、日本独自の要素が大きな割合を占めるようになったのであろうか。それとも、多少の違いはあるにしても、基本的には最初に受け継いだ遺伝子を持ち続けたのであろうか。特に、指揮・統制と公正性・人権の視点から見てどうであったのか。ここでは、第一次世界大戦を経て強国として台頭し、やがて日本と戦火を交えることとなった米国の軍事司法制度と比較することにより、日本の制度の立ち位置を確認したい。なお、後述するが、20世紀初頭に米国内で軍事司法制度を巡る論争が起きたが、その主要な論点は、本論文の視点である指揮・統制と公正性・人権にも関連していると思われる。

第1節　検討方法

　本章で取り上げるのは、米国陸軍の軍事司法制度の基本的な事項について規定していた「陸軍軍法」（the Articles of War）であり、時期は1920（大正9）年前後である。1920年前後としたのは、以下の理由からである。米国陸軍の軍法は、1775年の第2回大陸会議で制定された「69条陸軍軍法」（69 Articles of War）を嚆矢とし、1806年に「101条陸軍軍法」（101 Articles of War）が連邦議会により制定された。米国陸軍の軍事司法制度は、1950（昭和25）年に「統一軍事司法典」（the Uniform Code of Military Justice）、通称「統一軍法」（UCMJ）が制定され、翌1951年に施行されるまでの間（これにより、従来別個に存在していた陸海軍の軍法が統一された[*1]）、基本的に「陸軍軍法」により規定・運用された[*2]。

　その間、第一次世界大戦を契機に、米国内で軍法会議に関する議論が盛んとなり、1920（大正9）年にかなり大幅な改正が行われた。この改正の次に行われた改正が、上述の1950（昭和25）年のものである。従って、第二次世界大戦終結前における米国の軍事司法制度について検討するには、1920年改正の陸軍軍法を対象とするのが適当であると思われる。なお、同法には、軍法会議の種類、構成や手続、すなわち日本の陸軍軍法会議法に相当する内容と、軍人に関わる罪や罰、すなわち陸軍刑法に相当する内容の両方が含まれていた。

　一方、既述のとおり、日本の陸軍軍事司法制度の骨格を規定していた陸軍刑法と陸軍軍法会議法のうち、前者は1881（明治41）年の改正により体裁と内容の両面で基本的に確立した。後者については、1921（大正10）年の陸軍軍法会議法制定をもって、陸軍軍事司法制度は完成を見たとされる[*3]。

　以上から、米国の1920年改正の陸軍軍法[*4]を取り上げ、同時期における日本の陸軍刑法[*5]および陸軍軍法会議法[*6]との比較を行う[*7]。

第2節　米国陸軍軍事司法制度の変遷（統一軍法制定前まで）

　米国陸軍の軍事司法制度も、日本と同様、最初は欧州のそれを手本として作られ、その後変遷を重ねた。本章で取り上げる1920年の陸軍軍法の背景にある、そのような積み重ねを理解するため、米国陸軍の軍事司法制度の変遷を簡単に辿る。なお、事実関係については、主に既出のモリスによる *Military Justice: a guide for the issue* に基づいている。

　北米大陸の大西洋岸に英国人が建設した13の植民地と、英国本国との間で、1775年アメリカ独立戦争が開始されたが、これらの植民地の中には、戦争中すでに軍法典（military codes）を制定したものもあった。第2回大陸会議は、1775年の「大陸軍」創設と同時に、大陸軍の行動を統制するために「69条軍法」を制定したが、その実質は当時の英国軍法――「反乱法」（Mutiny Act）および「軍法」（Articles of War）[*8]――からの引き写しであった[*9]。69条軍法はその後若干の改正が加えられたが、69条軍法の規定や手続きの大部分を踏襲しつつも、比較的広範囲な改正となったのは、1806年の改正（「101条軍法」）であった。主要な改正点は、①条数の拡充（全101条となった）、②スパイ行為の

違反行為への追加、③大統領・連邦議会・州の要人等に対する侮辱的な言葉の使用禁止などであった。しかし、本法にはまだ、耳の一部の切り落とし、剃髪、鉄球と鎖、消えないインクを使ったマーキングなど、身体刑や残虐な刑も残っていた。本法律は、小規模な改正はあったものの、20世紀までほぼそのまま存続した＊10。

　さて、陸軍の軍事司法制度に関して、20世紀前半における改正の動きとして著名なのは、第一次世界大戦中から始められた、「アンセル＝クラウダー論争」である。これは、陸軍省法務局長のイーノック・H・クラウダー（Enoch H. Crowder）と、法務局長代理のサミュエル・アンセル（Samuel Ansell）による論争である＊11。

　アンセルは、陸軍の軍事司法制度は司令官による恣意的な処断が横行して公正ではなく、大改革が必要であると考え、陸軍省法務局の権限強化、すなわち軍法会議の判決を再審査して、不当なものについては修正できる権限を与えるべきであると主張した＊12。1917（大正6）年8月、「ヒューストン暴動事件」が発生した。これは、黒人部隊の兵士と白人との乱闘により双方に相当数の死傷者が出た事件である。迅速な軍法会議の後、判決言渡しの翌日には30名の兵士の死刑が執行された。ヒューストン暴動事件は、即決性、法的に有効で独立性を持った弁護人の不在、おざなりな事前調査など、陸軍軍事司法制度に存在する多くの欠点を象徴するものとされた＊13。

　急進的で大胆な改革を主張するアンセルに対して、クラウダーは漸進的な改革を主張した。両者の論争は過熱し、世間の耳目を集めるようになっていった。1918年、アンセルは、ジョージ・チェンバレン（George Chamberlain）上院議員とともに、後に「アンセル＝チェンバレン法案」と呼ばれる法案を提出した。この中には、独立した上訴軍法会議の創設や、裁判において裁判官と同様の役割を担う法務官の設置などが盛り込まれていた＊14。しかし、この法案は可決されなかった。このような議論を経て、1920年、本章で取り上げる陸軍軍法が議会で承認された＊15。

　以上の変遷について指揮・統制と公正性・人権の視点から振り返ると、日本の場合と同様に、当初から指揮・統制への寄与の要素が陸軍軍法の基本にあり、公正性の担保と人権の擁護の要素は、漸進的に取り入れられていったといえよ

う。公正性については、司令官の意向と迅速性を優先した簡略な手続きや、弁護人制度の不備などの問題が、暴動事件などを契機に表面化した。人権面については、身体刑や残虐な刑の規定が、20 世紀に入っても残されていた。

　なお、本節の最後に、米国の軍事司法制度の第二次世界大戦後における動向について、簡単に触れておきたい。米国では第二次世界大戦後に、軍事司法制度のあり方に対して厳しい批判が巻き起こった。ジョナサン・ルーリー（Jonathan Lurie）の *Military Justice in America* [16] によれば、その内容は次のようなものであった。第二次世界大戦への参戦に伴って米軍においては、兵員数は陸軍で 146 万人から 800 万人以上に、海軍では 2 倍の 450 万人に増大し、合わせて、最大 1,200 万人が軍の裁判権に服することとなった。そして、年間約 60 万件の軍法会議が開設され、170 万件以上の裁判が実施された。その結果、100 件以上の死刑が執行され、終戦時には、4.5 万人の軍人が刑務所に収容されていた。こうした膨大な規模に加えて、ラジオや映画による報道によって、軍法会議のあり方に注目と批判が集まった。戦後、米国議会の議員の中から、軍事司法制度への批判活動を展開する者が現れた。問題は、「現行法の下では、指揮権が軍事司法に対して、異常かつ不適正な影響力を及ぼしている」というものであった。このような動きが、1950（昭和 25）年における統一軍事司法典の制定に繋がっていったのである。

第 3 節　米国陸軍軍事司法制度の内容

　1920（大正 9）年頃における米国の陸軍軍事司法制度とは、どのようなものであったのか、指揮・統制と公正性・人権の観点から吟味するために必要と思われる事項を中心に見ていきたい。

1　陸軍軍事司法制度の人的適用範囲

　陸軍軍法によれば、この法律の適用を受ける主な者は、以下のとおりである（第 2 条）。

①　将校、准尉、正規軍（the Regular Army）の兵（下士官を含む）、現に合衆国の軍務に服している義勇兵などすべての者。

② 　士官候補生。

③ 　陸軍の軍務に派遣されている海兵隊の将兵。

④ 　合衆国の司法管轄権外にある、駐留地で雇用される者および陸軍部隊に随
伴し、あるいは従軍する者。ただし、戦時においては、合衆国の司法管轄権
の内外を問わない。

　以上の者は、陸軍軍法では、「陸軍軍律に従う者」（persons subject to military
law）と呼ばれている*17。

2　陸軍軍事司法制度が扱う案件の範囲

　取り扱うのは刑事事件であり、その具体的な内容は陸軍軍法自体に規定され
ていた。軍事的な犯罪だけではなく、過失致死、放火、強盗、窃盗、横領、偽
証、偽造、暴行といった、一般刑法に規定される性格の犯罪も挙げられていた。
ただし、殺人と強姦（いずれも刑は死刑か終身刑）については、それが行われた
のが合衆国内で、かつ平時である場合には、軍法会議の取扱いにはならなかっ
た（第92条）。

3　軍法会議の種類

　構成員の人数や科すことのできる刑罰の重さなどが異なる3種の軍法会議が
あった（第3条–第16条）。すなわち、「一般軍法会議」（general courts-martial）、
「特別軍法会議」（special courts-martial）、「簡易軍法会議」（summary courts-martial）
であった。

　上記のうち、最も格の低い「簡易軍法会議」は、一人の将校から構成され、
裁くことのできる対象者はほぼ兵に限定された。刑については、1か月を超え
る拘禁、1か月分の給与の3分の2を超える没収や拘留を宣告することはでき
なかった。簡易軍法会議の設置権限を持つのは、駐屯地など部隊が展開してい
る場所の司令官や、連隊、分遣大隊などの司令官であった。ただし、当該部隊
に将校が一人しかいない場合には、その将校が当該部隊の簡易軍法会議を構成
し、当該案件について審理し裁決した（第10条）。このように、将校一人で構
成する軍法会議は、日本では見られなかったものである。

4　裁判手続

　ここでは、一般軍法会議を中心に述べる。軍法会議を行う前には、「調査委員会」により、当該案件に関する事実関係や容疑の種類などに関する調査が行われた（第97条）。この際、容疑者には、代理人の選定や証人に対する反対尋問などの機会が与えられた（第70条、第99条、第101条）。調査の結果を踏まえて、司令官が一般軍法会議に付すことが妥当と判断した場合、容疑者の逮捕・拘禁ののち原則として8日以内に一般軍法会議を開設した（第70条）。設置権者は検察官と弁護人を任命し、検察官は起訴を行った（第11条）。

　判決の決定は、非公開の評議により行ったが（第30条）、刑の重さにより、必要とする賛成者の割合が定められていた（第43条）。その後、軍法会議は裁判記録を軍法会議設置権者に送付し（第33条）、当該設置権者は、部下の法務官または陸軍省法務局長に裁判記録を確認させた後、当該案件について承認するか否か決定した。ただし次の場合には、判決執行の前に、大統領による承認を得る必要があった。すなわち、将官に関する判決、将校の免職（ただし、戦時においては、准将以下の免職を除く）、死刑判決（ただし、戦時における殺人、強姦、反乱、脱走、スパイによる判決を除く）であった（第48条）。

5　罪と罰

　相当詳細に亘るから、重要と思われるものに絞り、適宜分類して記述する。なおここでは、日本では刑法に規定されていた一般的な犯罪には触れない。

（1）　戦闘中の犯罪

　敵前逃亡したとき、拠点を敵に明け渡したとき、不正行為・不服従・任務放棄によって駐屯地や部隊などの安全を危険に晒したとき、自分の武器や弾薬を放棄したとき、自分の持ち場や軍旗を放棄して敵に奪われたとき、いずれも最高刑は死刑であった（第75条）。駐屯地や部隊などの司令官に、敵への降伏・明け渡し・放棄を強要したとき、最高刑は死刑であった（第76条）。

　合言葉や暗号を漏洩したとき、自分が受け取った内容と異なる内容で伝達したとき、戦時において最高刑は死刑であった（第77条）。

　捕えた敵を、武器・物資・金銭などを与えて逃がし、それと知りながら匿い、守り、連絡を取り、情報を提供したとき、最高刑は死刑であった（第81条）。

誰であれ、戦時において、防御施設・駐屯部隊、兵舎、野営地などにスパイとして潜伏し、あるいは活動したとき、死刑に処せられた（第82条）。

任務遂行中の飲酒が発見されたとき、将校の場合は、戦時においては免職および軍法会議が命ずる刑、平時においては軍法会議が命ずる刑が科せられ、将校以外の者の場合は、軍法会議が命ずる刑が科せられた（第85条）。歩哨が、自分の持ち場で飲酒または眠っているのが発見されたり、決められた時刻より前に持ち場を離れたりしたとき、戦時において最高刑は死刑、平時においては死刑以外の刑が科せられた（第86条）。

（2）　軍隊の規律と秩序を乱す犯罪

将校が、大統領、副大統領、合衆国議会、陸軍長官、州などの知事・議会に対して侮辱的な言葉を使ったとき、最高刑は免職であった。将校以外の場合は、軍法会議が命じる刑が科せられた（第62条）。

上官に対して非礼な態度をとったとき、軍法会議が命じる刑が科せられた（第63条）。任務遂行中に、上官を殴打し、剣を抜き、銃を構え、暴力を振るったとき、上官の適法な命令に対して意図的に服従しなかったとき、最高刑は死刑であった（第64条）。

中隊その他の部隊において、反乱や扇動を行い、または加わったとき、最高刑は死刑であった（第66条）。将校や兵が、反乱や扇動の場にいたにもかかわらず、鎮圧するために最大限の努力をしなかったとき、最高刑は死刑であった（第67条）。

（3）　軍役から逃避する犯罪

合衆国の軍務から脱走したとき、戦時において最高刑は死刑、戦時以外においては死刑以外の刑が科せられた（第58条）。他の者を脱走するよう唆し、あるいは意図的に脱走を助けたとき、戦時において最高刑は死刑、戦時以外においては死刑以外の刑が科せられた（第59条）。命令された時刻や場所に集合しなかったり、許可なくそこから立ち去ったりしたとき、自分が所属する部隊などから許可なく去ったとき、軍法会議が命じる刑が科せられた（第61条）。

（4）軍用財産を毀損する犯罪

合衆国に帰属する軍用財産を紛失・毀損し、あるいは不当に処分したとき、損害賠償を行わせるとともに、軍法会議が命ずる刑を科した（第83条）。要塞や駐

屯地などの司令官が、自分の利益のために部下に任務を課し、または備蓄された食料・生活必需品の売却に関与したとき、最高刑は免職であった（第87条）。

(5) その他

陸軍軍法に規定のない事項であっても、陸軍軍法に服する者による、軍隊の良好な秩序と規律に不利益をもたらす行為、軍隊への不信感をもたらす行為、重大ではない犯罪または違反であっても、すべて処罰の対象となる（第96条）という、極めて包括的な条項を設定していた。

以上、主な罪と罰を概観したが、反乱や命令への不服従、戦闘時における不正行為や利敵行為、軍用財産の毀損・滅失、不正な手段で軍役から逃避する行為などに対して厳罰を以て臨むことは、日本と同様であった。全体的に、日米の相違点より、共通点の方が多いといえるであろう。

第4節　米国陸軍軍事司法制度の特性——指揮・統制への寄与

前節では、米国陸軍の軍事司法制度の内容について確認した。これを踏まえて、指揮・統制と公正性・人権の視点から制度の特性を吟味し、併せて、日本のそれと比較したい。まず、指揮・統制への寄与についてであるが、罪や刑罰（日本における陸軍刑法に相当する部分）については、日本と大きな違いはなかった。前章で用いた分類に従えば、命令への不服従、反乱、拠点を敵に明け渡す、不正行為・不服従・任務放棄によって駐屯地や部隊などの安全を危険に陥れる、司令官に敵への降伏・明け渡し・放棄を強要することなどは、直接的に指揮・統制を阻害する行為である。また、上官への非礼な態度、任務遂行中における上官への暴行、脱走、軍用物損壊などは、軍隊の秩序を乱すことにより指揮・統制に支障を及ぼす行為である。これらが、罪として規定されていた。

軍法会議に関する規定（日本の陸軍軍法会議法に相当する部分）の中では、軍法会議に関する司令官の権限について着目したい。米国において司令官は次のような権限が付与されていた。その階級または職務に応じて、所定の軍法会議を設置し、構成員や検察官、弁護人を任命する権限（第8条、第11条）。被疑者を起訴するか否か決定する権限（第70条）。軍法会議の決定や判決を承認す

る権限と再審理を命じて差し戻しする権限（第47条）。判決について減刑や免除する権限（第50条）などである。

　これらを日本と比べると、軍法会議の構成員や検察官の任命、起訴・不起訴の決定について司令官が権限を持つことは概ね共通していた。しかし、米国ではさらに、判決を承認あるいは取り消し、免除や減刑を行う権限が与えられていた。また、一人の将校から構成される軍法会議（簡易軍法会議）も、日本には見られなかった。これらのことから、少なくとも制度上は、米国の司令官の方が広い裁量権が与えられており、指揮・統制に寄与する度合いもより強かったといえよう。一方、日本の場合は、実質的に司令官が判決の内容に影響を及ぼしていた可能性はあるものの、判決を決定するのは司令官から独立した立場を与えられた軍法会議[*18]であり、司令官の権限という点については、指揮・統制よりも公正性の担保に、より重点が置かれていたと考えられる。

　以上、軍刑法や軍法会議の仕組みにおける、指揮・統制の面について吟味したが、司令官の権限の強さなどに日米で多少の違いがあったものの、共通点も多く見られた。別言すると、日本の制度は米国のそれに比べて、全体として遜色ないものであったと理解してよいであろう。

第5節　米国陸軍軍事司法制度の特性——公正性の担保と人権の擁護

　初めに、公正性の担保について見ていくと、まず、一般軍法会議や特別軍法会議において被告人は、構成員の忌避[*19]を申し立てることができた。その場合、法廷がその妥当性と有効性を決定したが、法務官以外の一人の構成員に対しては、理由の如何にかかわらず忌避が認められた（第18条）。また、本人の同意がなければ同一の違反に対して2回裁くことはできなかった。特に、無罪判決となった案件や、有罪であっても原判決の刑罰を重くする目的で、再審理することはできなかった（第40条）。これらを日本と比較すると、被告人からの裁判官忌避、一事不再理の仕組みは、詳細部分の異同は措くとして、基本的に共通していた。

　公正性の担保の二つ目として、法律の専門知識を有する者による裁判への参画が挙げられる。一般軍法会議の設置権者は、軍法会議構成員のうち一人は法

務官（a law member）とし、これには陸軍法務局の将校（an officer）を充てた。すなわち、日本とは異なり、法務官は武官であった。また、何らかの理由で法務官に法務局の将校を充てられない場合は、法務局以外の将校を充てることが認められていた（第8条）。法務官は、訴訟手続き中に生じた問題について、公開の法廷で決定を下すことができた。しかし、構成員が一人でも開廷に反対した場合には開廷せず、その問題は構成員による多数決によって決せられた。また、裁判中に提起された問題について法務官が判断を下しても、その決定について構成員が一人でも異議を申し立てた場合は閉廷し、その問題は多数決によって決せられた（第31条）。このように、法務官の権限と立場は、決して強いものではなかった。

　法務官制度に加えて、陸軍法務局による裁判記録の審査（第50 1/2条）が挙げられる。陸軍法務局長は、法務局に所属する法務官3人以上から構成される「審査委員会」を設置し、判決について大統領の承認を得るために送付されてきた裁判記録をすべて審査させた。委員会は、それらの裁判記録や判決に関する意見書を法務局長に提出し、法務局長は自分が作成した勧告書に意見書を添えて陸軍長官に提出し、大統領の判断を仰いだ。また、それ以外でも、一般軍法会議の裁判記録はすべて陸軍省法務局員が審査し、法的な不備、判決の妥当性の欠如、被告の権利に対する重大な侵害などを発見した場合には、審査委員会が再度審査した上で、大統領の判断を仰いだ。大統領は次のような措置をとることができた。判決の全部もしくは一部の承認・減刑・免除・無効宣告、刑の執行命令などである。行政府の長であり、軍隊の最高司令官である大統領に大幅な裁量権が付与されていたことが分かるが、刑をより重くする方向での決定は含まれていないことにも注目される。

　法務官制度について日本と比べると、法律の専門知識を持つ法務官が裁判官の一員や検察官などを務めていたことは共通していた（ただし、米国では法務官は陸軍将校）。とはいえ、両国とも、法務官は司令官から裁判構成員や検察官に任命され、その権限も決して強くはなかった。米国では、上述のとおり、裁判中に発生した問題に関する法務官の判断に対して、他の構成員が一人でも反対すれば、非公開の場における構成員による投票で決定された。日本においても、法務官には終身官という身分保障が与えられていたものの、裁判における権限

は特段他の裁判官に優越するものではなかった。日本において、軍法会議は「軍部の暴走を押しとどめ得た一つの制度」であり、法務官は「軍人裁判官に対して、法の支配と司法の独立を説く立場にあった」＊20との指摘もあるが、制度の在り方からして、法務官がそのような役割を担うことはいささか難しかったように思われる。

　日本と異なる点は、米国では陸軍省法務局において、すべてではないものの軍法会議の裁判記録を審査し、法的な不備や被告人に対する重大な権利侵害が見られた場合には、再審理の勧告（強制力はない）を行っていた点である。一方、日本では設置されていた上訴制度は、米国にはなかった。

　次に人権の擁護の面を吟味する。被告人は、法廷での答弁を自らが選任した代理人（弁護人）に行わせる権利が与えられていた。代理人は、文民、軍人の別を問わなかった（第17条）。また、被告人・代理人は、証人に対する反対尋問を行う権利があった。一方、日本にも弁護人制度はあったが、弁護人は陸軍将校、陸軍高等文官、陸軍大臣指定の弁護士の中から選任しなければならなかった（第88条）。反対尋問の規定はなかった。以上のことから、人権の擁護については、米国の方がやや広い範囲に及んでいたと考えるべきではないであろうか。

　以上、軍法会議の仕組みにおける、公正性・人権の面について吟味したが、陸軍省法務局による審査や上訴制度の有無など、日米で多少の違いがあったものの、裁判への法務官の関与など、共通点も多く見られた。この面についても、先に見た指揮・統制の面と同様、日本の制度は米国のそれに比べて、全体として遜色ないものであったといえるであろう。

【注】
＊1　Morris, *Military Justice*, pp.16-17.（本書は序章第2節に既出）。
＊2　*Articles of War (1912-1920)* (Federal Research Division, Library of Congress),〈https://www.loc.gov/rr/frd/Military_Law/AW-1912-1920.html〉2017年8月27日アクセス。
＊3　山本政雄「旧陸海軍軍法会議法の制定経緯——立法過程から見た同法の本質に関する一考察——」66頁。
＊4　*The Articles of War, Approved June 4, 1920* (Federal Research Division, Library of Congress),〈https://www.loc.gov/rr/frd/Military_Law/AW-1912-1920.html〉2017年8月27日アクセス。

＊5　「陸軍刑法」（明治 41 年法律第 46 号）現代法制資料編纂会編『戦時・軍事法令集』旧法典シリーズ 3（国書刊行会、1984 年）。

＊6　「陸軍軍法会議法○朝鮮軍軍法会議ニ関スル法律○台湾軍軍法会議ニ関スル法律○関東軍軍法会議ニ関スル法律」JACAR（アジア歴史資料センター）Ref.A01200209300、公文類聚・第四十五編・大正十年・第三十五巻・司法三・刑事二（軍律）（国立公文書館）。

＊7　英語文献に現れる米国陸軍の軍事司法制度に関する用語の和訳に際しては、戦後の先行研究とともに、戦前の研究や辞書類などを踏まえて、筆者が訳語を選択した。ただし、アメリカ合衆国憲法の条文を引用する場合は、初宿正典・辻村みよ子編『新解説　世界憲法集　第 4 版』（三省堂、2017 年）によった。

＊8　藤田嗣雄『欧米の軍制に関する研究』（原版：1935 年提出学位請求論文・1937 年学位授与、復刻版：信山社出版・1991 年）249 頁。なお、本書所収の三浦裕史「解題」によると、本書は高級官僚で一時期陸軍にも勤務した藤田の学位論文（1937 年、東京帝国大学、法学博士）であり、当時文部当局から発表を差し止められ、国立国会図書館に保存されていたものである。藤田は戦後、上智大学法学部教授などを務めた。

＊9　*Morris, Military* Justice, p.14.

＊10　Ibid., pp.14-15.

＊11　Jonathan Lurie, *Military Justice in America: The U.S. Court of Appeal for the Armed Forces, 1775-1980*, Revised and Abridged Edition (The University Press of Kansas, 2001; Originally published by Princeton University Press in 2 volumes, 1992, 1998), pp. 29-30.

＊12　Morris, *Military Justice*, pp.21-22.

＊13　Ibid., pp.23-24.

＊14　Ibid., p.30.

＊15　Ibid., pp.31-32.

＊16　Lurie, *Military Justice in America, The U.S. Court of Appeals for the Armed Forces, 1775-1980*, pp.77-78.

＊17　「military law」とは、藤田嗣雄によれば、単に米国陸軍軍法のみを指すのではなく、憲法における陸軍に関する規定、米国陸軍軍法などの法令、裁判所の判決、陸軍の規則などを包含する概念である。藤田は military law を「陸軍軍律」と訳しているので、これに従う。藤田嗣雄『欧米の軍制に関する研究』279 頁。

＊18　「軍法会議は審判を為すに付、他の干渉を受くることなし」（陸軍軍法会議法第 46 条）。

＊19　忌避とは、特定の職務執行をする者について不公正を疑わせるような事由がある場合に、当事者からの申立てによってその者をその職務執行から脱退させることを指す。『有斐閣法 律用語辞典 第 4 版』193 頁。

＊20　西川伸一「軍法務官研究序説──軍と司法のインターフェイスへの接近──」149 頁。

第3章　平時における陸軍軍事司法制度の運用実態

　前章で見たとおり、日本陸軍の軍事司法制度は、いわゆる先進国である米国のそれと比べても、軍事裁判制度の仕組みや陸軍刑法の内容に関して共通点が多く見られ、決して遜色のあるものではなかった。しかし、本論文は法学研究ではなく、安全保障研究に資することを目指すものであるから、外形的な制度部分を見るだけでは十分とはいえないであろう。なぜなら、制度と実態の乖離は、珍しいことではないからである。そこで、制度の静的な面だけでなく、動的な面、言い換えれば、その運用実態についても、可能な限り明らかにする必要があると思われる。しかも、軍隊は、平時と戦時とでは、その様相が大きく異なるから、両方の場面における実態を探ることが求められる。

　しかし、運用実態の分析に関しては、次の二つの困難が付きまとう。一つは、そもそも運用実態とは何かという問題である。制度の分析については、関係法令という明文化された対象物がある。一方、運用実態については、何をもって運用実態とするか、必ずしも明確ではない。従って、運用実態を把握するための指標、しかも現代においても関係資料の入手ができ、それらにより把握可能な指標を定める必要がある。もう一つの難しさは、分析のための資料の問題である。法令に関しては、法令そのものはもちろん、当該法令の成立に関連する帝国議会本会議や委員会、あるいは枢密院における会議の議事録が残されているものが多く、入手も比較的容易である。しかし、陸軍軍事司法制度の運用実態にかかわる資料については、状況が大きく異なる。陸軍は（海軍も同様）、その所管事項に関する記録を、文書として保管していたが、敗戦時、その多くが焼却命令により焼却処分されたり散逸したりしたため[*1]、資料面の制約も大きいのである。

　そこで本論文では、軍人・軍属による犯罪の件数あるいは人数を、運用実態を把握するための主要な指標と位置付ける。その中には、犯罪種別別あるいは、階級別内訳なども含まれる。しかし、これだけでは不十分であり、特に日中戦争以降の戦時においては資料の制約が特に大きい。そのため、上記を補完する

ものとして、当時陸軍中央や部隊が作成した文書、あるいは、法務官や憲兵などとして従軍した人物の手記なども取り上げることとする。こうした断片的な資料を繋ぎ合わせるようにして、実態に迫ることを試みる。

　上述のとおり、運用実態は平時と戦時の両方を取り上げるが、本章では、平時における運用実態について主に統計数値を用いて検討したい。平時については、陸軍省陸軍大臣官房作成の[*2]という有用な資料が存在するので、主にこれを活用する。

第 1 節　検討方法

1　「陸軍省統計年報」について

　原剛によれば、「統計年報は陸海軍の各種の統計が掲載されていて、陸海軍の研究には欠かせない貴重な史料」で、このうち陸軍は、「明治 8（1875）年度から『陸軍省年報』を作成し、明治 20 年度からは、名称を『陸軍省統計年報』と改称して作成し、（中略）昭和 12（1937）年度まで毎年（明治 37・38 年度を除く）作成した。（後略）」[*3]。

　上記の「陸軍省年報」と「陸軍省統計年報」を比較すると、単に名称の違いだけではなく、採録している統計の種類・形式が異なり連続性に欠ける。このため本論文では、発行期間がより長い「陸軍省統計年報」、すなわち、1887（明治 20）年の統計を収録した第 1 回から、1937（昭和 12）年の第 49 回（最終回）までを用いる（以下、「統計年報」と呼ぶ。また、単に回数を呼ぶ場合もある）。なお、各統計年報の統計中、年間のものは、原則として当該年の 1 月 1 日から12 月 31 日までの実績値を収録している。

　本章が取り扱う期間は、概ね平時といってよい。統計年報は、日露戦争のあった 1904（明治 37）・1905 年が欠落している[*4]。また、最終回は日中戦争が始まった 1937（昭和 12）年である。日露戦争中及び 1938 年以降の統計について、筆者は未だ把握していない。ただし、日清戦争中の動向については、1895（明治 28）年の第 9 回に、「明治 27・28 年戦役統計」が収められている。

　なお、統計年報における刑罰に関する情報の正確性に関して、若干の不明な点があるので、指摘しておきたい。一つは、将官に関する犯罪についてである。

既述のとおり、陸軍における刑事訴訟法ともいうべき「陸軍治罪法」の全面的改正が 1888（明治 21）年に行われ、将官が関わる犯罪及び再審の審理を行うための機関として「高等軍法会議」が設置された。これは、敗戦による軍法会議制度廃止まで続いた。ところが、1888 年以降の統計を見ると、高等軍法会議に関する統計が掲載されていない年があったり、掲載されている場合でも、将官に関する記載が、欄を含めて見当たらなかったりしている。これが、将官が関わる事件そのものがなかったことを意味するのか、将官についてはそもそも記載対象としなかったのか、現段階で筆者は把握していない。

　もう一つは、特定の軍法会議の取扱いである。具体的には、1936（昭和 11）年に発生したいわゆる「二・二六事件」である。事件を起こした将校らを対象として、同年、勅令により「東京陸軍軍法会議」が設置され、同年中に反乱将校 17 人と北一輝らに死刑が宣告された。反乱将校は将官ではなかったから、本来同年の統計に現れていてもよいと思われる。しかし、後に見るように、同年の死刑宣告人数は 1 人であり、数が合わない。東京陸軍軍法会議の判決は除外されていると見るべきであろう。松本一郎によれば同軍法会議は、設置の根拠となった緊急勅令の正当性など、当時の法令に照らしても法的な問題点があり[5]、「およそ裁判の名には値しない、権力による殺人のための密室でのセレモニイ」であった[6]。東京陸軍軍法会議による死刑の人数が含まれていないと見られる背景には、そのような同軍法会議の位置付けの特殊性があったのかもしれない。なお、1932（昭和 7）年に起きた「五・一五事件」では、陸軍で事件に関わったのは下士官止まりであった。関わった陸軍下士官が第一師団軍法会議にかけられたが、犯行の主体が海軍将校であったこともあり、判決は禁錮であった[7]。

2　検討の手順

　まず、統計年報から読み取ることのできる軍法会議の運用状況を大摑みに理解するため、日本の軍法会議制度が確立したとされる 1922（大正 11）年を取り上げ、当該年の統計年報を用いて運用実態を明らかにする。次に、第 1 回の 1887（明治 20）年及び第 49 回（最終回）の 1937（昭和 12）年を、それぞれ始期と終期とする約 50 年間（以下、「比較対象期間」と呼ぶ）について、5 年毎

の推移を確認し、変化の有無やその意味などを探る。また、極刑である死刑の状況を取り上げ、死刑宣告人数の推移を確認する。

第2節　1922（大正11）年における軍法会議の運用実態

　既述のとおり、統計年報から読み取れる運用状況の一端を把握するため、1922（大正11）年の統計年報を取り上げて、内容を確認する。「大正11年陸軍省統計年報第34回」（陸軍大臣官房、1922年）（以下本節では、本統計年報と呼ぶ）に掲載されている軍法会議に関する統計は、「Ⅶ. 刑罰」における25表から46表までの22点である。このうち、13点が軍法会議[*8]の活動状況を、7点が高等軍法会議の活動状況を、そして残りの2点が憲兵の活動状況を、それぞれ示す統計である。なお、憲兵については、本論文と直接関連しないので触れない。

1　軍法会議
（1）　軍法会議の処理件数・人員と処理内容[*9]
　軍法会議が行った処理は、大きく「捜査」「予審」「公判」に分けられる。捜査は検察官が中心となって行い、予審は予審官が、公判は裁判官が中心となって実施した。本統計によれば、それぞれの件数は順に、1,929件、459件、1,079件である。ここから、この時期、軍法会議が年間2,000件弱の事件の捜査を行い、1,000件余について軍法会議公判が行われていたこと、予審の件数は公判の半分程度であったことが分かる。

　次に、各処理が結果としてどのような処置に至ったか概観する。
①　捜査後の処置
　件数の多いものを挙げれば、公訴提起（759件・39%）、予審請求（459件・24%）、「軍法会議法第310条告知」（214件・11%）である。「第310条告知」については既述であるが（第1章第4節2の（5））、簡単にいえば、軍法会議の長官が、検察官等による捜査結果を勘案のうえ、予審、公判、移送等の処置を行わないことを決定し、検察官に告知することである。告知された検察官は、速やかに容疑者を釈放しなければならなかった。つまり、捜査対象となった事

件のうち 1 割程度は、長官の判断により公判等を行うことなく打ち止めになったわけである。なお、他に「未終局」が 454 件（24%）あった。

②　予審後の処置

件数の多いものは、公訴提起（317 件・69%）、不起訴（60 件・13%）である。未終局は 79 件（17%）である。

③　公判後の処置

「処刑」（1,052 件・97%）が大半を占めた（「処刑」という言葉は、現代では一般的に「死刑執行」の意味で使われることが多いが、本統計年報では、「有罪判決確定」の意味で使用されており、死刑とは限らない。本論文では、「処刑」を「有罪判決確定」の意味で用いる）。「無罪」はわずか 5 件と 1% にも満たない。なお、未終局も 21 件（2%）と、極めて少ない。これは、軍法会議の特性の一つである「迅速性」の一端を示していると思われる。そのことは後述の「処理日数」で一層明確になる。

以上は、処理した事件の件数を集計・分類したものであるが、これとまったく同じ項目について人を単位に集計した統計[*10]では、数値は件数よりも多くなる傾向があるものの、全体の傾向は同じである。捜査は 2,045 人、予審は 529人、公判は 1,137 人であった。

(2)　処理日数[*11]

本統計は、1922（大正 11）年 4 月 1 日（陸軍軍法会議法の施行日）以降、同年末までに陸軍軍法会議において処刑した事件 744 件について、事件 1 件当たりの平均所要日数を算出したものである。捜査、予審、公判毎に平均所要日数を算出しているが、煩雑さを避けるため、合計欄に着目したい。本統計の合計欄は、検察官が捜査を開始してから、処刑までの平均日数を示すと思われるが、67.35 日であり、およそ 2 か月である。当時の通常裁判所における平均処理日数については未確認であり、通常裁判所の処理日数と比較することは難しいが、軍法会議の処理は非常に迅速であったといえるのではなかろうか。

(3)　罪の状況[*12]

本統計には、軍法会議が扱った事件の罪名別件数が、罪の根拠となる法律別に集計されている。統計に付された注記には、数人が 1 罪を犯した場合には 1件とし、また、1 人が複数の罪を犯した場合にはその罪数を積算し、未遂罪を

含むとある。

　根拠となる法律は、大きく三つに分けられている。すなわち、陸軍刑法、刑法、その他の法令である。それぞれの件数を見ると、総件数 1,720 件のうち、陸軍刑法が 402 件（23%）、刑法が 1,238 件（72%）、その他の法令が 80 件（5%）である。すなわち、陸軍刑法と刑法で全体の 95% を占め、そのうち陸軍刑法と刑法の比率は、およそ 1：3 である。

　各法律別に罪を概観すると、陸軍刑法に根拠を置く罪は 22 種が計上されている。その中で件数の多いものを 3 種挙げれば、「逃亡」（164 件・陸軍刑法による罪の 41%）、「軍用物毀棄」（82 件・同 20%）、「哨兵を欺き哨所を通過する」（34 件・同 8%）である。刑法を根拠とした罪の種類は 35 種で、その中では「窃盗」（541 件・刑法を根拠とする罪の 44%）が飛びぬけて多く、次いで「傷害」（170 件・同 14%）、「詐欺」（159 件・同 13%）、「横領」（158 件・同 13%）の順である。

　その他の法令は、掲げられている法令の種類が 14 種と多岐にわたっている。件数も 1 件から数件のものが多い中で、「警察犯処罰令違反」（29 件）と「電信法違反」（27 件）の 2 種が比較的多く、この 2 種だけで「その他の法令」の 70% を占めている。一方、少し変わった法令としては、「狩猟法違反」（5 件）「歯科医師法違反」（2 件）、「漁業法違反」（1 件）などがある。

　以上、罪の根拠となる法律別に罪を見たが、全体を通じてみると、最も多いのが窃盗（全体の 31%）であり、これに、傷害（10%）、逃亡（10%）、詐欺（9%）、横領（9%）と続いている。これらの件数が多い上位 5 種で、全体の 70% を占めている。

　上述した罪の状況を、人員により集計した統計[13]によれば、最も人数が多いのは窃盗で、次いで傷害と、件数の場合と同様であるが、3 位以下は多少異なり、詐欺、逃亡、軍用物毀棄の順である。

（4）　刑の状況[14]

　処した刑を見ると、懲役 826 人（75%）、禁錮 136 人（12%）、罰金 123 人（11%）の順で多い。この年には死刑を宣告された者はいなかった。自由刑のうち無期刑は無期懲役の 2 人のみである。有期懲役と有期禁錮を合計すると 960 人であるが、これを刑期別に見ると、最長は 6 年以上 9 年未満で 1 人、3 年以上 6 年未満が 9 人、1 年以上 3 年未満が 90 人である。一方、刑期が短い方を

見ると、半年以下が 714 人と、有期刑の 74% を占めている。有期刑の刑期の上限が 20 年であることを考慮すると、比較的軽い刑が多かったと思われる。

　次に、適用法律別に刑を見ると、最も多いのは刑法に基づく有期懲役 687 人であり、総人員 1,102 人の 62% を占めている。これに、陸軍刑法による有期禁錮 136 人（12%）、同法による有期懲役 130 人（12%）、刑法による罰金 105 人（10%）と続く。このうち、陸軍刑法に定める罪で最も多い「逃亡」（71 人）では、61 人（86%）が懲役、10 人（14%）が禁錮である。もっとも、懲役で最も重いものでも刑期は 1 年未満 9 か月以上であり、6 か月未満が 53 人で 75% を占めている。刑が比較的軽いのは、「逃亡」といっても戦時の敵前逃亡（最高刑は死刑）ではなく、平時の脱走であるためと推測される。

（5）　身分・階級別 [15]

　これらの統計は、軍法会議が処刑した人の、「軍人」（佐官・同相当官、尉官・同相当官、准士官、下士、兵卒）、「軍属」（高等文官、判任官、雇員、傭人）、「生徒」「俘虜」「常人」といった内訳に関するものである。

　処刑した者、総計 1,102 人のうち、軍人が 1,075 人（98%）、軍属が 26 人（2%）、その他（生徒）が 1 人と、軍人が大半を占めている。軍人の内訳を見ると、佐官・同相当官（以下、佐官級と呼ぶ）1 人、尉官・同相当官（以下、尉官級と呼ぶ）5 人、准士官 1 人、下士 120 人（11%）、兵卒 948 人（88%）と、軍隊の人員構成の点から容易に想像がつくように、兵卒が大多数を占めている。将官の欄はないが、これは将官に関する事件は最初から高等軍法会議が扱うからであろう。軍属（26 人）の内訳は、高等文官 0 人、判任官 2 人、雇員 4 人、傭人 20 人である。

　以上のような身分別・階級別内訳の背景にはいうまでもなく、軍隊におけるそれらの人員構成比があると思われ、それらを併せて吟味すべきであろう。しかし、本統計年報の「Ⅰ人員」に掲載されている「2 軍隊人員」は、「下士、兵卒及憲兵を除く」となっている（ただし、憲兵については、「3 憲兵隊人員」に記載）。軍隊の人員については、統計年報第 12 回（1898・明治 31 年）までは、下士官と兵卒を含む総人員が掲載されていたが、翌年の 13 回からは、これらを除いた人員が掲載されるようになった。事情は未詳であるが、恐らく軍事機密保護のための配慮であろう。以上の事情から、少なくとも統計年報上の情報か

ら軍隊の身分・階級別構成比と対比することはできなかった。

　次に、罪名に対する内訳を見ると、当然のことながら各罪名について兵卒の占める割合が高いが、尉官級以上の者はどのような罪を犯しているのであろうか。陸軍刑法規定の罪については、佐官級1人が、「軍中に在って軍事に関し虚偽の命令を為す」罪に問われている。また、尉官級は、「衛兵勤務に服する者故なく勤務の場所を離れる」「逃亡」が各1人である。刑法については佐官級はおらず、尉官級が「傷害」「窃盗」「業務上横領」に各1人である。刑名刑期の身分別内訳で、尉官級以上の者が処された刑を見ると、佐官級1人は1年以上3年未満の懲役である。尉官級は、1年以上3年未満の懲役が2人、6か月未満の懲役・禁錮が3人である。

（6）　初犯・累犯別* 16

　処刑総人数1,102人のうち、初犯の者は934人（85%）、累犯は168人である。累犯の内訳を見ると、再犯が126人（累犯の75%）と多いが、ごく少数ながら、6犯（1人）、7犯以上（1人）と、犯罪を何回も繰り返す者もいた。

　これまでに取り上げた統計の他、教育及び年齢別（36表）の統計があるが、省略する。

　以上、軍法会議の運用実態について見てきた。1922（大正11）年において軍法会議は、約2,000件の捜査、約500件の予審、約1,000件の公判を行った。捜査後、約4割が公訴、2割強が予審請求として処理されたが、約1割は長官の判断により不問に付された。公判の結果は、ほとんどが有罪であった。

　軍法会議の処理は極めて迅速であり、検察官が捜査を開始してから判決決定まで、平均2か月程度であった。

　罪名を見ると、窃盗が最も多く、全体の約3割を占めた。これに、傷害、逃亡、詐欺、横領と続き、これら5種で全体の7割を占めた。適用した法律は、陸軍刑法と刑法が大半であり、両者の比はおよそ1：3であった。

　刑については、自由刑（懲役・禁錮）が9割弱を占めた。このうち無期刑は極めて少なく、逆に、刑期が半年以下の者が有期刑の7割強を占めた。

　処刑された者の身分・階級別内訳を見ると、軍人がほとんどであり、軍属はごく少数であった。軍人の中では、当然のことながら兵卒が多く、軍人の9割

弱であった。しかし、少数ながら佐官級もいた。

　平時における軍法会議の運用実態の中で特に注目されるのは、処理の迅速性である。迅速性は、長官の判断による「第310条告知」と合わせて、指揮・統制に寄与するものであったと考えられる。

2　高等軍法会議

　次に、将官が被告である事件や上告された事案を扱う高等軍法会議の活動状況について概観する。本統計年報における高等軍法会議に関する統計は、1922（大正11）年4月1日から年末までの、9か月間の実績である。

（1）　処理件数及び処理内容[*17]

　上告件数の合計は28件であるが、これを上告申立人別に見ると、検察官15件（53％）、被告人12件（43％）、弁護人1件（4％）であり、検察側と被告人側が、ほぼ半分ずつである。処理内容を見ると、完結したものが26件（93％）、未完結が2件（7％）である。完結した26件のうち、判決が下されたものは21件であるが、その内訳は、「上告棄却」12件（完結したもの26件の46％）、原判決「破毀」が9件（同35％）である。さらに、原判決破毀の内訳は、「移送」4件、「自判」3件、「差戻」2件である[*18]。

（2）　処理日数[*19]

　上告申立から事件終局までに要した、1件当たりの平均日数は、平均44.25日である。通常裁判所と比較することは困難であるが、極めて迅速であったといえるのではなかろうか。

（3）　身分・階級別、罪名別[*20]

　処理が完結した26人の内訳は、軍人が25人、軍属（傭人）が1人である。軍人の階級は、尉官級2人、下士7人、兵卒16人であった。罪名を見ると、陸軍刑法規定の罪が5種、刑法規定の罪が9種、その他の法令が1種（「銃砲火薬取締法施行規則」違反）と多岐にわたるが、中では、強盗（7人）、窃盗（6人）の2種が比較的多い。

（4）原判決破毀理由[*21]

　上記（1）で、原判決を破毀したものが9件と述べたが、本統計により破毀理由を知ることができる。第1章第4節2の（5）で述べた通り、上告は軍法

会議が法令通りの構成になっていなかった場合などの法律違反を理由とするときに限って認められ、法は上告理由となる場合として17項目を挙げている。本表は、これらに「その他の法令違反」を加えた18項目について該当件数を掲げている。それによれば、「判決に理由を付さない又は理由に齟齬のある場合」が13件、「判決書に裁判官の署名若くは押印・契印がない場合」3件の合計16件である。破毀の件数と整合しないのは、1件で複数の理由が付されたものがあるからであろう。

　このうち、署名・押印・契印の欠落は、法律の専門家である法務官が裁判に参画していたはずであるから、にわかには信じがたい。一方、「判決に理由を付さない又は理由に齟齬のある場合」は二つの場合に分かれており、どちらに該当していたのかは判然としないが、「理由を付さない」というのも同様に信じがたい。

　以上、高等軍法会議の運用実態を見た。そこからは、①検察側と同程度の件数の事件が、被告人側から上告されていたこと、②上告された事件の約半数は上告棄却となったが、一方で、半数弱の事件について原判決が破毀されたこと、③原判決を破毀し、自判を行った事件も存在したこと、が分った。

　これらのことから、高等軍法会議への上告制度は、有名無実の形式的な制度ではなく、実際に機能していたと思われる。ただし、制度上、上告は法律違反を理由とする場合に限られていた。その上、上告可能な事案のうちどれくらいが実際に上告されたのか、検証は相当困難である。ちなみに1922（大正11）年の例では、上告件数は28件であったが、次節で見るように、毎年軍法会議で千数百件の判決がなされていたのである。

　上訴制度の有無やその有効性は公正性の担保に関わるが、上訴制度は存在し、実際に機能していた。しかしながら、大きな限界を持っていたといえよう。

第3節　50年間における推移（1887年から1937年まで）

　本節では、統計年報記載の統計の中から、軍法会議の運用実態を把握するうえでの重要性と、「比較対象期間」における記載の一貫性などを勘案し、処理人

員及び処理内容など数件に絞り込む。それらの 5 年毎の数値を抽出して趨勢を把握し、その意味合いを探る。なお、高等軍法会議は、各年の処理件数が少ないうえに、掲載されていない年もあるため、ここでは、高等軍法会議以外の軍法会議を取り上げる。

取り上げる年を具体的に示せば、以下の 11 の年である。

　　1887（明治 20）年、1892（同 25）年、1897（同 30）年、1902（同 35）年、
　　1907（同 40）年、1912（大正元）年、1917（同 6）年、1922（同 11）年、
　　1927（昭和 2）年、1932（同 7）年、1937（同 12）年[*22]

上記の年を、以下、「比較対象年」と呼ぶ。

1　軍法会議の処理人数

最初に、軍法会議が処理した件数あるいは人数の変化を把握する。この際、どのような指標を選択するかについては注意を要する。例えば、軍法会議の「処理件数」は、軍法会議が持つ機能である捜査、予審（陸軍治罪法においては審問）、公判の各件数の合計であることが多い。中には、同じ事件が複数の機能で算定されている可能性があるから、いわば延べ件数といえるであろう。比較対象期間の途中で法律の改正もあったため、例えば、すべての年に捜査が含まれているのか、審問と予審の異同の有無など、処理件数の経年変化を見る指標とするためには、詳細な検討が必要である。

そこで、ここでは、軍法会議が処刑した人数を比較の指標としたい。都合の良いことに、最終回の「統計年報（第 49 回）」（1937・昭和 12 年）（原本から刑罰の部分を抜粋して本書巻末の「【付録】参考資料」に転載した）に掲載されている「48. 軍法会議処刑人員（総数）自明治 17 年至昭和 12 年」（以下、本節では「刑罰 48 表」と呼ぶ）に、日清戦争と日露戦争があった各 2 年次を除く各年の処刑人数と、大まかな区分による刑の内訳が掲載されている。ただし、一部合計欄の数値が整合していなかったり、当該年の元の統計と数値が一致していなかったりする年も若干見られるが、大きな乖離ではないので、本表の数値を採用することにする。各比較対象年の処刑人数を一覧にすると、次のとおりである。

なお、表 3-1 の 1937（昭和 12）年については、統計年報（第 49 回）の他の表も勘案すると、関東軍の数値が含まれていないと思われる。ちなみに、復

員局調製「陸軍軍法会議廃止に関する顛末書」に別紙として添付されている統計資料[23]では、同年における処刑人数は、790人となっている。

表 3-1　陸軍軍法会議による処刑人数の推移

年次	1887 (明治 20)	1892 (明治 25)	1897 (明治 30)	1902 (明治 35)	1907 (明治 40)	1912 (大正元)	1917 (大正 6)	1922 (大正 11)	1927 (昭和 2)	1932 (昭和 7)	1937 (昭和 12)
人数（人）	1,701	1,761	1,661	1,661	1,993	1,269	1,640	1,102	775	434	335

※「陸軍省統計年報（第 49 回）」（1937 年）記載の刑罰 48 表を基に筆者が作成。

　上表から、①比較対象期間の始期から、1920 年代初頭までは、毎年 1,000 人台で推移したこと、② 1920 年代後半から件数が漸減したことが読み取れる。

　表 3-1 の基となった刑罰 48 表に基づいて少し補足すると、1887（明治 20）年から 1922（昭和 11）年までは、すべて 1,000 人以上であるが、年によりかなりの変動があり、2,000 人を超えた年も 6 回ある。比較対象期間で最も多かったのは、1900（明治 33）年の 2,250 人である。しかし、年によるばらつきが大きく、趨勢というようなものは見られない。明らかな変化が見られるのは、1923（大正 12）年の 948 人以降である。この年以降、1,000 人を超えることはなくなり、多少の増減はあるが減少していった。1922（大正 11）、1923、1925 年に実施された 3 回の軍縮により、陸軍の平時兵力の約 3 分の 1 が削減されたとされる[24]。処刑人数減少の背景には、こうした兵力の大幅な減少があったものと推測しうるのではあるまいか。

2　人数の多い罪名

　上述した 1922（大正 11）年においては、窃盗が罪全体の 3 割強を占め、これに、傷害（10%）、逃亡（10%）、詐欺（9%）、横領（9%）と続いていた。罪名の推移はどのようなものであろうか。

　表 3-2 は、① 1897（明治 30）年までは、逃亡が最も多かったこと、②窃盗は、比較対象期間を通じて 3 割前後を占め、1902（明治 35）年以降は一貫して 1 位であったこと、③各罪の根拠となる法令を見ると、軍刑法は逃亡と軍用物毀棄のみであり、後はすべて刑法であったことを示している。なお、逃亡に

ついては、松下芳男が次のような趣旨の指摘を行っている。1890（明治 23）年に陸軍刑法の一部改正があり、逃亡罪に対する刑を、それまでの軽禁獄又は軽禁錮から軽懲役又は重禁錮と重くした。それは、刑に服して軍務から逃れる目的のために逃亡を行う者がいたためで、その背景には、人権を無視した私刑が横行する軍隊の実情があったというのである[*25]。平時の陸軍では、兵は兵営に住み込み、約 20 人からなる班を単位として共同生活を営んでいた。これを内務班と呼んだ。内務班では往々にして、古兵による私的制裁が横行して悪名が高く、特に軍隊教育に名を借りた古兵による新兵いじめの場ともなり、日夜私的制裁が行われたといわれる[*26]。

表 3-2　人数の多い罪名の推移（多いものから 3 種）

年次	1887 (明治20)	1892 (明治25)	1897 (明治30)	1902 (明治35)	1907 (明治40)	1912 (大正元)	1917 (大正6)	1922 (大正11)	1927 (昭和2)	1932 (昭和7)	1937 (昭和12)
1位	逃亡 38%	逃亡 32%	逃亡 40%	窃盗 30%	窃盗 35%	窃盗 37%	窃盗 33%	窃盗 35%	窃盗 29%	窃盗 25%	窃盗 29%
2位	窃盗 20%	窃盗 21%	窃盗 27%	逃亡 27%	逃亡 27%	詐欺 9%	傷害 8%	傷害 16%	傷害 18%	傷害 19%	傷害 14%
3位	詐欺 5%	違警罪 8%	詐欺 6%	詐欺 9%	詐欺 8%	軍用物 毀棄 9%	詐欺 8%	詐欺 8%	詐欺 8%	軍用物 毀棄 7%	賭博 5%

※比較対象年の統計年報から筆者が作成。
※各下段の百分率は、各年度における処刑された被告人総数を母数とした割合。1 人で数罪を犯した者については、最も重い罪を算入。

3　刑名・刑期別の人数

　刑名・刑期別の人数の推移を表 3-3 に示す。なお、先に述べた刑法改正の際に、刑の構成と名称が変わったが、本表では表下の注のとおり処理してある。
　一瞥して分かることは、6 年未満の懲役が占める割合が、ほぼ一貫して高いことであろう。6 年未満の禁錮と合わせれば、一貫して刑のほとんどを占めていた。すでに確認した 1922（大正 11）においては、有期の自由刑（懲役・禁錮）の 7 割強が半年以下の刑期であった。他の年について個別の確認は行っていないが、比較的短い刑期のものが多かったと推測できる。

表 3-3　刑名・刑期別の人数推移　　　　　　　　　　　　　（人）

		1887 (明治20)	1892 (明治25)	1897 (明治30)	1902 (明治35)	1907 (明治40)	1912 (大正元)	1917 (大正6)	1922 (大正11)	1927 (昭和2)	1932 (昭和7)	1937 (昭和12)
死刑		1	0	0	0	4	0	0	0	0	0	0
懲役	無期	1	0	2	1	2	0	1	2	0	1	0
	6年以上	20	10	19	12	22	6	8	1	1	1	0
	6年未満	610	1,390	1,452	1,365	1,706	1,031	1,226	823	444	234	184
禁錮	無期	0	0	0	1	1	0	0	0	0	0	0
	6年以上	6	2	1		3		0	0		0	0
	6年未満	871	171	136	236	189	164	217	136	116	89	60
罰金		30	34	33	32	54	51	161	123	159	100	76
拘留		8	6	16	11	7	0	0	0	0	0	0
科料		155	149	6	2	3	17	27	12	35	9	15
合計		1,701	1,761	1,661	1,661	1,993	1,269	1,640	1,102	775	434	335

※「陸軍省統計年報（第49回）」（1937年）記載の刑罰48表を基に筆者が作成した。
※同表の注に、旧法における徒刑、重・軽懲役、重禁錮は懲役欄に、流刑、重・軽禁錮は禁錮欄に各記入したとある。
※一部合計欄の数値と各欄の合計値が一致しない箇所があるが、元の表のまま掲載した。

4　身分・階級別の人数

　処刑された者の、身分・階級別人数の推移は、表3-4のとおりである。

　兵卒がほとんどの年で8〜9割を占めていた。しかし、佐官級及び尉官級も、ほとんどの年で、前者は1〜2人、後者は数人から10人程度いた。

　多少特異な年としては、常人（一般人）が含まれていた1907（明治40）年及び1917（大正6）年が挙げられる。特に1917年は一般人が258人と、総人数に対して約16％を占めていた。これを当該年の統計年報で確認すると、258人全員が「青島守備軍軍法会議」で裁かれていた。適用された法律に陸軍

刑法はなく、刑法と、その他7種の法令である。罪は、刑法では28種にわたり、人数が最も多いものは賭博（62人）で、窃盗（31人）、横領（23人）と続く。青島守備軍とは、日本が第一次世界大戦に参戦し、中国の青島を占領した1914（大正3）年に設置された軍である（1922・大正11年に廃止[＊27]）。この当時効力を持っていた陸軍治罪法（明治21年法律第2号）は、「軍中若くは臨戦合囲の地において専任判士により構成した軍法会議は、高等軍法会議の管轄に関する事件のほか、被告人の身分にかかわらずその犯罪を審判することができる」（第24条、筆者が口語体に改めた）と規定しており、恐らくこの規定を根拠として一般人の裁判を行ったものと推測される。なお、軍法会議が一般人を裁いた事例が比較対象年以外の年にもあった可能性は大いにあるが、本論文の目的からやや外れるので、確認はここまでとする。

表3-4　身分・階級別の人数推移　　（人）

年次／身分		1887 (明治20)	1892 (明治25)	1897 (明治30)	1902 (明治35)	1907 (明治40)	1912 (大正元)	1917 (大正6)	1922 (大正11)	1927 (昭和2)	1932 (昭和7)	1937 (昭和12)
軍人	佐官級	18	1	1	2	1	1	0	1	0	0	1
	尉官級		7	2	7	10	5	3	5	1	5	0
	准士官	0	0	0	0	3	0	1	1	6	2	2
	下士	160	99	100	119	84	67	86	119	79	45	38
	兵卒	1,417	1,620	1,344	1,452	1,772	1,195	1,233	949	650	370	271
	計	1,595	1,727	1,447	1,580	1,870	1,268	1,323	1,075	736	422	312
軍属		41	22	189	65	55	23	37	26	19	12	23
生徒		24	12	22	16	4	0	0	1	0	0	0
囚徒・俘虜		13	7	6	0	0	0	22	0	0	0	0
常人		0	0	0	0	64	0	258	0	0	0	0
合計		1,673	1,768	1,664	1,661	1,993	1,291	1,640	1,102	755	434	335

※比較対象年の各統計年報を基にして、筆者が作成した。
※合計欄の値が一部表3-3と一致しないが、元のまま掲載した。

5　死刑宣告を受けた者の人数

　死刑の宣告状況については、該当者のいない年も多くあり、5年毎の抽出では全体像を把握しにくいので、表3-5に、比較対象期間に死刑宣告のあった年をすべて挙げる。ただし、日露戦争のあった1904・1905（明治37・38）年については統計の記載がないから除外する。

表3-5　死刑宣告を受けた者の人数推移（対象者がいる年のみ記載）　　　　（人）

年次	人数	罪名		身分						
		法律	罪名	軍人					軍属	常人
				佐官級	尉官級	准士官	下士	卒		
1887（明治20）	1	刑法	強盗致死						1	
1888（明治21）	1	〃	〃					1		
1890（明治23）	2	〃	〃					1		
		〃	強盗					1		
1893（明治26）	3	陸刑法	兵器を用いた上官への暴行				1	2		
1895（明治28）	1	〃	〃					1		
1898（明治31）	2	刑法	謀殺				1			
		〃	強盗殺人					1		
1901（明治34）	1	〃	謀殺					1		
1903（明治36）	1	〃	強盗殺人					1		
1907（明治40）	4	陸刑法	兵器を用いた上官への暴行				2	1		
		刑法	放火					1		
1908（明治41）	1	〃	殺人					1		
1909（明治42）	1	〃	強盗致死					1		
1916（大正5）	1	〃	殺人				1			
1919（大正8）	6	〃	強盗殺人							6
1936（昭和11）	1	〃	殺人	1						
合計	26			1			5	13	1	6

※「陸軍省統計年報（第49回）」（1937年）記載の刑罰48表及び各年の統計年報に基づいて、筆者が作成した。
※1895（明治28）年の1人は、刑罰48表では1896年として計上されているが、元のままとした。

本表から、次のことが読み取れる。

① 比較対象期間の 51 年間に死刑を宣告されたのは 26 人で、年平均 0.5 人である。

② 比較対象期間の前半は処された者がいた年が比較的多いが、後半は少なくなり、特に、1920（大正 9）年から 1935（昭和 10）年までの 16 年間は 1 人もいない。

③ 適用法律別に見ると、陸軍刑法が 7 人、刑法が 19 人である。

④ 罪名別に見ると、陸軍刑法によるものはすべて兵器を使用しての上官への暴行である。刑法によるものは、殺人、強盗殺人、強盗致死、放火である。

⑤ 身分別に見ると、軍人が 19 人、軍属が 1 人、常人（一般人）が 6 人である。ただし、一般人の 6 人は、すべて 1919（大正 8）年に、強盗殺人の罪により宣告されている。その事情は未詳である。先にも触れたが、陸軍治罪法（明治 21 年法律第 2 号）によれば、臨戦若くは合囲の地の軍法会議は「従軍常人」の犯罪を審判することができ、また、軍中若くは臨戦合囲の地において専任判士により構成された軍法会議は、高等軍法会議の管轄に関する事件以外は、被告人の身分にかかわらずその犯罪を審判することができた。日本は、1918（大正 7）年から 1920 年までシベリアに出兵した。これと何らかの関係があるかもしれない。

⑥ 軍人の階級を見ると、兵卒が 13 人と最多であるが、佐官級も 1 人いた（1936・昭和 11 年）。この佐官級についても、統計年報から事情を知ることはできないが、時期から見て、1935（昭和 10）年に発生した永田鉄山陸軍省軍務局長刺殺事件の犯人である相沢三郎中佐であろう。相沢は陸軍刑法の「用兵器暴行」と、一般刑法の殺人及び傷害の罪により、第一師団の軍法会議で裁かれ、翌 1936 年に死刑を宣告された。相沢は直ちに高等軍法会議に上告したが棄却され、判決が確定した[28]。

第 4 節　指揮・統制と公正性・人権の視点からの分析（平時）

以上、1887（明治 20）年から 1937（昭和 12）年までの 51 年間の、主として平時における陸軍軍法会議の運用状況について、統計年報を用いて確認した。

年によってばらつきはあるものの、概ね年間 1,000 人から 2,000 人の裁判を
行っていた。その対象のほとんどは軍人で、しかも階級の低い兵卒が多数を占
めた。

　適用した法律は陸軍刑法より刑法が数段多く、罪としては「窃盗」が一貫し
て多かった。もっとも、1890 年代頃までは陸軍刑法が規定する「逃亡」が最
も多かった。これについては、既述のとおり、辛い軍隊生活から逃避するため、
敢えて罪を犯して入牢した事例もあったとの指摘がある。

　宣告した刑は、6 年以下の自由刑（懲役・禁錮）が一貫して多数を占めた。
1922（大正 11）年の例では、自由刑の約 7 割が、刑期 6 か月以下であった。
他の年における刑期の詳細な内訳は未確認であるが、比較的短期のものが多
かったのではないだろうか。一方、極刑である死刑は、年平均 0.5 人であり、
しかも 1920（大正 9）年から 1936（昭和 11）年までの 17 年間は皆無であっ
た。この期間は概ね、復員局調製「陸軍軍法会議廃止に関する顛末書」が、「軍
備縮小・平和期間」（1915〜1936 年）とした時期に重なっており、処刑数も比
較的少なかった（年間約 500 人から 800 人程度）時期であった。

　さて、こうした平時の運用状況について、指揮・統制と公正性・人権の視点
からはどのように評価すべきであろうか。着目すべきは、本章第 3 節の「2　人
数の多い罪名」で掲げた「表 3-2 人数の多い罪名の推移（多いものから 3 種）」
である。1897（明治 30）年頃までは、逃亡が最多であったが、その後は一貫
して窃盗が首位であり、常に各年（5 年毎）の処刑人数の 3 割前後を占めてい
た。窃盗の内容までは統計からは読み取れず、裁判記録も参照が難しいから、
不明である。ただ、平時の軍隊内では人員や物品の数量、すなわち「員数」の
検査が頻繁に行われていた。そして、不足を補う主要な手段が、倉庫や他の中
隊・班から盗んでくることであったといわれる* 29。

　しかし、窃盗は指揮・統制を直接脅かすような犯罪ではない。そのことは、
表 3-2 で 2 位、3 位に挙げられている、傷害、詐欺、軍用物毀棄も同様であ
る。しかも同じ第 3 節の「3　刑名・刑期」や「5　死刑宣告を受けた者の人
数」で見たとおり、刑の点から見ても、重大な犯罪は少なかったと考えられる
（「二・二六事件」など、特殊な事案を除く）。窃盗や傷害は、一般社会においても
ごくありふれた犯罪である。まして若年の成人男性が規律に縛られた集団生活

を営む軍隊という場では、なおさらであろう。

　以上から、平時では、陸軍軍事司法制度における指揮・統制への寄与という要素は、前面には現れなかったと考えてよいであろう。言い換えれば、出動や作戦行動がなく、教育・訓練や、軍隊という大きな組織を運営するための様々な日常業務に従事している平時においては、指揮・統制が前面に出る必要がなかったともいえるであろう。

　一方、軍事司法制度の公正性の担保と人権擁護の要素は、平時においては、概ね制度の規定するところに沿って機能していたものと考えられる。

【注】

* ＊1　原剛「陸海軍文書について」防衛庁防衛研究所編『戦史研究年報第 3 号』（防衛庁防衛研究所、2000 年）109 頁。
* ＊2　本論文で参照した統計年報は、国立公文書館アジア歴史資料センター及び国立国会図書館デジタルコレクションのウェブサイトから、画像情報として入手したものである。
* ＊3　原剛「陸海軍文書について」113 頁。
* ＊4　第 49 回に掲載されている「軍法会議処刑人員（総数）　自明治 17 年至昭和 12 年」も、表題記載の期間における刑名別の人員を経年的に掲げているが、日清戦争のあった 1894（明治 27）・1895 年及び、1904・1905 年は記載されていない。
* ＊5　松本一郎「東京陸軍軍法会議についての法的考察」獨協大学法学会編『獨協大学法学部創設 25 周年記念論文集』（第一法規出版、1992 年）297-313 頁。
* ＊6　同上、325 頁。
* ＊7　我妻栄・林茂・辻清明・団藤重光編『日本政治裁判史録　昭和・前』（第一法規出版、1970 年）488-495 頁。
* ＊8　本統計年報において「軍法会議」は高等軍法会議以外の軍法会議を指す。本章でも、以下これに従う。
* ＊9　本統計年報 25 表、26 表。「Ⅶ. 刑罰」JACAR（アジア歴史資料センター）Ref.C14020468400、陸軍省統計年報　（第 34 回）　大正 11（防衛省防衛研究所）。本統計年表における「Ⅶ. 刑罰」に掲載されている統計はすべて同じこのレファレンス番号である。
* ＊10　同 26 表。
* ＊11　同 27 表。
* ＊12　同 28 表、29 表。
* ＊13　同 29 表。なお、本統計の注記には、1 人が数罪を犯したものについては一つの重い罪のみを掲げ、未遂を含むとある。
* ＊14　同 30 表、31 表。
* ＊15　同 32 表から 34 表まで。

＊16　同 35 表。

＊17　同 38 表。

＊18　「移送」とは、訴訟事件の係属する裁判所がその裁判によって、その事件を他の裁判所へ移すことである。「自判」とは、上訴審が上訴を理由ありと認めて原判決を破棄又は取り消しした場合に、その事件の審理のやり直しを命じないで、自らその事件につき原裁判に代わる裁判をすることである。法令用語研究会編『有斐閣 法律用語辞典 第 4 版』21、520 頁。

＊19　同 39 表。

＊20　同 40 表、41 表。

＊21　同 42 表。

＊22　これらの史料は、国立公文所館アジア歴史資料センター（https://www.jacar.go.jp）および国立国会図書館デジタルコレクション（https://dl.ndl.go.jp）の両サイトからダウンロードした。しかし、史料は両サイトに複雑に分散して掲載されているため、両方を統合する必要があった。そのため、個々の史料のレファレンス番号（公文所館の史料の場合）および最終アクセス年月日を一つ一つ記載すると煩雑になるため、省略する。

＊23　別紙第 23「陸軍軍法会議処刑人数累年比較表」。

＊24　戸部良一『逆説の軍隊　日本の近代 9』（中央公論社、1998 年）226-227 頁。

＊25　松下芳男『改訂 明治軍制史論（下）』620 頁。

＊26　秦郁彦『日本陸海軍総合事典 第 2 版』761 頁。原剛他『日本陸海軍事典　上』160-161 頁。

＊27　秦郁彦『日本陸海軍総合事典 第 2 版』432 頁。

＊28　我妻栄・林茂・辻清明・団藤重光編『日本政治裁判史録　昭和・前』（第一法規出版、1970 年）148-157 頁。

＊29　寺田近雄『完本 日本軍隊用語集』（学研パブリッシング、2011 年）386 頁。

第4章　戦時における陸軍軍事司法制度の運用実態

　前章では、平時における運用実態を見るために、日中戦争勃発前までの、比較的平和が長く続いた期間を取り上げた。犯罪数の増減などは見られたものの、全体的には大きな変化なく推移したといえよう。それでは戦時ではどうであろうか。以下、戦時における陸軍軍事司法制度の運用実態把握を試み、指揮・統制と公正性・人権の視点から考察する。戦時の例として、日中戦争を取り上げる。

第1節　検討方法——使用する資料について

　敗戦に際し、日本軍が保有していた重要な機密文書の多くが、破棄され、あるいは散逸したとされていることについてはすでに触れた。軍事司法制度の運用に関する文書も例外ではなく、残されているものも断片的なものが多い。
　戦時における軍事司法制度に関する最も基本的な一次資料として挙げられるのは、個々の裁判記録や判決書である。これらは、陸軍軍法会議法により、作成が義務付けられていた[*1]。これらの裁判関係資料のほとんどは現在、国立公文書館に所蔵されているが、個人情報が含まれるため、公開済みのものはごく一部である。未公開資料も、利用請求すれば、審査を経て公開されるが、利用請求から公開まで1年以上を要する[*2]。また、公開されているものであっても、電子化されて公開されている資料はほとんどない。従って、同館所蔵の軍法会議関係文書を本論文のために活用することは、事実以上不可能である。
　このような資料の制約がある中で、本論文では、以下に示す資料を用いる。

1　復員局調製「陸軍軍法会議廃止に関する顛末書」

　「陸軍軍法会議廃止に関する顛末書」[*3]（以下、本章では「顛末書」という）を作成した復員局とは、1945（昭和20）年12月の陸軍省・海軍省廃止と同時に、それぞれの復員関係事務を扱う第一復員省と第二復員省が設置され、その後何回かの組織改編を経て、1948（昭和23）年1月に、厚生省復員局となったも

のである。「顛末書」の前文には、作成の目的として、「陸軍軍法会議の廃止に当り、後継裁判所に対する事務引き継ぎ状況の概略を記録し、かつ軍法会議関係諸調査書類及関係法令等を収録して、後継裁判所における事務処理の参考に資せんとするものである」と記されている。「顛末書」の主要な記述は、陸軍軍法会議の沿革や、敗戦後の廃止・後継に関するものであるが、添付資料も豊富である。その中には、陸軍軍法会議による処刑人数の年別統計（戦時を含む）や、戦時における地域別の処刑人数などを示した統計も含まれており、戦時の状況を知る手掛かりとしては貴重であると思われる。ただし、それらの統計に記載された数値の出典が明示されていないことが惜しまれる。とはいえ、復員業務を所管した復員局には、軍法会議関係資料も集まっていたと推測され、統計の信頼性は高いと考える。

2 「支那事変大東亜戦争間 動員概史（草稿）」

　大江志乃夫によれば、「支那事変大東亜戦争間 動員概史（草稿）」[4]（以下、「動員概史」という）の執筆者や編纂主体は不明であるが、陸軍参謀本部の編制動員課動員班に所属していた参謀の一人であることは確実であり、いわば個人による編纂資料であると推定される[5]。

　作成時期は敗戦直後であろう。なぜなら、冒頭のまえがき的な部分に、「本草稿は、終戦時資料を殆ど焼却したのと、残った資料も連合軍の接収する所となり、まったく個人の記憶又は僅かに残った備忘録等一部の資料を収集し、無謀にも編纂を企図したものである」（引用者が現代語に訳した）とあり、また、編纂の目的について作成者は「後世のために今次戦争間における軍動員の実相を明らかにしたい趣旨である」（同）としているからである[6]。一方、大江によれば、明らかに「動員概史」を底本として使用したとみられる別の文献が存在し、その「はしがき」の日付は、「昭和21年9月20日」となっている[7]。従って、「戦力概史」の成立は、この日付より前である可能性が高い。

　資料としての信頼性についていえば、前述の「顛末書」に掲載されている統計のうち類似の内容のものを比較すると、ほとんど一致するものがある[8]。大江も本資料の資料的価値について高く評価し、特に興味深い部分として「第二節内的戦力」の各項、「軍の素質について」「軍紀の消長」を挙げている[9]。以

上を勘案すれば、「動員概史」の資料としての信頼性は高いものと判断して差し支えなかろう。

3 「支那事変の経験に基づく無形戦力軍紀風紀関係資料（案）」

「支那事変の経験に基づく無形戦力軍紀風紀関係資料（案）」[＊10]（以下、「軍紀関係資料」という）は、日中戦争勃発（1937・昭和12年7月）の後、2年を経過した段階で、その2年間（1937年7月〜1939年6月）で得られた知見を踏まえて、陸軍の軍紀風紀の現状と改善策について取りまとめたものである。作成者は「大本営陸軍部研究班」で、配布先は、陸軍省、参謀本部、教育総監部、航空総監部、陸軍大学校と記載されている。表題に「（案）」が付されているところを見ると、決定版ではないようである。しかし、例えば、「軍紀関係資料」の一部を成している「無形戦力軍紀風紀関係資料第一号」には、「（前略）内容更に推敲の余地あるも参考の為配布す」とあるので、実際に関係個所に配布された可能性が高い。

「軍紀関係資料」は、「無形戦力軍紀風紀関係資料第一号」から「同六号」までの6種の資料から構成されている。その表題は、次のとおりである[＊11]。

第一号　「支那事変に於ける犯罪非違より観たる軍紀風紀の実相竝に之が振粛対策」

第二号　「支那事変の経験より観たる軍紀風紀の振否と戦闘力及其の他との関係」

第三号　「支那事変に於ける幹部の犯罪及対上官犯に就て」

第四号　「支那事変に於ける経理上の非違行為に就て」

第五号　「支那事変に於ける軍紀風紀の見地より観察せる性病に就て」

第六号　「支那事変の経験より観たる戦時陸軍病院に於ける軍紀風紀に就て」

「軍紀関係資料」が作成されるに至った経緯について、筆者は未だ詳しく把握していない。しかし、関係資料には随所に、日中戦争の長期化に伴って陸軍の紀律に弛緩が見られることや、そうした状況に対する危機感が述べられている。あくまで推測であるが、戦争の更なる長期化を予想し、軍紀の立て直しを図る

べく、大本営陸軍部に研究班を設置して、日中戦争開始後2年間における犯罪の状況を分析し、対策を提言したものであろう。

　なお、本資料第1号「支那事変に於ける犯罪非違より観たる軍紀風紀の実相竝に之が振粛対策」から第3章「支那事変の経験より観たる軍紀振作対策」を抜粋して、本書巻末の「【付録】参考資料」に転載した。

4　戦後刊行された日中戦争期の陸軍軍法会議関係資料

　日中戦争期の陸軍軍法会議関係資料とは、次の二つを指す。

①　「第十軍（柳川兵団）法務部陣中日誌 昭和12年10月12日–昭和13年2月23日」

②　「中支那方面軍軍法会議陣中日誌 昭和13年1月4日–同年2月6日」[*12]

　上記①②が収められている『続・現代史資料（6）軍事警察』で資料解説を記している高橋正衛によれば、第十軍とは1937（昭和12）年11月に中国大陸の杭州湾に上陸し、上海派遣軍とともに同年12月に南京を占領した軍である。上記①は、第十軍の法務部の公式日誌である。高橋は次のように本資料を評価している[*13]。

　　　（前略）この法務部日誌は、第十軍という半年しか存在しなかった（昭和13年3月9日廃止）としても、日中戦争、太平洋戦争下の日本軍の犯罪を記録した――当然、他の軍、師団でも特設軍法会議を設置し、その記録はとどめていたが――もののうち現在、我々の手元に完全な形で残された、おそらく、稀有の法務部日誌である。

　　　ここには、戦地犯罪のあらゆる型がすべて示されている。（後略）

　上記②は、第十軍の法務部長・小川関次郎が、第十軍廃止後に転勤した中支那方面軍における軍法会議の公式日誌である。

5　その他、日中戦争に従軍した個人の手記等

　上述の資料に加え、実際に日中戦争に従軍した人たちによる記録類（以下、「従軍記」という）も参考にした。なお、個人の記録は当然のことながら、一個

人が目撃したり体験したりした範囲における出来事の記録であり、必ずしも自分が置かれた位置を広い視野から捉えたものではない。しかし、軍の公式的な記録などの空白を埋めるものとして、従軍記は重要な手掛かりとなり得るであろう。

第 2 節　戦争への制度的対応

　戦争の規模にもよるが、戦争が開始されれば一般的に、部隊が増設され兵員数が増加するであろう。また、本章で取り上げる日中戦争では、いうまでもなく戦場は中国大陸という外国である。平時から戦時への移行に伴って軍隊を取り巻く状況の変化に対して、陸軍軍事司法制度はどのような対応を行ったのであろうか。

1　制度上および運用上の対応

　制度上の対応としてまず挙げられるのが、「予備役・後備役将官の判士任用」措置である。1937（昭和 12）年 2 月、特に必要な場合は予備役または後備役の陸軍将官を、陸軍軍法会議の判士として、「臨時所要の部隊に召集する」ことを可能とする勅令（第 8 号）[14] が裁可された。戦争遂行に伴う特設軍法会議の設置を予測して、軍法会議の主要構成員である判士の供給源を拡大しておく措置と推測される。

　次に、「陸軍軍法会議事務章程」の改正を挙げたい。1938（昭和 13）年、軍法会議職員の服務等について定めた「陸軍軍法会議事務章程」が一部改正された[15]。改正前の同章程[16] と比較しても、実質上それほど大きな変化は見られないが、改正理由は「軍法会議の事務を上席陸軍法務官をして統制せしむるの要ある」となっている[17]。改正前の事務章程の第 6 条は、第 1 項で「各部（裁判部、検察部－引用者注）の上席陸軍法務官は、各長官に隷属し、部務を管理し所属職員を監督す」とし、第 2 項で「前項に記載したる以外の陸軍法務官は、当該部の上席陸軍法務官の命を承け部務に従事す」としていた。一方、改正後の同章程では、「軍法会議の上席陸軍法務官は長官に隷属し、事務を掌理し、所属陸軍法務官以下を監督す」（第 3 条）、「陸軍法務官は、上席陸軍法務官の命を承

け事務を掌る」（第5条）としている。法務官が、長官に隷属する上席法務官による監督対象であることが、より明確になったといえよう。

　さて、1942（昭和17）年に行われた陸軍軍法会議法の改正により、それまで文官であった法務官が武官となったことは、第1章で述べたとおりである。それに伴い、終身官としての身分保障、免官・転官に関する特権、法務官の任用・懲戒に関する規定は勅令で定めること、などの規定は廃止された。それでは、法務官の任用要件は、武官化によってどのように変わったのであろうか。既述のとおり、法務官は軍法会議において唯一法律の専門知識を有する者であり、軍法会議を法令に則って適正に運用するためには重要な存在であった。言い換えれば、公正性を担保する上で重要な要素であった。よって、法務官の任用要件は法務官の知識や資質を左右し、ひいては軍法会議の公正な運用にも影響を及ぼす可能性があった。

　まず、改正前であるが、陸軍軍法会議法第41条[18]に、「法務官の任用及懲戒に関する規定は勅令を以て之を定む」とあった。ここに挙げられている勅令は、「陸軍法務官及海軍法務官任用令」（大正11年3月30日勅令第98号）[19]を指す[20]。本勅令には、「陸軍法務官は陸軍法務官試補から、海軍法務官は海軍法務官試補から任用する」（第1条第1項）とあり、「陸軍法務官、海軍法務官、理事、主理、判事もしくは検事の職にあった者（中略）は、陸軍法務官または海軍法務官に任用することができる」（同条第2項）とあった。そして、陸軍法務官試補は、「高等試験司法科試験」（現在の司法試験の前身[21]）に合格した司法官試補の資格を持つ者から任用するのが基本であったが、他に、陸軍法務官試補登用試験の合格者から任用する場合もあった（第2条）。さらに陸軍法務官試補が法務官に任用されるためには、陸軍軍法会議における1年6か月以上の実務修習と実務修習試験合格が必要であった（第3条）。

　一方、改正後の陸軍軍法会議法は、第35条で、「法務官は司法官試補たるの資格を有し、勅令の定むる所に依り、実務を修習したる陸軍の法務部将校を以て之に充つ」と規定した。すなわち、法務官は武官化後も、司法官試補の資格を持つことが要件とされた点には、変わりがなかったのである。また、同条にある実務修習は、1942（昭和17）年勅令第335号[22]に規定されており、法務部将校またはその候補者に対し、陸軍大臣が定める陸軍法務訓練所、陸軍軍法

会議、その他部隊において軍事司法に関し必要な実務を修習させるとしている（同勅令第1条）。また、実務修習の期間は概ね1年6か月とした。ただし、この期間は、戦時または事変に際し、必要に応じて陸軍大臣が短縮することができた（同第2条）。実務修習期間短縮の実例として西川伸一は、1944（昭和19）年春に陸軍法務訓練所で3か月間の教育を受けた後に、法務部見習士官としてビルマ戦線に投入された人の例を挙げている[*23]。戦争の長期化と急激な戦域拡大、そして戦況の悪化は、軍隊の人的・物的な様々な面にひずみをもたらしたが、軍事司法制度における人材面も同様であり、制度の公正な運用にも、好ましくない影響を及ぼしたといえよう。

　戦争の末期になると、軍事司法制度を取り巻く環境も著しく悪化し、それを担う人材の払底が露わになってきた。そうした状況への、いわば泥縄式の対応が、1945（昭和20）2月に行われた、陸軍軍法会議法の改正であった[*24]。改正の主な内容は、まず、録事は元来文官（原則として判任官）であったが（第42条）、陸軍部隊の法務部将校、准士官または下士官となった。高等軍法会議以外の軍法会議においては、裁判官のうち一人は法務官であったが（第49条）、特設軍法会議においては、法務官の代わりに陸軍の将校を裁判官とすることができるようになった（第49条の2を新設）。実務修習中の法務部将校に検察官の職務を行わせることができたが（第49条）、これに将校の勤務に服する法務部見習士官を加えた。陸軍司法警察官の職務（捜査等）を行うのは、憲兵の将校・准士官・下士官および、陸軍大臣が所管の大臣と協議して指定した警察官であったが（第73条）、これに録事または警査である法務部の将校・准士官・下士官を加えた（第73条の2を新設）。基本的に非公開で行われる裁判官の評議に、実務修習中の法務部将校を傍聴させることができたが（第96条）、これに将校の勤務に服す法務部見習士官を加えた。

　上に挙げた改正点の中で、特設軍法会議について、裁判官に法務官を参加させることなく実施できることとしたことが、とりわけ重大であると思われる。武官化し、実務修習期間も短縮されたとはいえ、曲がりなりにも法律に関する専門知識を有し、法的な面から軍法会議の公正な運用を担保すべき存在であった法務官を加えることなく、被告人を裁くことができるようになったわけである。軍事裁判制度に内在する二つの要素のうち、公正性担保の面は、ほとんど

形骸化したといっても過言ではない。

　上記の法改正により、法務官ではない将校が裁判官を命ぜられた者のなかに、『軍法会議』[25]の著者である花園一郎がいた。以下は、花園の証言である[26]。

　　　昭和20年3月下旬、たしか22日だったと思うが、全く突然に、私に第十七軍臨時軍法会議法務官（裁判官）職務取扱が発令された。当時私は第六師団経理部付の主計中尉であった。

　　　陸軍軍法会議法第49条ノ2（昭和20年法第4号改正）に拠り第十七軍臨時軍法会議法務官職務取扱を命ず

　　　第49条ノ2に「特設軍法会議に於ては長官は陸軍の将校をして法務官に代わり裁判官の職務を行わしむることを得」とあるのをあとで知って、このような改正は、日本軍の広い戦域のあちこちに孤立している軍隊がかなり数多くできている、非勢を物語るものである事をさとった。

　この後花園はパプアニューギニアのブーゲンビル島にあった師団司令部に着任したが、そこには法律書の類はまったくなかったという[27]。戦地における軍法会議を取り巻く環境の悪さが窺われる。

2　日中戦争における陸軍軍法会議の設置状況

　前項では、戦争遂行に伴う制度上の対応について見たが、第1章で見たとおり、元々、戦時に派遣される部隊には臨時軍法会議を設置することができるよう、制度設計がなされていた。それでは、日中戦争開始後、具体的な軍法会議設置状況はどのようなものであったのであろうか。以下、主に「顛木書」[28]により、日中戦争に投入された部隊（満州の関東軍を除く）における軍法会議の設置・改廃状況を見ていく。

　日中戦争勃発前年の1936（昭和11）年、支那駐屯軍に「支那駐屯軍臨時軍法会議」が設置された。日中戦争が勃発した1937年には、「上海派遣軍臨時軍法会議」「第一軍臨時軍法会議」「駐蒙軍臨時軍法会議」「第二軍臨時軍法会議」（満州）が設置された。同年、部隊の改編により、支那駐屯軍臨時軍法会議は「北支那方面軍臨時軍法会議」に、上海派遣軍臨時軍法会議は「第十軍臨時軍法

会議」に改称された。

1938（昭和 13）年、日中戦争の拡大に伴い、第二十一軍、第十一軍、第十二軍に、それぞれ軍臨時軍法会議が設置されるとともに、部隊改編により、第十軍臨時軍法会議は、「中支那派遣軍臨時軍法会議」と改称された。

1939（昭和 14）年、第十三軍が編成されて「第十三軍臨時軍法会議」が設置され、同年廃止となった中支那派遣軍臨時軍法会議を継承した。また同年、支那派遣軍臨時軍法会議と、第三軍・第四軍・第五軍・第六軍（以上、満州）にそれぞれ臨時軍法会議が設置された。

1940（昭和 15）年、中国に「第二十二軍臨時軍法会議」（同年中に廃止）および「南支那方面軍臨時軍法会議」が設置された。南支那方面軍臨時軍法会議は、第二十二軍臨時軍法会議と、この年廃止された第二十一軍臨時軍法会議を後継した。

1941（昭和 16）年、満州に「第二十軍臨時軍法会議」および「関東防衛軍臨時軍法会議」が設置された。また、関東軍軍法会議が廃止され、関東軍臨時軍法会議が後継するとともに、南支那方面軍臨時軍法会議は、部隊改編により、「第二十三軍臨時軍法会議」と改称した。

1942（昭和 17）年、満州における第一方面軍、第二方面軍、機甲軍にそれぞれ臨時軍法会議が設置された。

1943（昭和 18）年、満州に「第三方面軍臨時軍法会議」が設置された。一方、機甲軍臨時軍法会議は廃止され、関東軍軍法会議[*29]がこれを引き継いだ。

中国本土では、1944（昭和 19）年に第五航空軍、第六方面軍の各臨時軍法会議が、1945（昭和 20）年に「第四十三軍臨時軍法会議」が、それぞれ設置された。

なお、1944 年には、内地の軍法会議にも重大な変化があった。同年 7 月に発せられた陸軍軍令により、内地（朝鮮、台湾を含む）にある常設師団・軍軍法会議（高等軍法会議を除く）は、職員が欠員とされて、事実上閉鎖された。同時に、東部、中部、西部、朝鮮、台湾の各臨時軍法会議を特設するとともに、師団軍法会議の所在地にそれらの分廷を設置した。すなわち、内地の常設軍法会議は、すべて特設軍法会議に改編されたのである[*30]。既述のとおり、特設軍法会議は様々な点で、本来軍法会議が具備すべき要件を簡略化し、設置・運営の

簡便さと処理の迅速性を図った軍法会議である。

　日中戦争期の中国における軍法会議の設置・廃止の概略は以上のとおりであるが、部隊の編成や改廃に伴って、目まぐるしく臨時軍法会議の改廃が繰り返されたことが分かる。また、戦争末期には、内地の軍法会議もすべて臨時軍法会議とされた。

　臨時軍法会議の設置状況は以上のとおりであるが、ここで参考までに、外地において臨軍法会議の設置が決まった場合、具体的にどのような手順で設置するのか、華中に投入された第十軍の例を取り上げて確認したい。

　上述した「第十軍（柳川兵団）法務部陣中日誌 昭和12年10月12日–昭和13年2月23日」[*31]によれば、1937（昭和12）年10月12日、第10軍（日誌では「第七号軍」と表記されている）に関する動員が発令された。司令部には法務部が設置され、小川法務部長以下の構成員が示された。細々とした準備業務を行い、10月26日、大阪を輸送船で出港した。10月30日、佐世保に停泊中の船内で、「第十軍軍法会議」を開設し、「囚禁場」も同時に開設した。同時に制定された「第十軍囚禁場規則」によれば、囚禁場には次の者を拘禁留置した。①懲役・禁錮または拘留の執行を受ける者、②死刑の言渡しを受けた者、③刑事被告人、④労役場留置の執行を受ける者、である。11月7日、船は杭州湾内の「李宅」という地点に到着し、法務部も先発者が上陸して宿舎等の設営に当たった。翌8日、法務部主力が上陸し、全員が集結した。

　上記で印象的なのは、戦地へ移動中の輸送船内で軍法会議が開設されたことである。まさに、軍隊あるところ軍法会議あり、であるが、将兵が集まるところには常に犯罪発生の可能性があり、早々に準備を行ったのであろう。

第3節　統計に見る軍法会議の運用実態

　前節までは、戦争に対する制度的な対応について見てきたが、ここからは、本章の中心的な課題である、軍事司法制度の運用実態について見ていく。本節では主として、既述した「顛末書」「動員概史」「軍紀関係資料」を用いて、統計的な面から、「中国本土」（満州を除く[*32]）における軍法会議の運用状況を把握する。なお、資料によっては処刑数[*33]ではなく、犯罪数（件数あるいは人数）

を示している。厳密にいえば、処刑数とは異なるが、処刑数に関する統計が入手できないため、ここでは、犯罪数をもって処刑数の近似値と捉える。数の推移や、内訳（例えば、階級別内訳）の傾向を把握する上では、大きな問題はないと考える。また、上記 3 種の資料のうち、類似の内容を扱ったものには、数値に食い違いが見られる場合も少なくないが、おおよその傾向を摑むことが主眼であるので、多少の違いは無視する。

　上記の統計資料から読み取れる事項を、以下に示す。

1　年間処刑人数の変化

　日中戦争への突入とともに、軍法会議による処刑人数が年を追って急増した。「顛末書」に記載されている「別紙第二十三 陸軍軍法会議処刑人員累年比較表」[34]は、そのことを如実に示している（下記表 4-1 に転載した。なお、前章で取り上げた「陸軍省統計年報」と 23 か年に亘って重なっているので、参考までに併記した）。

表 4-1　処刑人数の経年変化（1915 年〜1944 年）　　　　　　　（人）

年	処刑数	年報	備考	年	処刑数	年報	備考
1915（大正 4）	1,387	1,648		1930（昭和 5）	547	548	
1916（〃 5）	1,235	1,492		1931（〃 6）	504	504	満州事変開始
1917（〃 6）	1,360	1,640		1932（〃 7）	434	434	
1918（〃 7）	1,379	1,575		1933（〃 8）	561	562	
1919（〃 8）	1,532	1,671		1934（〃 9）	611	611	
1920（〃 9）	1,259	1,340		1935（〃 10）	528	523	
1921（〃 10）	1,339	1,370		1936（〃 11）	589	580	
1922（〃 11）	1,098	1,102		1937（〃 12）	790	335	日中戦争開始
1923（〃 12）	949	948		1938（〃 13）	2,197	—	
1924（〃 13）	957	858		1939（〃 14）	2,923	—	
1925（〃 14）	874	874		1940（〃 15）	3,119	—	
1926（昭和 1）	825	826		1941（〃 16）	3,304	—	対米英宣戦布告
1927（〃 2）	756	775		1942（〃 17）	4,868	—	
1928（〃 3）	722	724		1943（〃 18）	4,976	—	
1929（〃 4）	682	683		1944（〃 19）	5,586	—	

※ 1944 年は、1 月から 11 月まで。
※「年報」欄は、「昭和十二年　陸軍省統計年報（第 49 回）」（1937 年）151 頁、「49　軍法会議処刑人員（総数）自明治十七年至昭和十二年」（C14020485500）記載の数値を転載。1937 年の数値は、関東軍における処刑数を含んでいない。「備考」欄は、引用者が書き加えた。

　上表によれば、1919（大正 8）年頃から処刑人数は概ね漸減していたが、日中戦争勃発の翌年である 1938（昭和 13）年から、年を追うごとに急増した。1942（昭和 17）年からは、太平洋戦争の戦域も含んだ数であるが、このよう

な急激な処刑数の増加は、軍事司法制度にも相当の衝撃を与えたと推測される。

2 中国戦線における年間処刑人数

　それでは、中国戦線における状況は、どのようなものであったのか。これを知るには、「動員概史」に収録されている「自昭和十二年七月至昭和十九年十二月　軍法会議処刑人員各地年別表」* 35 が手掛かりとなる。下記表4-2に転載する。

表4-2　自昭和十二年七月至昭和十九年十二月　軍法会議処刑人員各地年別表　　　　（人）

年		内　地	満　州	支　那	南　方	計
1937（昭和12） （7月以降）	兵力総数	25万	20万	50万		95万
	処刑人数	290	54	177		521
	千分比	1.160	0.270	0.354		0.550
1938 （昭和13）	兵力総数	25万	22万	68万		113万
	処刑人数	769	343	1,085		2,197
	千分比	3.760	1.550	1.596		1.904
1939 （昭和14）	兵力総数	26万	27万	71万		124万
	処刑人数	954	493	1,476		2,923
	千分比	3.669	1.802	2.780		2.357
1940 （昭和15）	兵力総数	27万	40万	68万		135万
	処刑人数	1,063	706	1,350		3,119
	千分比	3.937	1.765	1.983		2.310
1941 （昭和16）	兵力総数	56.5万	70万	68万	15.5万	210万
	処刑人数	1,320	899	1,081	4	3,304
	千分比	2.336	1.284	1.590	0.025	1.570
1942 （昭和17）	兵力総数	50万	70万	68万	52万	240万
	処刑人数	1,849	1,021	1,245	753	4,868
	千分比	3.698	1.459	1.831	1.448	2.280
1943 （昭和18）	兵力総数	70万	60万	68万	92万	290万
	処刑人数	1,905	900	1,320	856	4,981
	千分比	2.721	1.500	1.911	0.930	1.718
1944（昭和19） （11月迄）	兵力総数	121万	46万	80万	163万	410万
	処刑人数	2,484	980	1,308	814	5,586
	千分比	2.052	2.130	1.635	0.499	1.362
備　考	1.内地には朝鮮、台湾を含む。2.南方には中部、南東太平洋を含む。					

※筆者が西暦を加えたほか、表の体裁を見やすいように修正した。
※ 1938年の兵力総数の合計値が整合していないが、そのまま記載する。

　なお、類似の表が「顛末書」にも掲載されているが（別紙第二十四）、前者は「兵力総数」と「千分比」が示されている点で、より参考になると思われる。処刑人数には、兵員数の多寡が影響を及ぼす可能性があると思われるが、比率で見れば、兵員数の相違を捨象して比較することもできそうである。ただし、ここに記された兵力総数は万人単位であり、また、該当年のどの時点での人数な

のかも特に説明されていない。従って、千分比は小数点第 3 位まで表記されているものの、あくまで大まかな目安とみなすべきであろう。

　中国本土では、1938（昭和 13）年以降、処刑人数は概ね千人台の中で増減しており、それほど大きな変化はない。これには、中国に展開する兵員数に大きな変化がなかったことも影響した可能性が考えられる。本章本節の 1 で見たとおり、内地も含めた処刑人数総数は、1938（昭和 13）年以降急増したが、その主要因と考えられるのは、日中戦争、太平洋戦争による戦域と兵員数の拡大である。

　さて、この表の「千分比」（兵員 1,000 人当たりの処刑人数）を見ると、中国における千分比は、一貫して内地より低く、概ね内地の 3 割から 8 割の範囲に収まっている。もっとも、このことは、中国戦線における軍人・軍属による犯罪の発生率が、内地より低かったとまではいえないであろう。なぜなら、犯罪が発生してから処刑に至るまでには、第 1 章で見たとおり、陸軍司法警察官（憲兵など）による犯罪の探知、捜査・逮捕、送検、起訴、裁判といった一連の手続きが必要である。戦地では内地に比べて、この手続きを円滑に行い難かった可能性がある。さらに、後で見るように、そもそも軍事司法の入り口において、適正な扱いがなされない場合も多かったと推測されるからである。

3　戦地において犯罪人数の多い犯罪

　それでは、戦地ではどのような犯罪が多かったのであろうか。「軍紀関係資料」の中の第一号「支那事変に於ける犯罪非違より観たる軍紀風紀の実相竝に之が振粛対策」（以下、「軍紀関係資料第一号」と呼ぶ）に基づいて、日中戦争開始後の 2 年間における軍人・軍属による犯罪の、罪名別内訳を見る（表 4-3）。なお、「内地」「現地」（箇所によっては「戦地」）という用語が使われているが、内地とは日本国内（朝鮮と台湾を含む）のことである。現地は、当時中国大陸にあった、「関東軍」[36]「北支軍」「中支軍」「南支軍」[37] の 4 軍が展開した地域を指す。

　まず、内地・現地の合計数について前章で確認した平時と比較する。犯罪の根拠となる法令別件数の割合は、既述の 1922（大正 11）年においては、陸軍刑法と刑法がおよそ 1：3 であった。これに比べて、表 4-3 ではほぼ 1：1 であり、陸軍刑法に規定された犯罪の割合が高まった。陸軍刑法による犯罪は、

人数の多いものから逃亡、抗命、上官暴行、違令であり、指揮・統制に支障を
及ぼす性格を有する犯罪である。

表4-3　罪名別、内地・現地別犯罪人員　　（人）

法令	罪名	内地	現地	合計
陸軍刑法	逃亡	207	243	450
	抗命	348	46	394
	上官暴行	175	174	349
	違令	219	83	302
	辱職	106	169	275
	掠奪	15	251	266
	軍用物損壊	111	50	161
	その他	67	237	304
	計	1,248	1,253	2,501
刑法	窃盗	224	283	507
	傷害	127	328	455
	賭博	67	219	286
	強姦	7	240	247
	横領	59	176	235
	過失傷害（致死）	56	79	135
	収賄	43	67	110
	その他	135	406	541
	計	718	1,798	2,516
その他の法令	軍機保護法違反	11	13	24
	兵役法・同施行規則違反	19	0	19
	電信法違反	15	0	15
	その他	36	0	36
	計	81	13	94
合計		2,047	3,064	5,111
南支軍		0	30	30
総計		2,047	3,094	5,141

※「軍紀関係資料第一号」の挿表第五および挿表第六に基づき筆者が作成。
※両表で犯罪種別の分け方が多少異なるため、共通の表に収められるよう、筆者の判断で適宜種類をまとめた。
※「現地」には関東軍を含む。南支軍30人については犯罪種別内訳の記載がないので、別掲とした。
※陸軍刑法と刑法の罪名のうち、100人未満のものは、「その他」にまとめた。

　また、現地（戦地）では、人数の多いものから、傷害（328人）、窃盗（283
人）、掠奪（251人）、逃亡（243人）、強姦（240人）、賭博（219人）、横領
（176人）、上官暴行（174人）などの順であった。前章で見たとおり、平時に
おいては、大正時代以降一貫して、窃盗、傷害が処刑人数の1位と2位を占め
ていた。これと比べると、戦地でも傷害、窃盗が多いことは共通しているが、
掠奪、逃亡、強姦が上位に来ていることが特徴的である。これらの犯罪傾向に
ついて、「軍紀関係資料」の作成者は、次のように観察している[38]。

①　戦地・内地を問わず上官暴行・同侮辱・抗命等（これらを、「軍紀関係資料」
　では「対上官犯」と呼んでいる）および軍中逃亡（逃亡罪のうち、戦時の軍中ま
　たは戒厳地境で故なく 3 日以上職務から離れたもの）が多く、かつ増加傾向にある。
②　戦地では、掠奪、強姦、傷害などが多い。これらは、軍の宣撫治安工作等
　の妨げとなる。

　軍人の立場からは、やはり「対上官犯」や逃亡など、軍紀と戦力維持に直接
影響を及ぼす犯罪に注意が向くのであろう。これに対して、略奪や強姦につい
ては、「軍の宣撫治安工作等の妨げとなる」と、あくまで作戦遂行の観点から見
ていることが窺える。もっとも、「軍紀関係資料第一号」作成者も、別の個所
で[39]、「強姦罪の多発（表面化せざる犯行あるに想致するの要あり）に就ては将来
戦及長期戦に対処する為に研究の要あり」と指摘している。
　なお、「中支那方面軍軍法会議陣中日誌」に、「処理事件概要通報第 1 号（自
昭和十二年十月三十日至同年十二月三十一日）」[40]と題した資料が掲載されている
（本資料は、「中支那方面軍軍法会議陣中日誌」に記載されているが、対象の時期から
見て、第十軍軍法会議の情報である[41]。中支那方面軍軍法会議は、第十軍軍法会議の
後継軍法会議である[42]）。本資料には、2 か月間という短期間ではあるが、軍法
会議が処理した被告事件の罪名、事案の概要、終局処分が表で示されている。
本資料に基づいて、筆者が集計した結果は次のとおりである。単位は罪数であ
り、同時に数罪を犯せば各罪を算入し、複数名が同じ罪を犯した場合は、1 罪
と数えた。また、括弧内の数字は、各罪数のうち処分が「陸軍軍法会議法第 310
条の告知があったもの」、すなわち長官の判断により不起訴となったものの数
（再掲）である。数の多い罪から列挙する。

- 　強姦　　　　　　7（6）
- 　掠奪　　　　　　4（4）
- 　窃盗　　　　　　3（3）
- 　殺人　　　　　　2（1）
- 　用兵器上官脅迫　2（0）
- 　放火　　　　　　2（1）

- その他　　　　　7（5）
　　合計　　　　　27（20）

　強姦が最も多いこと、また、長官の判断による不起訴処分が多数を占めていることが分る。しかも、強姦がほとんど不起訴処分であるのと対照的に、用兵器上官脅迫は2件とも刑を宣告されている。なお、殺人が2件あるが、両方とも被害者は現地の住民である。このうち刑の宣告を受けた事件は、時期から見て、日本兵4人が現地住民3人を殺傷し、5人を強姦した事件とみられる[43]。到底看過できない犯罪行為であり、さすがに不起訴処分にはできなかったのかもしれない。ここにも、陸軍軍事司法制度が対上官犯について、軍紀を乱し、指揮・統制に支障を及ぼす、最も重大な犯罪と見なしていたことが垣間見られるのではなかろうか。

4　戦地における階級別犯罪人数

　次に、階級別の状況について確認したい。「軍紀関係資料第一号」は、挿表第五（戦地）[44] および挿表第六（内地）[45] の統計に基づいて、階級別の傾向について分析している。筆者が、両表から階級に関連する部分を抽出し、簡略化して次に掲げる（表4-4）。

表4-4　階級別、内地・現地別の犯罪人数　　　　　　　　　　　（人）

法令	将校		准士官		下士官		兵		軍属		合計		
	内	現	内	現	内	現	内	現	内	現	内	現	計
陸刑	8	18	4	7	130	104	1,091	1,031	15	93	1,248	1,253	2,501
刑法	29	64	11	27	94	190	464	1,056	120	461	718	1,798	2,516
他	4	4	0	0	8	3	57	6	12	0	81	13	94
計	41	86	15	34	232	297	1,612	2,093	147	554	2,047	3,064	5,111
南支軍	—	1	—	0	—	7	—		—	15	—	30	30
総計	128		49		536		3,712		716				5,141

※「軍紀関係資料第一号」挿表第五、第六に基づき筆者が作成。
※「内」は内地、「現」は現地（戦地）、「陸刑」は陸軍刑法、「他」はその他の法令を表す。
※南支軍については、現地における階級別の人数のみ記載されている。

　表 4-4 から、犯罪人数の多い「兵」について見ると、陸軍刑法によるものは
内地と現地（戦地）でほぼ同程度の人数である一方、刑法によるものは現地が
内地の 2 倍強であったことが分る。戦地における兵で多い犯罪を元の表で確認
すると、傷害（217 人）、強姦（未遂を含む）（199 人）、窃盗（193 人）であり、
いずれも一般刑法によるものであった。陸軍刑法によるものは、掠奪（189 人）、
軍中逃亡（184 人）、辱職（164 人）であった。

5　戦地における役種別犯罪人数

　次は役種別内訳であるが、現代では耳慣れない用語が出てくるので、若干説
明を加えたい[46]。「役種」とは、「現役」「予備役」「後備役」「補充兵役」「軍属」
といった区分を指す。このうち、「現役」とは、「徴兵検査に合格し指名された
者で、服役は陸軍 2 年（後略）」であった。「予備役」とは、「現役を終了した者
が服する兵役で服役年限は、昭和 16 年 11 月以降は陸軍は 15 年 4 月」（昭和 2
年は 5 年 4 月）であった。「後備役」とは、「常備兵役（現役と予備役を合わせた
もの）を終了した者が服する兵役で昭和 2 年は陸軍 10 年（中略）であったが、
昭和 16 年 11 月の改正で廃止され、予備役に統一された」。「補充兵役」とは、
「戦時などに常備兵役や後備役の補充として第 1 次に召集されるべき兵員」で
あった。なお、軍属についてはすでに述べた（第 1 章）。

　関係する数値は、「軍紀関係資料第一号」の第一章第二節其の二「役種及階級別と
犯罪との関係」[47]に表として掲げられており、筆者が整理したものが表 4-5 である。

表 4-5　役種別の犯罪人数　　　　　　　　（人）

軍	内地	北支軍	中支軍	南支軍	関東軍	計
現役	858	219	79	14	466	1,636
予備役	544	223	221	19	応召者 117 （役別不明）	1,007
後備役	268	162	409	43		882
補充兵役	230	126	141	18		515
軍属	147	119	226	15	184	691
計	2,047	849	1,076	109	767	4,848
内地現地別計	2,047				2,801	4,848

※「軍紀関係資料第一号」の第一章第二節其の二記載の表に基づき筆者が作成した。
※関東軍に役種別不明部分があるため、右端と下端の計は一致しない。
※元の表の備考欄に、「総計は他表のものと一致せざるも本表の数にて比較研究せしものとす」との記載があり、
　他表と整合しない部分がある。

　本表によれば、関東軍を除く3軍において、現役兵数の合計は312人、現役兵以外、つまり、予備役・後備役・補充兵役の合計（以下、予備役等という）は1,362人である。予備役等が現役兵の4倍強となっていた。

　なお、本表は各役種の犯罪人数だけの記載であるため、例えば犯罪発生率を算出するためには、母数となる役種別の全体人数が必要であるが、全体人数の定義付けあるいは実際の算出は、それほど容易ではなさそうである。なぜなら、対象期間中における各部隊の行動は、変化して止まないからである。すなわち、各部隊の編成、内地から現地への移動、部隊の編成改正など、変化が大きいから、どの時点のどのような数を全体数とするのか、見極めが難しい。

6　部隊の状態別犯罪人数──中支軍の場合

　戦地にある軍隊における犯罪は、当該部隊がどのような状態の時に発生しやすいのであろうか。「軍紀関係資料第一号」では中支軍を取り上げて、動態別、階級別の犯罪人数表を掲げている。内容は以下のとおりである（表4-6）。

　一見して分かるとおり、駐軍中が9割弱を占めていた。これはある程度理由が推測できる。戦闘中は戦闘に集中しなければ、自軍や自分が危うくなるであろう。移動中も、隊列から離れて単独行動をすれば、敵の攻撃を受けやすくなる。また、後で見る軍人等の従軍記にも登場するが、日中戦争において進軍は多くの場合徒歩で、しかも相当の強行軍であった。食糧等の補給もままならない場合もあって、落伍しないようについていくだけで精一杯という場合も多かったようである。それらに比べて、進軍の途中や占領地における駐軍中は、犯罪を行うだけのゆとりがあったのであろう。

表4-6　中支軍の動態別階級別犯罪人数　　　　（人）

動態	戦闘中	移動中	駐軍中	計
将校	0	4	17	21
准士官	1	0	7	8
下士官	1	15	73	89
兵	10	68	657	732
軍属	2	22	202	226
計	14	109	952	1,076
比率（％）	1.30	10.13	88.47	100.0

※「軍紀関係資料第一号」第二章第三節其の一に記載の表に基づき筆者が作成した。

　以上、本節では、主に陸軍（後身である復員局を含む）が作成した統計資料を基にして、日中戦争における軍事司法制度運用実態の一端を見た。戦争開始とともに、処刑人数は年を追うごとに増大した。その背景には、戦域の急拡大と兵員の増加があったと思われる。犯罪の根拠となる法律別に犯罪数を見ると、平時には刑法規定の犯罪に比べて少なかった、陸軍刑法による犯罪が増加した。それらは主に、逃亡、抗命、上官暴行、違令など、指揮・統制に支障を及ぼす性格を有する犯罪であった。階級別、役種別に見ると、兵、予備役などの現役以外の割合が多かったが、その一因は、その母数の多さであると推測される。中支那派遣軍の例を見ると、犯罪は進軍の途中や占領地でとどまっている時期（駐軍中）が多くを占めた。

　以上のような状況は、戦場で作戦を遂行中の軍隊に発生した犯罪のあり方としては、あまり意外性が感じられない。むしろ、上述した統計に、数値が計上されたということは、軍事司法制度が犯罪として捕捉し得たことを意味しているのではないだろうか。つまり、少なくともその部分においては、制度が有効に機能していたと解釈しても、誤りではないといえるのではないだろうか。

　しかし一方で、陸軍軍事司法制度が機能不全を起こしたと考えられる事象も見られた。次節でそのような事象について考察する。

第 4 節　戦地における軍事司法制度の機能不全──日中戦争の例

　制度そのものが機能不全を起こした事象は、その性格からいって、陸軍などの統計には捕捉され難い。また、軍にとっても公式的には認めがたいものであるから、公的な資料にも収録されることがほとんどない。このため、実際に日中戦争に従軍した軍人（職業軍人や応召兵）が戦後に刊行した従軍記により、機能不全と思われる事例を観察する。

　日中戦争は当初の政府や軍中央の不拡大方針にもかかわらず、急激に戦線が拡大し、それとともに投入される兵員も逐次増大した[48]。それに伴って、軍人による犯罪も増加した。その一方で、犯罪を取り締まる憲兵の数は容易に増やすことはできず、また、進軍中に軍法会議を開くこともままならなかった。以下、憲兵だった人物の証言である。上砂勝七[49]は、第二次上海事変（1937・昭

和 12 年 8 月開始）の際、第十軍（「柳川軍」とも呼ばれた）の憲兵長（中佐）として従軍した（1937 年 10 月～1938 年 2 月）[50]。同事変では、各部隊が競うようにして南京を目指したが、兵の取り締まりや軍法会議に関して、上砂は次のように書いている[51]。

> 柳川軍は上海南方の杭州湾に上陸したが、上陸地点の地理的特性から、部隊は円滑に上陸を終え、攻撃前進を開始したものの、兵器、弾薬、食糧の揚陸作業は難航した。このため、第一線部隊の携帯食料はたちまち底をつき、現地での徴発に頼らざるを得なくなった。しかし、現地の住民は官民ともに四散していたから、法令に則った徴発を行うことは難しく、無断徴発となって種々の弊害を伴った。
>
> 「右の如く軍の前進に伴い、いろいろの事件も増えて来るので、この取締りには容易ならない苦心をしたが、何分数個師団二十万の大軍に配属された憲兵の数僅かに百名足らずでは、如何とも方法が無い。補助憲兵[52]の配属を申し出ても、（中略）敵を前にしての攻撃前進中では、各部隊とも一兵でも多くを望んでいるのであるから、こちらの希望は容れられず、僅かに現行犯で目に余る者を取押える程度で、しかも前進又前進の最中のこととて、軍法会議の開設はなく、一部の者は所属の部隊に引渡して監視させ、一部は憲兵隊で連れて歩き、南京さして進んだのである。
>
> この状態が東京の中央部に伝わったので、時の参謀長閑院宮殿下から『軍紀粛清に関する訓示』が出された。」

上記の例では、憲兵の不足が指摘されているが、軍人・軍属の犯罪を取り締まるべき憲兵自体に問題が生ずる例も見られた。井上源吉[53]によれば、「絶大な権力」を持つ憲兵には、周囲から常に誘惑の手が伸びていた。1943（昭和 18）年、上海憲兵隊内で大きな不祥事件が発生した。上海にある中国系の貿易会社と、憲兵隊憲兵准尉ら十数人による贈収賄事件で、「百万ドル事件」「大国准尉事件」などと呼ばれた。主犯の大国准尉は、軍法会議により死刑に処せられた[54]。

全国憲友会連合会編纂委員会編『日本憲兵正史』は、中支那派遣憲兵隊における不祥事件について次のように言及している[55]。中支那派遣憲兵隊は、その

管轄地域に国際都市・上海を初め、南京、漢口といった大都市を抱えていたため、司令官を初めとする幹部は、憲兵隊自体の軍紀確立に努めていた。しかし、憲兵自体の不祥事は跡を絶たなかったという。1942（昭和 17）年 7 月、漢口の南西約 70 キロにある「仙桃鎮」（湖北省）という小都市に駐在していた漢口憲兵隊漢陽憲兵分隊仙桃鎮分遣隊で憲兵軍曹が憲兵曹長を斬殺する事件が発生した。またこのころ、憲兵が関係した不祥事が他にも次々に発生した。すなわち、上海憲兵隊本部警務課の軍曹が、飲酒酩酊して同僚を射殺。同隊特高課の軍曹が、女性関係が原因で自殺。蘇州憲兵分隊と上海憲兵隊において憲兵が逃亡。上海滬北憲兵分隊の憲兵が、共同租界に私設連絡所を設置して、事件関係者（中国人・日本人）から金品を受理（汚職）などである。

　憲兵に不祥事が発生した背景について、『日本憲兵正史』は次のように指摘している[56]。

　　「戦争が長期化し軍の動員が過重となれば、憲兵もまた増員しなければならない。ところが、憲兵は他の兵種と異なり、促成的養成ができない。しかも、補助憲兵が増加し、かつての憲兵が召集されて任務につくようになると[57]軍隊同様に憲兵とても質的低下は免れない。さらに分隊、分遣隊が設置されれば、どうしても隊長、分隊長の目が届かなくなる。つまり憲兵といえども、次第に軍紀弛緩を思わせる質的低下は著しかったのである。」

　上述のように、憲兵の配置は不足がちであった。しかし、第 1 章で見たとおり、陸軍軍法会議法には、中隊以上の部隊の長は、その部下に属する者や監督を受ける者の犯罪について、陸軍司法警察官の職務を行うことが規定されていた。また、これらの部隊の長は、部下の将校に委任して、特定の事件について陸軍司法警察官の職務を行わせることもできた。にもかかわらず、現実には、当該部隊の中だけで、「穏便に」済ませることも多かったようである。下記は、そのような例の一つで、中隊長を務めていた久米滋三[58]の証言である[59]。

　　久米滋三は、1938（昭和 13）年、予備役陸軍少尉として召集を受け、日中戦争に従軍した。1941 年 12 月から翌年 1 月にかけて、歩兵第 236 連

隊第11中隊長（中尉）として「第二次長沙作戦」に参加し、作戦終了後、連隊本部のある「大冶」という町に駐屯していた。第二次長沙作戦で日本軍が大苦戦したこともあり、駐屯中の兵の生活は、飲酒して暴れたり、喧嘩したりするなど、荒んでいた。それに追い打ちをかけたのが、中隊の兵員に対する頻繁な転属命令であった。中でも3人いた軍曹[60]すべてが転出したことは、中隊の軍紀を維持する上で大きな痛手となった。兵たちにとっての重しが一遍になくなり、大小さまざまな事故が頻発するようになった。夜間における兵舎からの抜けだし、賭博、盗難、飲酒しての乱暴、下士官や将校への反抗的態度などで、まるでヤクザか浮浪者の集団のようで、手が付けられない状態であった。そしてある日、酩酊した同中隊の兵が、巡察中だった他中隊の少尉に、帯剣を引き抜いて切りかかるという事件が発生した。正式に報告されれば軍法会議にかけられるので[61]、久米少尉は被害者の上官である通信中隊長（大尉）のもとに駆け付け、三拝九拝して何とか穏便に済ませてもらった。

　もちろん、犯罪行為を内輪で穏便に処理しようとする、いわば「隠ぺい体質」は、平時においてもあったと思われる。しかし、部隊の上層部による管理監督が行き届きにくく、また、軍を取り巻く一般社会の目も存在しない戦地では、そうした隠ぺい体質が助長されやすいと考えられる。こうした、犯罪が軍事司法制度の過程に取り込まれる以前の段階で、部隊内で「穏便」に処理されることが多くなれば、軍事司法制度の形骸化に繋がると思われる。しかも、こうした例については上部に報告されないから、軍の諸統計にも現れないのである。

第5節　指揮・統制と公正性・人権の視点からの分析（戦時）

　前章では、平時には、陸軍軍事司法制度における指揮・統制への寄与という要素はあまり顕著にはならず、一方、公正性の担保と人権の擁護という要素は、ほぼ制度の定めるところに沿って運用されていたことを確認した。それでは、軍隊を取り巻く環境が一変する戦時においてはどうであったろうか。本章では、戦時の例として主に日中戦争を取り上げ、戦地における軍事司法制度の運用状

況を明らかにしようと試みた。「顛末書」などに収録されている統計によれば、日中戦争開始翌年から処刑総数が急増するとともに、平時に比べて陸軍刑法に規定された犯罪の占める割合が増加した。これらは、逃亡、抗命、上官暴行、違令などであり、いずれも指揮・統制に支障を及ぼす性格を有する犯罪である。このことは、本論文のテーマである軍事司法制度における二つの要素のうち、指揮・統制への寄与については、戦時こそ前面に現れることを示唆していると思われる。

　一方、第 1 章で見たとおり、特設軍法会議では弁護人制度や上訴制度は適用されないなど、戦時においては公正性の担保と人権の擁護の要素を縮小させ、指揮・統制への寄与を優先させる仕組みが、陸軍軍事司法制度には備わっていた。実際に日中戦争では多くの特設軍法会議の設置・改廃が行われ、制度に沿って運用された。さらに戦争が長期化すると、法務官の武官化等、制度そのものの改定が行われ、公正性と人権の要素は更に縮小された。戦争の末期である 1945（昭和 20）年には、法務官の参画を要せずに軍法会議が実施できるようになり、公正性はほとんど消滅したといえよう。

　また、戦争が軍事司法制度に対して及ぼしたものは、上記に止まらなかった。第 4 節では、戦地における軍事司法制度の機能不全について、従軍記などに書かれたいくつかの事例を見た。それは、急激な戦線拡大と兵員の増大により犯罪の取り締まりや軍法会議による処理に困難さが増した事例、犯罪を取り締まるべき憲兵自体に軍紀弛緩が見られた事例、犯罪が発生しても法令に則った適正な処置を行わない事例であった。これらからは、日中戦争という予想に反して長期化・泥沼化した戦争の中に置かれて、軍事司法制度自体がうまく機能しない状況に陥った様が読み取れる。これらは、軍事司法制度の機能不全により、公正性・人権の要素はもちろんのこと、制度の根幹である指揮・統制の要素までも十分に発揮できなくなっていたことを示唆している。

【注】

＊1　ただし、特設軍法会議（戦時や事変に際して編成された陸軍部隊に設置される臨時軍法会議など）で審判すべき事件の書類については、これらの規定によらないことも許されていた（陸軍軍法会議法第 127 条）。

＊2　2019（平成 31）年 3 月 19 日、筆者が同館に照会。

＊3　復員局調製「陸軍軍法会議廃止に関する顛末書」（1948 年）、松本一郎編『陸軍軍法会議判例集 4』（緑陰書房、2011 年）所収。

＊4　大江志乃夫編・解説『支那事変大東亜戦争間 動員概史』（不二出版、1988 年）所収。

＊5　以下、「動員概史」に関する見解は、大江志乃夫「解説」（大江編・解説『支那事変大東亜戦争間動員概史』3-13 頁）による。

＊6　「動員概史」2 頁。

＊7　大江志乃夫「解説」5-7 頁。

＊8　例えば、「動員概史」305 頁の「自昭和十二年至昭和十九年軍法会議処刑人員各地年別表」と、「顛末書」の「別表第二十四支那事変以降陸軍々法会議処刑人員地域別表」を比較すると（いずれも、収録範囲は、昭和 12 年 7 月から、昭和 19 年 11 月まで）、昭和 12 年と昭和 18 年の数値に若干の差異が認められるが、その他は同一である。

＊9　大江志乃夫「解説」8、10 頁。

＊10　JACAR（アジア歴史資料センター）Ref.C11110757600、支那事変の経験に基づく無形戦力軍紀風紀関係資料（案）昭和 15 年 11 月（防衛省防衛研究所）。

＊11　「総目次「支那事変の経験に基づく無形戦力軍紀風紀関係資料（案）昭和 15 年 11 月」」JACAR：C11110757800、支那事変の経験に基づく無形戦力軍紀風紀関係資料（案）昭和 15 年 11 月（防衛省防衛研究所）。

＊12　「第十軍（柳川兵団）法務部陣中日誌 昭和 12 年 10 月 12 日-昭和 13 年 2 月 23 日」、「中支那方面軍軍法会議陣中日誌 昭和 13 年 1 月 4 日-同年 2 月 6 日」高橋正衛編・解説『続・現代史資料（6）軍事警察』（みすず書房、1982 年）所収。

＊13　同上、xxxii 頁。

＊14　「御署名原本・昭和十二年・勅令第八号・予備役又ハ後備役ノ陸軍将官ノ臨時召集ニ関スル件」JACAR：A03022080000、御署名原本・昭和十二年・勅令第八号・予備役又ハ後備役ノ陸軍将官ノ臨時召集ニ関スル件（国立公文書館）。

＊15　「陸軍軍法会議事務章程改正の件」JACAR：C01005072700、昭和 13 年「來翰綴（陸普）第 1 部」（防衛省防衛研究所）。

＊16　「陸軍軍法会議事務章程制定の件」JACAR：C02031074400、永存書類甲輯第 4 類　大正 11 年（防衛省防衛研究所）。

＊17　「陸軍軍法会議事務章程改正の件」JACAR：C01001607700、永存書類甲輯　第 4 類　第 2 冊　昭和 13 年（防衛省防衛研究所）。

＊18　「陸軍軍法会議法」（大正 14 年法律第 85 号、改正：1941 年法律第 8 号）、現代法制資料編纂会編『戦時・軍事法令集』旧法典シリーズ 3（国書刊行会、1984 年）所収。

＊19　「御署名原本・大正十一年・勅令第九十八号・陸軍法務官及海軍法務官任用令制定理事主理任用令及明治二十八年勅令第十四号（戦時事変ノ際理事及主理任用ノ件）廃止」JACAR：A03021376600、御署名原本・大正十一年・勅令第九十八号・陸軍法務官及海軍法務官任用令制定理事主理任用令及明治二十八年勅令第十四号（戦時事変ノ際理事及主理任用ノ件）

廃止（国立公文書館）。

＊20　西川伸一「軍法務官研究序説――軍と司法のインターフェイスへの接近――」165 頁。

＊21　金子宏・新堂幸司・平井宜雄編集代表『法律学小辞典 第 4 版補訂版』（有斐閣、2008 年）
　　　537 頁。

＊22　「御署名原本・昭和十七年・勅令第三三五号・陸軍軍法会議法第三十五条ノ規定ニ依ル実務
　　　ノ修習ニ関スル件」JACAR：A03022723500、御署名原本・昭和十七年・勅令第三三五号・
　　　陸軍軍法会議法第三十五条ノ規定ニ依ル実務ノ修習ニ関スル件（国立公文書館）。

＊23　西川伸一「軍法務官研究序説――軍と司法のインターフェイスへの接近――」179 頁。

＊24　「御署名原本・昭和二十年・法律第四号・陸軍軍法会議法中改正法律」JACAR：
　　　A04017704700、御署名原本・昭和二十年・法律第四号・陸軍軍法会議法中改正法律（国
　　　立公文書館）。

＊25　花園一郎『軍法会議』（新人物往来社、1974 年）。

＊26　同上、12 頁。

＊27　同上、34 頁。

＊28　復員局「顛末書」8-12 頁。

＊29　「顛末書」における少し前の箇所に、1941（昭和 16）年に関東軍軍法会議が廃止され、関
　　　東軍臨時軍法会議が後継した、とあるから、正しくは「関東軍臨時軍法会議」だと思われる。

＊30　復員局「顛末書」10-11 頁。

＊31　「第十軍（柳川兵団）法務部陣中日誌」3-24 頁。

＊32　以下、本章で中国本土という場合は同じ。

＊33　繰り返しになるが、「処刑」とは裁判における刑の宣告を指しており、死刑執行を意味しない。

＊34　復員局「顛末書」53 頁。

＊35　「動員概史」305 頁。

＊36　関東軍は、日露戦争に勝利してハルビンから大連に至る南満州鉄道とその沿線の使用権、お
　　　よび関東州（遼東半島の南部）の租借権を得た日本が、関東州の防衛と南満州の鉄道路線の
　　　保護のために配置した軍隊を指す。関東軍の司令官は、満州に駐屯する諸部隊の統率も行っ
　　　た。秦郁彦『日本陸海軍総合事典 第 2 版』、吉川弘文館編集部編『日本軍事史年表　昭和・
　　　平成』（吉川弘文館、2012 年）、寺田近雄『完本日本軍隊用語集』による。次の注＊37 も
　　　同様。

＊37　「軍紀関係資料」記載の南支軍は、1938（昭和 13）年 10 月から統計数値が現れるが、「南
　　　支那方面軍」の編成が下令されたのは 1940（昭和 15）年 2 月であった。すなわち、同資
　　　料の表紙に記された日付、1940（昭和 15）年 11 月の時点では南支那方面軍は存在したが、
　　　統計の対象期間（1937 年 7 月〜1939 年 6 月）には、部隊は存在したものの、まだ正式に
　　　南支那方面軍とは呼ばれていなかった。従って南支軍とは、正式名称の略称ではなく、広州
　　　攻略などに携わった部隊を指すと思われる。

＊38　「第 1 章・第 2 節　犯罪非違の諸相と特色」JACAR：C11110758600、支那事変の経験に基
　　　づく無形戦力軍紀風紀関係資料（案）　昭和 15 年 11 月（防衛省防衛研究所）。

＊39　「第 2 章・第 3 節・其の 2　階級区分と犯罪非違」JACAR：C11110760500、支那事変の経
　　　験に基づく無形戦力軍紀風紀関係資料（案）　昭和 15 年 11 月（防衛省防衛研究所）。

＊40　「中支那方面軍軍法会議陣中日誌」201-206 頁。

＊41　上述のとおり、第十軍法会議は、1937（昭和 12）年 10 月 30 日に開設された。なお、

第十軍は同年 11 月 5 日に杭州湾に上陸し、上海派遣軍とともに同年 12 月 13 日に南京を占領した。高橋正衛「資料解説」『続・現代史資料（6）軍事警察』xxxi。

＊42　復員局「顛末書」別紙「陸軍軍法会議変遷図表（其ノ二）」。

＊43　「第十軍（柳川兵団）法務部陣中日誌」45-46 頁。

＊44　「第 1 章・第 2 節・挿表第 5　階級区分と犯罪表」JACAR：C11110758700、支那事変の経験に基づく無形戦力軍紀風紀関係資料（案）昭和 15 年 11 月（防衛省防衛研究所）。

＊45　「第 1 章・第 2 節・挿表第 6　支那事変勃発以後陸軍軍人軍属犯罪階級別統計表（内地）」JACAR：C11110758800、支那事変の経験に基づく無形戦力軍紀風紀関係資料（案）昭和 15 年 11 月（防衛省防衛研究所）。

＊46　主として、秦郁彦『日本陸海軍総合事典 第 2 版』によった。カギ括弧を付した部分は、同書からの引用である。

＊47　「第 1 章・第 2 節　犯罪非違の諸相と特色」JACAR：C11110758600、支那事変の経験に基づく無形戦力軍紀風紀関係資料（案）昭和 15 年 11 月（防衛省防衛研究所）。

＊48　日中戦争の経過等については、秦郁彦『日中戦争史』（河出書房新社、初版：1961 年、増補改訂版：1972 年、復刻新版：2011 年）、波多野澄雄・戸部良一・松元崇・庄司潤一郎・川島真『決定版　日中戦争』新潮新書（新潮社、2018 年）、川田稔『昭和陸軍全史 2 日中戦争』講談社現代新書（講談社、2014 年）などを参照した。

＊49　上砂勝七（かみさご・しょうしち）：1890（明治 23）年生。陸軍士官学校第 25 期。1913（大正 2）年、歩兵少尉に任官。1918（大正 7）年歩兵中尉から憲兵に転科。終戦時、台湾憲兵隊司令官（少将）。

＊50　秦郁彦『日本陸海軍総合事典 第 2 版』424 頁。

＊51　上砂勝七『憲兵三十一年』（東京ライフ社、1955 年）175-177 頁。

＊52　補助憲兵とは、戦時や災害時に、歩兵などを臨時に憲兵として使用するもの。補助憲兵は、正規の憲兵による短期間の教育を受けるが、憲兵としての能力は不十分であったという。熊谷直『帝国陸海軍の基礎知識』光人社、NF 文庫（潮書房光人社、原著 1998 年、改題文庫版 2014 年）263 頁。

＊53　井上源吉（いのうえ・げんきち）：1916（大正 5）年生。1937（昭和 12）年応召。北支那駐屯軍歩兵第 1 連隊に入営。1938 年東京陸軍憲兵学校を卒業後、平壌、上海、蘇州、九江など各憲兵隊を転任。終戦時陸軍憲兵曹長。

＊54　井上源吉『戦地憲兵　中国派遣憲兵の 10 年間』（図書出版社、1980 年）115-117 頁。

＊55　全国憲友会連合会編纂委員会編『日本憲兵正史』874-875 頁。

＊56　同上、875 頁。

＊57　召集を受けて出征した、予備役や後備役などの兵を指すと考えられる。これらの兵は、規律や能力の面で現役兵より劣ると見なされていた。例えば、既出の「風紀関係資料第一号」では、後備役の兵は戦地で重要犯罪に加担することが多く、年長であることをよいことにして、下克上的な気風を抱いて対上官犯を敢て行ったり、軍紀を乱して誇ったりして、他の役種に対して悪模範となり、あるいは彼らを扇動していると、強く批判している（第 2 章 第 3 節 其ノ 3「役種別と犯罪非違」）。

＊58　久米滋三（くめ・しげぞう）：1914（大正 3）生。1936（昭和 11）年、現役兵として高知歩兵第 44 連隊に入隊（1 年間）。1938（昭和 13）年、予備役歩兵少尉として応召。1939（昭和 14）年、歩兵第 236 連隊本部付電報班長として中支に出征。1940（昭和 15）年、同連

隊第 11 中隊長となる。1943（昭和 18）年、同連隊副官。1946（昭和 21）年、復員。

＊59　久米滋三『中支戦線を征く－ある中隊長の手記－』（旺史社、1986 年）164-166 頁。

＊60　軍曹とは階級の一つで、将校と兵の間に位置する職業軍人である「下士官」の一つである。階級の構成や名称は変遷したが、1937（昭和 12）年 4 月以降、下士官を構成するのは、准尉、曹長、軍曹、伍長である。軍の精強度を決めるのは、下士官の質であると考えられていた。秦郁彦『日本陸海軍総合事典 第 2 版』714-715 頁。

＊61　本論文第 1 章で見たように、この行為は兵器を用いて上官あるいは上の階級の軍人に対して傷害、暴行又は脅迫した罪に該当する。最高刑は無期懲役又は禁錮であるが、敵前と見なされれば、死刑もありうる。

終章　結論

　本論文は、近代の軍事司法制度に内在する「指揮・統制への寄与」と「公正性の担保と人権の擁護」という、相反するベクトルを持つ二つの要素を分析概念として用い、公正性・人権の要素は、平時においてはほぼ制度が規定するところに沿って運用されているものの、戦時、特に戦争が長期化し、あるいは戦況が悪化した際には縮小するという軍事司法制度が持つ本質的な問題が、現実にどのように現れ、それに対して陸軍や政府がどのように臨んだかについて、制度面と運用面の両面にわたって検証を試みたものである。併せて、従来、陸軍刑法や陸軍軍法会議法など、軍事司法制度を構成する個別の部分毎に焦点を当てた研究が多かった状況に鑑み、制度全体に目配りをするように心がけた。

　第 1 章では、陸軍軍事司法制度の全体像を俯瞰した後、各部分について制度の変遷を含めて確認した。その後、制度の核心部分である陸軍刑法と陸軍軍法会議法について、指揮・統制と公正性・人権の視点から分析し、この二つの要素が制度の中に組み込まれていることを確認した。戦時においては、公正性・人権要素を縮小させ、指揮・統制面を優先させる仕組み（判士の減員、上訴の停止など）が、あらかじめ設定されていた。

　第 2 章では、1920（大正 9）年前後における米国の軍事司法制度を取り上げ、日本のそれと比較した。その結果、制度の違いは多少あるものの、制度中に上記の二つの要素が組み込まれていることは、日本と同様であることが理解できた。また、先行研究では、日本陸軍の軍事司法制度を「統帥権」と「司法権」の両立を図った制度と捉え、後者が形骸化していく点を指摘するものがある。しかし、第二次大戦終結以前においては、軍法会議に及ぼす司令官の影響力が大きいことは、日米ともに共通して見られた。それに比して、法律の専門家であり、公正性を担保すべき役割を担っていた「法務官」の権限が小さいことも、日米で共通していた。

　第 3 章および第 4 章では、平時と戦時に分けて制度の運用面を取り上げ、前 2 章と同様の視点から分析を行った。戦時については、例として日中戦争を取

り上げた。まず平時においては、軍法会議で宣告された罪を見ると、窃盗や傷害など一般社会においてもごく普通に見られる犯罪が大宗を占めていたことなどから、指揮・統制という要素は影を潜めていたと考えられる。その一方で、公正性・人権の要素は、制度が規定するところに沿って運用されていた。

戦時においては、数多くの臨時軍法会議が設置と廃止を繰り返したが、そこでは、あらかじめ制度内に組み込まれた、公正性・人権の要素を抑制し、指揮・統制の要素を優先させる仕組みが実際に運用された。さらに戦争が長期化すると、法務官の武官化など、制度の改定が実施されたが、これも指揮・統制の強化という方向は同じであった。戦争の最末期には、軍法会議に法務官の参画を要しないこととなり、公正性の低下は極まった。

また、事例として取り上げた日中戦争においては、戦争の長期化と泥沼化に伴って、陸軍軍事司法制度が、機能不全ともいえる状況に陥った様子を、軍人の手記等から読み取った。そこからは、公正性・人権の要素はもちろんのこと、指揮・統制の要素までが縮小したことが窺われた。

以上、これまで行ってきた分析を振り返った。指揮・統制の要素は、陸軍軍事司法制度の創設時から一貫していたが、公正性・人権の要素については、時期により消長が見られた。そこで、公正性・人権要素の消長について、法務官の位置付けを一つの指標として、再度確認してみたい。それは、現代の視点から見れば、法務官は強い権限が与えられず、法の支配を担保するものとしては不十分な存在であったといえようが、陸軍軍事司法制度の歴史の中においては、公正性を担保する上で重要な存在であったからである。既述のとおり、法務官の前身は、1872（明治5）年に設置された陸軍裁判所に配置された主理であった。主理の役割は、犯人の糾問、断案の作成と評事（裁判官）への提出、未決囚人の庶務などとなっていた。つまり、判決案の作成は行うものの、その決定には参画していなかった。1883（明治16）年に制定された陸軍治罪法でも、法律の専門家である理事は、審問官として犯人の審問に当たり、軍法会議では説明官とされた。

法務官が裁判官の一員となるのは、1921（大正10）年の陸軍軍法会議法制定まで待たねばならなかった。同法では、従前の理事が法務官と呼称を変え、裁判官の一員とされた。さらに、法務官は終身官とされ、身分保障の規定も設

けられた。同法の下で、法律の専門家としての法務官の立場は、日本において
陸軍軍事司法制度が存在した期間の中で最も強化された。指揮・統制の強化の
ために手続き上、様々な特例が設けられていた特設軍法会議においてさえ、法
務官が加わらない軍法会議は実施できなかった。公正性・人権の要素が、最も
高まった時期といえよう。

　しかし、1937（昭和12）年に日中戦争が勃発し、戦時に移行すると、法務
官のあり方にも変化が訪れた。1942（昭和17）年、陸軍軍法会議法が改正さ
れ、法務官は文官から武官に変わり、従前の身分保障も廃止された。とはいえ、
既述のとおり、武官化されても法律の専門家であることには変わりはなく、武
官化をもって直ちに公正性・人権の要素が無に帰したとはいえないであろう。
ちなみに、同時代における米国陸軍の法務官はもともと武官であった。しかし、
人材不足を補うため、法務官の教育・訓練期間の短縮化が図られた。そしてつ
いに、戦争末期の1945（昭和20）年2月における陸軍軍法会議法改正により、
特設軍法会議において法務官の参画しない軍法会議の開催が可能になった。こ
れにより、公正性・人権の要素はほぼ消滅したといえるであろう。

　本論文は、陸軍軍事司法制度という、今は存在しない制度を取り上げた。そ
こで得られた知見を、現在あるいは将来の日本に役立てることはできるであろ
うか。最後に、この点について、若干のコメントを付したい。

　自衛隊は、少なくとも法律上は軍隊ではないとされている。しかし、仮に日
本が他国から武力攻撃を受け、自衛隊に対して「防衛出動」が命じられた場合、
自衛隊は軍隊とほとんど変わらない役割を担い、活動を行うこととなる。その
ような場合を仮定した場合、本論文で用いた「指揮・統制」と「公正性・人権」
の視点から、自衛隊を巡る現行の司法制度に問題点が見いだせるであろうか。

　まず、指揮・統制への寄与についてであるが、本論文で詳しく見てきたとお
り、一般的に軍事司法制度が寄与できることの一つは、軍法中に次のような行
為を罪として規定することにより、軍紀を軍人に強制することである。すなわ
ち、「命令への不服従」「反乱」「正当な理由なく勝手に部隊を動かす」「抵抗せ
ず降伏する・陣地等を明け渡す」「上官への暴行・脅迫・侮辱」「逃亡・持場の
放棄」「寝返り（自軍を裏切って敵方に付く）」「利敵行為」「軍用物損壊」等の行

為である。

　一方、自衛隊員による指揮・統制に関連する罪については、主に「自衛隊法」と刑法に規定されている。自衛隊法は、防衛出動を命じられた隊員による次の行為に対して、７年以下の懲役または禁錮に処す旨を定めている。すなわち、「上官の職務上の命令に反抗する、あるいは服従しない」「正当な権限がなく、あるいは上官からの命令に反して部隊を指揮する」「正当な理由なく職務の場所を離れて、あるいは職務の場所に就かないまま３日を過ぎる」である。また、刑法は、「内乱罪」「外患誘致罪」（外国と通謀して日本に武力行使させる罪。最高刑は死刑）、「外患援助罪」（外国からの武力行使に加担し、あるいはその軍務に服し、その他外国軍に軍事上の利益を与える罪。最高刑は死刑）を規定している。なお、いうまでもなく刑法は、自衛隊員のみを対象としたものではない。

　上記から、自衛隊法と刑法により、一般的に軍法に規定されるべき指揮・統制に関わる犯罪は、刑罰の軽重は別として、ほぼ網羅されていると考えられる。ただし、上官への暴行・脅迫・侮辱、反乱、軍用物損壊は、自衛隊法には特段の規定がないので、刑法の一般的な規定（暴行罪、脅迫罪、騒乱罪、器物損壊罪など）が適用されるものと思われる。しかし、これらは軍隊の秩序を著しく乱したり、指揮・統制の実効性を低下させたりして、結果して指揮・統制に重大な支障を及ぼす行為である。従って、これらの行為に関しては、刑法とは別の法律、例えば自衛隊法に規定を設け、刑法よりも重い刑を科しうる余地を作るべきであると考える。また、上述した自衛隊法に定める罪についても、刑の重さを再検討すべきであろう。

　次に、公正性の担保と人権の擁護の面についてであるが、現代においては、防衛出動命令を受けた自衛隊員が任務遂行中に行った犯罪も、一般人と何ら変わることなく裁判所において処理されることはいうまでもない。従って、公正性の担保と人権の擁護という面においても、一般人の場合と変わらない取り扱いを受けることができる。むしろ問題となる可能性があるのは、裁判において、実質的な軍隊である自衛隊の組織原理、隊員の置かれた立場、作戦行動など、軍事的な側面が十分に斟酌された判断が下されるかという点ではないかと考える。裁判官、検察官、弁護人など、裁判で中心的な役割を果たす人達は、軍事についての知識と経験が乏しい場合が多いであろう。また、防衛出動命令を受

けて出動中の隊員が起こした犯罪に関する判例の積み重ねも皆無である。

　この点について可能性が考えられるのは、防衛出動中の自衛隊員による違反行為を取り扱う準司法的な性格を持つ行政機関を設置することである。防衛分野において、準司法的な機能を有する行政機関で、法律上設置が可能な機関はすでに存在する。それは、「海上輸送規制法」＊1に規定されている「外国軍用品審判所」である。海外軍用品審判所が行うのは、あくまで行政手続としての審判であり、審判に不服のある者は、一般の司法裁判所に審判取り消しの訴えを行うことが可能である。従って、憲法が禁止する特別裁判所には該当しないとされる＊2。そうだとすれば、防衛出動中の自衛隊員の犯罪を取り扱う準司法的機能を有する行政機関設置の可能性も、考慮する余地があるのではなかろうか。

　翻って考えると、旧軍に関する知見を現代に活かそうとする試みは、現在においてもあまり見られない。それは、戦争・敗戦・被占領という、日本史の中でも最大級の国難をもたらした元凶は旧軍である、との認識が、日本社会の中に根強く残っているからであろう。その背景にある史実に対する判断の当否はともかくとして、旧軍に関する知見には、史実に対するいわば倫理的な判断を捨象してもなお、参考にし得るものがあるのではないだろうか。なぜなら、軍隊も戦争も、敗戦後の日本にとって遠い存在であったが、将来もそうあり続ける保証はないからである。本論文でも触れたように、旧陸軍の軍事司法制度には、日本陸軍の制度としての特殊性のみならず、近代軍事司法制度にいわば普遍的に見られた要素も備わっていた。しかも、現代においてもなお、軍事司法制度を持つ国は決して珍しくはなく、むしろ、同制度は軍紀を維持し、軍隊を効果的に運用する上で有用な仕組みとして、その存在意義が認められている。日本が積み上げてきた経験の一つとして、旧軍の軍事司法制度を振り返り吟味することにより、日本の安全保障を考える上で有用な知見が得られるものと考える。

　なお、本論文の第1章は多くの部分を、筆者の修士論文（2017年）から引用した。また、第2章、第3章は、それぞれ、『拓殖大学大学院国際協力学研究科紀要』に掲載された筆者による論文「1920年前後における陸軍の軍事司法制度に関する日米比較」（同紀要第11号、2018年）、「『陸軍省統計年報』から見た日本陸軍軍法会議の運用実態」（第12号、2019年）が基になっている。

　最後になったが、筆者の指導教官・遠藤哲也教授には、終始懇切丁寧なご指導とご教示、そして暖かい励ましをいただいた。教授のご指導にどれくらい沿うことができた心許なく、内心忸怩たる思いである。教授にはこの場を借りて、心から御礼申し上げたい。

【注】

＊1　正式には「武力攻撃事態及び存立危機事態における外国軍用品等の海上輸送の規制に関する法律」(平成16年法律第116号、平成28年法律第54号により改正。平成28年12月1日施行)。e-GOV法令検索〈https://elaws.e-gov.go.jp/document?lawid=416AC0000000116〉2020年12月2日アクセス。

＊2　丸茂雄一『概説　防衛法制－その政策的展開－』叢書　日本の安全保障　第1巻(内外出版、2007年)358頁。

参考文献

※並び順は、著者・編者の姓あるいは組織名（それらのない場合は書名）の五十音順、アルファベット順である。

●和文文献

秋山龍三・小池良美編『警察制度百年史 改訂再版』（警察制度調査会、1975 年）

浅古弘・伊藤孝夫・植田信廣・神保文夫編『日本法制史』（青林書院、2010 年）

阿部竹松『アメリカ憲法　第 3 版』（成文堂、2013 年）

新井勉「陸軍刑法における反乱罪と裁判——反乱罪と内乱罪の関係を中心として」軍事史学会編『軍事史学』第 50 巻第 1 号（錦正社、2014 年）

家永三郎『司法権独立の歴史的考察 増補版』（日本評論社、1967 年）

生田惇『日本陸軍史』教育社歴史新書〈日本史〉140（教育社、1980 年）

池田修・前田雅英『刑事訴訟法講義 第 5 版』（東京大学出版会、2014 年）

伊藤桂一『兵隊たちの陸軍史』新潮文庫（新潮社、原著：1969 年、文庫版：2008 年）

伊藤隆監修・百瀬孝著『事典 昭和戦前期の日本 制度と実態』（吉川弘文館、1990 年）

井上源吉『戦地憲兵 中国派遣憲兵の 10 年間』（図書出版社、1980 年）

井上義行編纂『陸軍刑法釈義 一〜四』（偕行社、1882 年）

ＮＨＫスペシャル取材班・北博昭『戦場の軍法会議 日本兵はなぜ処刑されたのか』新潮文庫（新潮社、原著：2013 年、文庫版：2016 年）

遠藤芳信「1880 年代における陸軍司法制度の形成と軍法会議」『歴史学研究』第 460 号（青木書店、1978 年）

遠藤芳信「1881 年陸軍刑法の成立に関する軍制史的考察」『北海道教育大学紀要（人文科学・社会科学編）』第 54 巻第 1 号（北海道教育大学、2003 年）

大江志乃夫編・解説『支那事変大東亜戦争間 動員概史』（不二出版、1988 年）

大竹秀男・牧英正編『日本法制史』青林双書（青林書院、1975 年）

小笠原高雪・栗栖薫子・広瀬佳一・宮坂直史・森川幸一編『国際関係・安全保障用語辞典　第 2 版』（ミネルヴァ書房、2017 年）

小川関治郎『ある軍法務官の日記』（みすず書房、2000 年）

奥平穣治「防衛司法制度検討の現代的意義－日本の将来の方向性－」『防衛研究所紀要』13（2）（防衛省防衛研究所、2011 年）

小栗祐生・友野葵・岩崎良二編『戦時重要法令集』（呉 PASS 出版、2015 年）

小野清一郎『刑法講義全』（有斐閣、1932 年）

小野義秀『日本行刑史散策』（矯正協会、2002 年）

霞信彦「陸軍刑法の制定」『法学研究』第 57 巻第 7 号（慶應義塾大学法学研究会、1984 年）

霞信彦『軍法会議のない「軍隊」——自衛隊に軍法会議は不要か』（慶應義塾大学出版会、2017 年）

加藤陽子『徴兵制と近代日本』（吉川弘文館、1996 年）

金子宏・新堂幸司・平井宜雄編集代表『法律学小辞典 第 4 版補訂版』（有斐閣、2008 年）

上砂勝七『憲兵三十一年』（東京ライフ社、1955 年）

河井繁樹「自衛隊司法制度の検討――軍刑法や軍法会議に相当する制度の必要性――」陸戦学会編
　　集理事会編『陸戦研究』平成 16 年 7 月号（陸戦学会、2004 年）

川田稔『昭和陸軍全史 2　日中戦争』講談社現代新書（講談社、2014 年）

北岡伸一『政党から軍部へ　1924〜1941　日本の近代 5』（中央公論新社、1999 年）

近現代史編纂会編『陸軍師団総覧』（新人物往来社、2000 年）

熊谷直『帝国陸海軍軍事の常識　日本の軍隊徹底研究』光人社 NF 文庫（潮書房光人社、2016 年）

熊谷直『帝国陸海軍の基礎知識　日本の軍隊徹底研究』光人社 NF 文庫（潮書房光人社、2014 年）

久米滋三『中支戦線を征く－ある中隊長の手記－』（旺史社、1986 年）

現代法制資料編纂会『戦時・軍事法令集』旧法典シリーズ 3（国書刊行会、1984 年）

憲兵司令部編・稲葉正夫解題『日本憲兵昭和史』（復刻原本：憲兵司令部・1939 年、復刻版：極東
　　研究会出版所・1969 年）

小島武司『現代裁判法』（三嶺書房、1987 年）

小早川欣吾『明治法制史論 公法之部 下巻』（巌松堂書店、1940 年）

佐々木惣一『日本憲法要論 訂正第 5 版』（金刺芳流堂、1933 年）

佐島直子 編集代表『現代安全保障用語事典』（信山社、2004 年）

沢登佳人・沢登俊雄著、庭山英雄訂補『刑事訴訟法史』（風媒社、1968 年）

下中邦彦編『大辞典 上巻・下巻』（平凡社、初版：上巻 1935 年・下巻 1936 年、覆刻版：1974 年）

渋谷恵編『模範六法全書 十二版』（復刻原本：浩文堂・1933 年、復刻版：現代法制資料編纂会編、
　　国書刊行会、1984 年）

清水澄『逐条 帝国憲法講義』（復刻原本：松華堂書店・1932 年、復刻版：呉 PASS 出版・2016 年
　　改訂第 1 刷）

初宿正典・辻村みよ子編『新解説　世界憲法集　第 4 版』（三省堂、2017 年）

白鳥祐司『刑事訴訟法 第 8 版』（日本評論社、2015 年）

新潮社編『新潮日本語漢字辞典』（新潮社、2007 年）

浅古弘・伊藤孝夫・植田信廣・神保文夫編『日本法制史』（青林書院、2010 年）

菅野保之『陸軍刑法原論 増訂 4 版』（松華堂書店、1943 年）

アルド・A・セッティア（白幡俊輔訳）『戦場の中世史　中世ヨーロッパの戦争観』（八坂書房、原
　　著：2002 年、邦訳版：2019 年）

全国憲友会連合会編纂委員会編『日本憲兵正史』（全国憲友会連合会本部、1976 年）

大本営陸軍部研究班「支那事変の経験に基づく無形戦力軍紀風紀関係資料（案）無形戦力軍紀風紀
　　関係資料自第一号至第六号」（1940 年 11 月）、国立公文書館アジア歴史資料センター、レ
　　ファレンス番号 C11110757600 他

高橋正衛編・解説『続・現代史資料（6）　軍事警察』（みすず書房、1982 年）

田崎治久『日本之憲兵』明治百年史叢書 153 号（復刻原本：軍事警察雑誌社・1913 年、復刻版：
　　原書房・1971 年）

田崎治久『続日本之憲兵』明治百年史叢書 154 号（復刻原本：軍事警察雑誌社・1915 年、復刻版：
　　原書房・1971 年）

堤淳一「『軍事裁判所』と法曹の関与」防衛法学会編『防衛法研究』第 30 号（内外出版、2006 年）

寺田近雄『完本 日本軍隊用語集』（学研パブリッシング、2011 年）

戸部良一『逆説の軍隊　日本の近代 9』（中央公論社、1998 年）

内閣記録局編輯『法規分類大全第一編　兵制門四　陸海軍官制四　陸軍四』（1891 年）

中野登美雄『国防体制法の研究』明治百年史叢書第 292 巻（復刻原本：1945 年、復刻版：原書房・
　　　1979 年）

中野義久「今後の国際平和協力活動における法的枠組みの検討――本来任務化に対応する軍事司法
　　　制度についての提言――」陸戦学会編集理事会編『陸戦研究』平成 20 年 4 月号（陸戦学会、
　　　2008 年）

新村出編『広辞苑　第七版』（岩波書店、2018 年）

西川伸一「軍法務官研究序説――軍と司法のインターフェイスへの接近――」『政経論叢』第 81 巻
　　　第 56 号（明治大学政治経済研究所、2013 年）

西村峯裕『我が国における軍事司法の可能性』『産大法学』39 巻 1 号（京都産業大学法学会、2005 年）

『日本歴史大事典 1-4』（小学館、2001 年）

秦郁彦『日中戦争史』（河出書房新社、初版：1961 年、増補改訂版：1972 年、復刻新版：2011 年）

秦郁彦編『日本陸海軍総合事典 第 2 版』（東京大学出版会、2005 年）

幡新大実「『戦陣訓』と日中戦争－軍律から見た日中戦争の歴史的位置と教訓－」軍事史学会編『日
　　　中戦争再論』（錦正社、2008 年）

波多野澄雄・戸部良一・松元崇・庄司潤一郎・川島真『決定版　日中戦争』新潮新書（新潮社、2018 年）

花園一郎『軍法会議』（新人物往来社、1974 年）

林眞琴・北村篤・名取俊也『逐条解説 刑事収容施設法』（有斐閣、2010 年）

原剛・安岡昭男編『日本陸海軍事典　コンパクト版　上巻・下巻』（新人物往来社、2003 年）

原剛「陸海軍文書について」防衛研究所編『戦史研究年報　第 3 号』（防衛庁防衛研究所、2000 年）

原秀男『二・二六事件軍法会議』（文藝春秋、1995 年）

マイケル・ハワード（奥村房夫・奥村大作共訳）『改訂版　ヨーロッパ史における戦争』中公文庫
　　　（中央公論新社、原書新版：2009 年、訳書文庫版：2010 年）

日髙巳雄「軍刑法」末弘嚴太郎編輯代表『刑法各論；刑事補償法；軍刑法；治安維持法』新法学全集
　　　第 24 巻刑事法 II（日本評論社、1940 年）

平川宗信『刑事法の基礎』（有斐閣、2008 年）

福井憲彦『近代ヨーロッパの覇権　興亡の世界史』講談社学術文庫（講談社、原著：2008 年、文
　　　庫版：2017 年）

復員局調製「陸軍軍法会議廃止に関する顛末書」（復員局法務調査部、1948 年）松本一郎編・解説
　　　『陸軍軍法会議判例集 4』（緑蔭書房、2011 年）

福川秀樹編著『日本陸海軍人名辞典』（芙蓉書房出版、1999 年）

福富俊幸「わが国における軍事司法制度の課題――武力行使時の錯誤の評価を手掛かりとして――」
　　　国際安全保障学会編『国際安全保障』第 39 巻第 3 号（内外出版、2011 年）

福富俊幸「わが国における軍事裁判のあり方――近年の憲法改正論議を検討素材として――」防衛
　　　法学会編『防衛法研究』38 号（内外出版、2014 年）

藤田嗣雄『欧米の軍制に関する研究』（原版：1935 年提出学位請求論文・1937 年学位授与、復刻
　　　版：信山社出版・1991 年）

藤田嗣雄『明治軍制――戦前の軍制と文権優越主義』（信山社、1992 年）

ロバート・B・ブルース、イアン・デッキー、ケヴィン・キーリー、マイケル・F・パヴコビック、
　　　フレデリック・C・シュネイ（淺野明監修、野下祥子訳）『戦闘技術の歴史 4　ナポレオンの

時代編』(創元社、原著：2008 年、訳書：2013 年)

ジョン・ベイリス、ジェームズ・ウィルツ、コリン・グレイ編(石津朋之監訳)『戦略論　現代世界の軍事と戦争』(勁草書房、原著：2010 年、訳書［序章・パートⅠの抄訳］：2012 年)

マシュー・ベネット、ジム・ブラッドベリー、ケリー・デヴリース、イアン・ディッキー、フィリス・G・ジェスティス(浅野明監修、野下祥行訳)『戦闘技術の歴史 2　中世編』(創元社、原著：2005 年、訳書：2009 年)

防衛庁防衛研修所戦史部『戦史叢書　陸海軍年表　付 兵語・用語の解説』(朝雲新聞社、1980 年)

防衛法学会編著・安田寛監修『平和・安全保障と法　−防衛・安保・国連協力関係法概説−《補綴版》』(内外出版、1997 年)

法令用語研究会編『有斐閣 法律用語辞典 第 4 版』(有斐閣、2012 年)

前田雅英『刑法総論講義 第 6 版』(東京大学出版会、2015 年)

牧野英一『重訂 刑事訴訟法 全』重訂第 15 版(有斐閣、1928 年)

牧英正・藤原明久編『日本法制史』青林法学双書(青林書院、1993 年)

ウィリアム・H・マクニール(髙橋均訳)『戦争の世界史−技術と軍隊と社会−（上）（下）』中公文庫(中央公論新社、原著：1982 年、訳書：2002 年、文庫版：2014 年)

松井芳郎・佐分晴夫・坂元茂樹・小畑郁・松田竹男・田中則夫・岡田泉・薬師寺公夫『国際法 第 5 版』(有斐閣、2007 年)

松下芳男『改訂 明治軍制史論（上）（下）』(国書刊行会、1978 年)

松村劭『ナポレオン戦争全史』(原書房、2006 年)

松本一郎編・解説『陸軍軍法会議判例集 全四巻』(緑蔭書房、2011 年)

松本一郎「東京陸軍軍法会議についての法的考察」獨協大学法学会編『獨協大学法学部創設 25 周年記念論文集』(第一法規出版、1992 年)

丸茂雄一『概説　防衛法制−その政策的展開−』叢書　日本の安全保障　第 1 巻(内外出版、2007 年)

三井誠・町野朔・曽根威彦・中森喜彦・吉岡一男・西田典之編『刑事法辞典』(信山社、2003 年)

水島朝穂『現代軍事法制の研究−脱軍事化への道程』(日本評論社、1995 年)

美濃部達吉『逐条 憲法精義 全』(有斐閣、1927 年)

安田寛『防衛法概論』(オリエント書房、1979 年)

山縣有朋『陸軍省沿革史』(復刻原本：陸軍省・1905 年、復刻版：日本評論社・1942 年。松下芳男編・解題)

山本政雄「旧陸海軍軍法会議法の制定経緯──立法過程から見た同法の本質に関する一考察──」『防衛研究所紀要』第 9 巻第 2 号(防衛庁防衛研究所、2006 年)

山本政雄「旧日本軍の軍法会議における司法権と統帥権」『防衛学研究』第 42 号(日本防衛学会、2010 年)

山本政雄「旧陸海軍軍法会議制度の実態」『軍事史学』第 50 巻第 1 号(錦正社、2014 年)

弓削欣也「大東亜戦争期の日本陸軍における犯罪及び非行に関する一考察」防衛省防衛研究所戦史部編『戦史研究年報』第 10 号(防衛省防衛研究所、2007 年)

吉田裕『日本軍兵士−アジア・太平洋戦争の現実』中公新書(中央公論新社、2017 年)

吉川弘文館編集部編『日本軍事史年表　昭和・平成』(吉川弘文館、2012 年)

クリステル・ヨルゲンセン、マイケル・F・パヴコヴィック、ロブ・S・ライス、フレデリック・C・シュネイ、クリス・L・スコット(淺野明監修、竹内喜・德永優子訳)『戦闘技術の歴史 3　近世編』(創元社、原著：2005 年、訳書：2010 年)

陸軍省編『自明治三十七年至大正十五年 陸軍省沿革史 上巻・下巻』（巌南堂書店、第 1 刷 1929 年・第 2 刷 1969 年）

陸軍省大臣官房作成『陸軍省統計年報』（第 1 回より第 49 回まで）（陸軍省大臣官房、1888〜1938 年）、国立公文所館アジア歴史資料センターおよび国立国会図書館デジタルコレクション。※本資料は上記二つのウェブサイトの両方に分散して掲載されているため、それらをダウンロードしたうえで結合した。煩を避けるため、個々のレファレンス番号やアクセス年月日の記載は省略する。

陸軍省大臣官房副官部編纂『陸軍成規類聚 上巻・下巻』（偕行社、1900 年）

「陸軍軍法会議関係諸法規」（1914 年発行と推定）松本一郎編『陸軍軍法会議判例集 4』（緑蔭書房、2011 年）

我妻栄・林茂・辻清明・団藤重光編『日本政治裁判史録　昭和・前』（第一法規出版、1970 年）

●欧文文献

Blackett, Jeffrey, *Rant on the Court Martial and Service Law*, 3rd edn., (Oxford University Press, 2009)

Brown, Jerold E. ed., *Historical Dictionary of the U.S. Army* (Westport, Connecticut: Greenwood Press, 2001)

Dupuy, Trevor N., Curt Johnson, Grace P. Hayes, Priscilla S. Taylor, John M. Yaylor ed., *Dictionary of Military Terms; A Guide to the Language of Warfare and Military Institutions,* 2nd edn., (New York: The H. W. Wilson Company, 2003)

Duxbury, Alison and Matthew Groves ed., *Military Justice in the Modern Age,* (Cambridge University Press, 2016)

Fidell, Eugene R., *Military Justice: A Very Short Introduction*, (Oxford University Press, 2016)

Hearn, Chester G., *Army; An Illustrated History*, (Minneapolis, Minnesota: Zenith Press, 2006)

Lurie, Jonathan, *Military Justice in America: The U.S. Court of Appeal for the Armed Forces, 1775-1980*, Revised and Abridged Edition, (The University Press of Kansas, 2001; Originally published by Princeton University Press in 2 volumes, 1992, 1998)

Lieutenant Colonel H. T. Creswell, Major J. Hiraoka, Major R. Namba, *A Dictionary of Military Terms; English-Japanese / Japanese-English, American Edition*, (The Univercity of Chicago Press, 1942)

Morris, Lawrence J., *Military Justice a Guide to the Issues*; *Contemporary Military, Strategic, and Security Issues* (Santa Barbara: Preager, 2010)

Shanor, Charles A., L. Lynn Hogue, *Military law in a Nutshell*, 4th edn., (West Academic Publishing, 2013)

Usher, George, *Dictionary of British Military History*, 2nd edn., (London: A&C Black Publishers Ltd, 2006)

以上

索引

※太字のページ番号は、当該用語の意味について、章末にある注や本文で簡単な説明を加えたページを示す。
※本文中の表および「参考文献」のページは、索引の対象としていない。

［あ］

アンセル＝クラウダー論争 **77**
アンセル，サミュエル 77
アンセル＝チェンバレン法案 77

［い］

家永三郎 17
違警罪 58
　――即決裁判所 **27**
一事不再理（原則）47, 83
一般軍法会議（米国）79-80, 83-84
一般司法制度 17
一般予防 **35**
イデオロギー戦争 11
井上源吉 126
違法性阻却事由 **63**
違令 32, 42, 120, 125, 129
　――の罪 **42-43**
イングランド規律 11

［え］

英国王立裁判所 12
営倉 60-61
　軽―― 60-62
　重―― 60-62
遠藤芳信 14, 31-32

［お］

横領 79, 92, 94, 98, 101, 120
オーグ 11-12, 18
大山巌 57

［か］

外患
　――援助罪 138
　――誘致罪 138
海軍軍法会議法 15, 58
外国軍用品審判所 **139**
海上輸送規制法 **139**
改定律例 31
回避 **48**, 54, 65
海陸軍刑律 30-31
下士官 **37**-38, 52-53, 58, 78, 89, 93, 113, 128
霞信彦 15
合衆国憲法 17
上砂勝七 **125**
簡易軍法会議（米国）**79**, 83
官衙 33, 38, 53
監獄 25-26, 30, 56
菅野保之 **34**-37, 39-41
官吏 **37**-38, 60
　狭義の―― 38

［き］

起訴 26, 80, 82-83, 119
忌避 83
基本法典 21
糺問主義 **46**-47
教会法 10
行刑法 **25**
行政警察 **26**, 57
規律 7-13, 18-19, 37, 60, 81-82, 104
　　──の強制 8-9
　　イングランド軍── 11
　　軍── 9, 34
禁錮 26, 31-33, 89, 92-94, 99, 104, 116, 138
　　──刑 7, 26
禁獄 **32**
謹慎 31
近代戦争 11

［く］

久米滋三 **127**
クラウダー, イーノック H. 77
グローブズ, マシュー 12
軍紀 7, 10, 13-14, 28, 31-32, 34-36, 39,
　　42-43, 48, 54, 56-57, 60, 63,
　　109-110, 121-122, 127-129, 137, 139
「軍紀関係資料」 **109**, 116, 119, 121
軍軍法会議 49, 52
軍刑法 7, 31-32, 34, 37, 39, 46, 83, 98
軍刑務所 7
軍事裁判所 7
軍事司法 58, 78, 113, 119
　　──制度 7, 9, 11-20, 25-27, 34, 58-59,
　　62-64, 75-78, 87, 105, 107, 113,
　　116, 118, 125, 128-129, 135, 139
　　──の一般司法化 12
軍事上の緊急行為 **63**
軍人・軍属 26, 31, 45-46, 49, 51-52, 57-59,
　　65, 87, 119, 126

軍政権 17, 50
『軍制要論』 11, 13
軍属 93-95, 103, 123
　　陸軍── **36**
軍団制 11
軍法 7, 9-14, 18, 75, 137-138
　　英国── 12, 76
軍法会議
　　合囲地── 49, 52-53
　　高等── 47, 50, 52-53, 56, 89-90, 93,
　　95-97, 101, 103, 113, 115
　　師団── 52, 115
　　特設── 52-54, 65-66, 110-111, 113-115,
　　129, 137
　　臨時── 49, 52, 114-116, 136
軍律（一般的な）31-32, 59
軍律（占領地における）**36**
軍律（1869 年制定の）30-**31**, 39
軍令 26, 28, 60
　　──機関 **28**-29
軍用物損壊 39, 82, 137
　　──の罪 **41**, 64

［け］

警査 54, 113
軽罪 32, 58
刑事訴訟法 25, 45, 48, 50, 58, 59
刑事法 25
刑の執行 25-26, 84
刑法 21, 25-27, 31, 33-37, 41, 43, 47, 63, 65, 80,
　　92-95, 98-99, 101, 103-104, 119, 125, 138
　　旧── 31-32
　　特別── 26
欠席裁判制度 49, 65
検察官 48-49, **53**-56, 58-59, 64-65, 80,
　　82-84, 90-91, 94-95, 113, 138
建白 43
憲兵 25-26, 48, 53, **56-58**, 88, 90, 93, 113,
　　119, 125-127, 129

憲兵（つづき）
　　──条例 57-58
　　──制度 7, 26, 30, 56-**57**
　　──令 25, 58
　　補助── **126**-127

［こ］

五・一五事件 15, 89
合囲地（境）**46**, 51-53
強姦 11, 41-42, 79-80, 120-122
　　──罪 121
拘禁 26, 61, 79-80, 116
公正 13, 18, 20, 48, 50, 77, 112-113
公正性 13, 20, 64-65, 77-78, 112-113, 129,
　　　135-136
　　──の担保 65-66, 83, 96
　　──の担保と人権の擁護 7, 18-19, 62,
　　　64-65, 77, 83, 129, 135, 138
公正性・人権 7-8, 18-20, 25, 62, 66, 75, 77-78,
　　　82, 85, 103-104, 107, 129, 135-137
降等 31, 60-61
高等官 **37**-38
公判 48-49, 55, 90-91, 94, 97
公判廷 54, 56
抗命の罪 **40**
効力 33-34, **35**-36, 101
国民の権利 30
古代ローマ 9
コムーネ 10
コンセイユ・ド・ゲール **44**

［さ］

罪刑法定主義 **65**
在郷軍人 **35**-36, 42, 51
再審 46-47, 49, 56, 89
裁判官 14, 17-18, 28-30, 46, 48-49, 53-54,
　　　56,65-66, 77, 83-84, 90, 96,
　　　113-114, 136, 138

裁判官（つづき）
　　──の身分保障 28-29
裁判の公開 18
詐欺 31-32, 42, 92, 94, 98, 104
佐々木惣一 **28**-29

［し］

自衛隊 137-138
　　──法 138
ジェームズ2世 11-12
　　──の軍法 12
指揮 8, 11, 16, 37, 57-58, 138
指揮・統制 7, 12, 18-20, 25, 50, 62-64, 66,
　　　75, 77-78, 82-83, 85, 103-105, 107,
　　　120, 122, 125, 128-129, 135-138
　　──への寄与 7, 17-19, 62-64, 77, 82-83,
　　　95, 105, 128-129, 135, 137
死刑 9-11, 14, 26, 31-32, 35, 43, 56, 77-81,
　　　89-93, 102-104, 116, 126, 138
自裁 31
師団 15, 46, 110, 114-115, 126
　　──制 11
自治都市 10
実体法 **25**
支那事変 21, 109-110, 119
「支那事変大東亜戦争間動員概史（草稿）」**108**
「支那事変の経験に基づく無形戦力軍紀風紀関
　　　係資料（案）」**109**
司法警察 25-**26**, 57
　　──官 25, 48, 53, 58
司法権 15-**16**, 17-18, 27-29, 50, 59, 135
　　──（の）独立 15, 17
司法省 17, 57
司法大臣 17
清水澄 29
市民軍 11
シャノー 11-12, 18
重罪 32, 58
十字軍 11

150

終身官 28, 48-49, 52, 66, 84, 112, 136
自由心証主義 **47**, 65
自由民権運動 32
首魁 43
主刑 32
杖 31, 44, **65**
傷害 40-42, 64, 92, 94, 98, 104, 120-123,
　　　136
　　──の罪 103
上官 9, 14, 16, 32, 37-**38**, 40-41, 61-64,
　　　81-82, 103, 128, 137-138
将校 14, 31-32, **38**, 40, 44, 46, 53, 58, 60,
　　　64, 66, 78-81, 83-84, 89, 112-114,
　　　127
上告 48, 52, **56**, 95-96, 103
　非常── **52**, 56
哨所 36, 42, 92
上書 43
上訴 27, 46, 48, 62, 135
辱職 32, 123
　──（の）罪 34, 39-**40**, 63
処刑人数 97-98, 104, 117-120
除斥 48, **54**, 56, 65
　──制度 **47**
初犯 94
司令官主義 46
審級制度 18
人権 9, 13, 65, 78, 99
　──思想 18
　──の擁護 13, 18-19, 65, 85
　──保護 48
身体刑 **65**, 77-78
親任官 **37**
審判 29, 45, 47-48, 53, 56, 64-65, 101, 103,
　　　139
　──公開 48
臣民権利義務 30
新律綱領 31

[す]

ストア学派 **11**

[せ]

世俗法 10
積極的属人主義 **36**
セッティア 10
擅権 32
　──の罪 **39**, 63
戦時 8, 12, 15, 19-20, 32, 38, 40, 42, 46,
　　　52-53, 57, 59, 62, 65-66, 79-81,
　　　87-88, 93, 107-109, 111, 113-114,
　　　121, 123, 128-129, 135-137
　──経済体制 11
1775 年軍法（米国）12

[そ]

捜査 7, 25-26, 46, 48-49, 51, 53-55, 58, 64,
　　　90-91, 94, 97, 113, 119
騒擾罪 43
総則 **26**, 33
奏任官 37-38, 52

[た]

第 310 条（の規定）**55**
　──告知 90, 95, 121
大衆軍 11
「第十軍（柳川兵団）法務部陣中日誌 昭和 12
　　　年 10 月 12 日 – 昭和 13 年 2 月 23 日」
　　　110, 116
大統領（米国）77, 80-81, 84
大日本帝国憲法 17
太平洋戦争 41, 117-119
逮捕 10, 25-26, 42, 51, 55, 80, 119
竹橋事件 31, 57

太政官　**31**-32, 44-45, 57
奪官　31
ダックスバリー，アリソン　12
弾劾主義　**47**, 49

[ち]

笞　31, **65**
チェンバレン，ジョージ　77
褫奪　42
　――の罪　**42**
懲役　26, 33, 56, 92-94, 99, 104, 116, 138
　――刑　7, 14, 26
懲罰　9, 25-28, 59-62
　――令　59
徴兵制　11
勅任官　**37**, 52
勅令　**26**, 29, 49-50, 89, 111-113
黜　31
　――等　31, 44
鎮台　44-45

[つ]

通常裁判所　27-30, 91, 95

[て]

帝国憲法　17, 25, 27, 29-30, 37, 60
適正な手続　9
手続法　**25**, 47
天皇　27, 37, 43, 59
「顛末書」　**107**-108, 114, 116-118, 129

[と]

統一軍事司法典（米国）75
統一軍法（米国）75-76

「動員概史」　**108**-109, 116, 118
東京陸軍軍法会議　15, **89**
統帥権　15-**16**, 17-18, 50, 59, 135
統制　10-11, 76, 111
逃亡　10, 32, 42, 57, 92-94, 99, 104,
　　　120-121, 125, 127, 129, 137
　――（の）罪　16, 34, 41, 64, 99, 121
　敵前――　7, 80, 93
特別軍法会議（米国）79, 83
特別裁判所　7, 13, **27**-30, 59, 139
特別法　**26**
特務機関　**38**, 53
徒刑　31-**32**, 65
都市長官　10
賭博　101, 120, 128
　――の罪　31
トルトーナ　10

[な]

内乱罪　15, 43, 138
「中支那方面軍軍法会議陣中日誌 昭和 13 年 1
　　　月 4 日-同年 2 月 6 日」　**110**
ナポレオン 1 世　11, 13
ナポレオン戦争　11

[に]

西川伸一　15
日露戦争　88
日清戦争　88
日中戦争　20-21, 34, 41, 66, 87-88, 107,
　　　109-111, 114-117, 119, 125-126,
　　　127-129, 136-137
二・二六事件　15, **89**, 104
日本国憲法　7, 17

[は]

罰金　10, 92-93
ハワード，マイケル　**10**
判士　28, 46-47, 52-53, 111, 135
判任官　**37**-38, 52, 93, 113
反（叛）乱罪　15, **39**, 63
反乱法（英国）76

[ひ]

被告人　12-13, 20, 26, 46-47, 49-50, 52-56,
　　　　65, 83, 85, 95-96, 101, 103, 113
日高巳雄　**30**, 34-36
101 条陸軍軍法（米国）75
ヒューストン暴動事件　77

[ふ]

付加刑　**32**
武官　37-38, 50, 66, 84, 112, 137
復員局　**13**, 44, 97, 104, 107-108, 125
侮辱　32, 41, 64, 121, 137-138
　　──の罪　**41**, 64
部隊　26, 36, **38**, 40, 44, 51-53, 63-64, 79-82, 88,
　　　　111, 113-114, 124, 126-127, 128, 137-138
不服従　7, 9, 12, 18, 80, 82, 137
ブラケット，ジェフ　8-9
フランス革命　11
俘虜　36-37, 42, 51, 93
文官　28, **37**-38, 50, 60, 112-113, 137

[へ]

兵　9, 26, 38, 52, 54, 78-79, 81, 99, 122,
　　　125-126
　哨──　**35**-36, 40-42, 92
　備──　10-11
兵科　**26**

米国陸軍の軍事司法制度　17, 75-76, 82
平時　8, 12, 16, 19-20, 32, 41, 46, 59, 79, 81,
　　　87-88, 93, 95, 99, 103-105, 107,
　　　111, 119-120, 125, 128-129,
　　　135-136
　　──編制　**38**
兵卒　60-62, 65, 93-95, 100, 103-104
弁護人　18, 47-48, **54**, 56, 62, 77, 80, 82, 85,
　　　95, 129, 138

[ほ]

防衛出動　137-139
暴行　32, 40-42, 63, 79, 103, 137-138
　　──罪　138
放逐　31, 44
傍聴　46, 47-48, 113
法務官　15, 28-29, 45, 48-53, 58, 65-66, 77,
　　　80, 83-85, 88, 112-114, 129,
　　　135-137
　　──の武官化　**50**-51, 129, 136-137
保護法益　**34**-35
ポデスタ　10
ボローニャ　10
奔敵律　31

[ま]

松下芳男　13, 59, 99
松本重敏　17
マルモン，ラグス　11, 13
マントヴァ　10

[み]

美濃部達吉　**13**, 25, 28-30, 60

[め]

「明治 27・28 年戦役統計」88

[も]

モーリッツ 10-11
モデナ 10
モリス, ローレンス J. **9**, 76

[や]

山本政雄 15, 50

[ゆ]

弓削欣也 16

[よ]

容疑者 26, 55, 80, 90
予審 46, 49, **53**, **55**, 90-91, 94, 97

[り]

陸軍監獄 26
　——令 25-26
陸軍軍事司法制度 14-15, 20, 25, 30, 56, 64,
　　　　66, 76-79, 87, 105, 107, 111, 122,
　　　　125, 129, 136-137
　——の全体像 25, 27, 30, 62, 135
陸軍軍法（米国）75-79, 82
陸軍軍法会議事務章程 111
「陸軍軍法会議廃止に関する顛末書」13, 44,
　　　　49, 98, 104, **107**
陸軍軍法会議法 15-16, 19, 25-26, 44, **47**,
　　　　49-50, 58-59, 62-66, 76, 82, 91,
　　　　107, 112-114, 121, 127, 135-137

陸軍刑法 15-16, 19, 25-27, 30-31, **32-33**,
　　　　34-35, 37-39, 41-43, 47, 51, 60,
　　　　62-65, 76, 82, 87, 92-95, 99-100,
　　　　103-104, 119, 123, 125, 129, 135
陸軍刑務所 25-26
陸軍裁判所条例 44-45
陸軍司法警察官 26, 48, 53-55, 58, 113, 119,
　　　　127
陸軍司法警察吏 26, 54-55, 58
「陸軍省統計年報」**88**, 90, 117, 139
「陸軍省年報」**88**
陸軍治罪法 32, 44-**45**, 46-48, 58, 65, 89, 97,
　　　　101, 103, 136
陸軍懲罰令 26-27, 32, **59**-61
陸軍文官待遇者 38
陸軍法務局（米国）**84**
陸軍法務訓練所 112-113
理事 46-47, 50, 136
リチャード 1 世 11
リチャード 2 世 11
　——が発した軍法 11
利敵 82, 137
　——（の）罪 **39**, 64
掠奪 11, 41-42, 120-121

[る]

累犯 94
流罪 31

[れ]

連邦議会（米国）17, 75, 77

[ろ]

ローマ人の法典 9
録事 45-46, 52, 54, 113
69 条陸軍軍法（米国）75

154

[アルファベット順]

a law member 84
Ansell, Samuel 77
Articles of War 76
Blackett, Jeff 8
Chamberlain, George 77
Crowder, Enoch H. 77
Duxbury, Alison 12
general courts-martial 79
Groves, Matthew 12
Hogue, L. Lynn 11
Howard, Michael 10
James II 11
Lurie, Jonathan 78
Maurits 10
Morris, Lawrence J. 9
Mutiny Act 76
101 Articles of War 75
persons subject to military law 79
Richard I 11
Richard II 11
Settia, Aldo A. 10
Shanor, Charles A. 11
69 Articles of War 75
special courts-martial 79
summary courts-martial 79
the Articles of War 75
the Regular Army 78
the Uniform Code of Military Justice 75
UCMJ 75

※注　次ページ以降は「【付録】参考資料」であるが、縦書きの文書が含まれているため、ページの
　　　配列は巻末から巻頭の方向である。このため、234 ページから閲覧していただきたい。

【付録】 参考資料

【付録】 参考資料について

1 「昭和十二年　陸軍省統計年報（第四十九回）」（昭和14年3月陸軍省印刷）より
「Ⅵ・刑罰」を抜粋………………………………………………………………………………232（3）

2 「支那事変の経験に基づく無形戦力軍紀風紀関係資料（案）」（昭和15年11月大本営陸軍部研究班）より
「Ⅵ・刑罰」を抜粋………………………………………………………………………………231（4）

「支那事変の経験に基づく無形戦力軍紀風紀関係資料（案）」（昭和15年11月大本営陸軍部研究班）
第1号「支那事変に於ける犯罪非違より観たる軍紀風紀の実相並に之が振粛対策」より
「第3章　支那事変の経験より観たる軍紀振作対策」を抜粋…………………………195（40）

※【付録】の各ページ下に付した括弧付きの数字は、【付録】のみに振ったページ番号である。

2　「支那事変の経験に基づく無形戦力軍紀風紀関係資料（案）」

　　　（昭和15年11月大本営陸軍部研究班）第1号「支那事変に於ける犯罪非違
　　　より観たる軍紀風紀の実相竝に之が振粛対策」より「第3章　支那事変
　　　の経験より観たる軍紀振作対策」を抜粋

　　（1）　「支那事変の経験に基づく無形戦力軍紀風紀関係資料（案）」
　　　　　　表紙・配布先：C11110757700
　　（2）　同総目次：C11110757800
　　（3）　第1号表紙：C11110757900
　　（4）　同目次：C11110758000
　　（5）　同第3章：C11110762000 〜 C11110762500

　本史料第1号の第1、2章は主に統計表から構成されており、本論文でもそ
の一部を引用した。第3章は、軍紀の現状を総括するとともに、弛緩が見られ
る軍紀を再徹底するための対策が記されている。軍の中枢部が軍紀に関してど
のような問題認識をしていたか窺い知ることができ興味深い。軍紀振作対策も
述べられているが、対策を列挙することと、それらが現地の部隊に伝えられ実
行に移されることとはまったく別であることはいうまでもない。

【付録】参考資料について

　日本陸軍の軍事司法制度に関する一次史料で、刊行されているものはあまり多くない。しかし幸いなことに、国立公文書館アジア歴史資料センターにおいて、多くの史料を画像として閲覧、ダウンロードすることが可能であり、本論文執筆時にも大いに活用させていただいた。

　なお、念のために付け加えると、アジア歴史資料センターは実在の施設ではなくウェブサイトであり、誰でも無料で利用することができる。

　ここでは、本論文で拠り所とした諸史料のうち、研究上有益かつ本書に転載可能な下記の2点を掲げて参考に供したいと思う。いずれも原本所蔵機関は防衛省防衛研究所であり、本書への転載については、同研究所からご了解をいただいた。

　本書6ページの凡例に記載したとおり、Cに11桁の数字を組み合わせた番号はアジア歴史資料センターにおけるレファレンス番号である。この番号を使えば、同センターのウェブサイトから容易に当該史料を検索し、閲覧・ダウンロードすることができる。

　1　「昭和十二年　陸軍省統計年報（第四十九回）」
　　　（昭和14年3月陸軍省印刷）より「Ⅵ．刑罰」を抜粋
　　（1）　表紙：C14020483800、C14020483900
　　（2）　Ⅵ．刑罰：C14020485500

　1887（明治20）年の第1回から1937（昭和12）年の第49回までのうち、それまでの回の数値をすべて網羅した統計（48表）を含んでいる第49回から、刑罰に関わる部分を抜粋して掲載した。

1

「昭和十二年　陸軍省統計年報（第四十九回）」（昭和14年3月陸軍省印刷）より「Ⅵ・刑罰」を抜粋

表紙

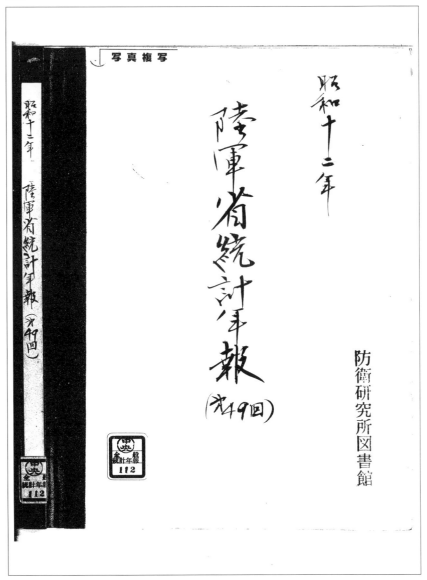

写真複写

昭和十二年

陸軍省統計年報 (第49回)

防衛研究所図書館

「表紙「陸軍省統計年報 （第49回） 昭和12年」」JACAR（アジア歴史資料センター）Ref.C14020483800、
陸軍省統計年報 （第49回） 昭和12（防衛省防衛研究所）

表紙

「中表紙「陸軍省統計年報　（第49回）」」JACAR：C14020483900（1画像目）、陸軍省統計年報　（第49回）
昭和12（防衛省防衛研究所）

228

表紙

昭 和 十 二 年

陸 軍 省 統 計 年 報

（第 四 十 九 回）

昭 和 十 四 年 三 月 陸 軍 省 印 刷

凡例

凡　例　1

凡　　例

本書ハ陸軍省ノ管理ニ属スル事項中主トシテ昭和十二年ノ事實ニ關スル統計ヲ輯錄ス

輯錄ノ事項ヲ分チテ八科目トス

I. 人 　 員	IV. 衞 　 生	VII. 監 　 獄
II. 敎 　 育	V. 軍 　 馬	VIII. 雜
III. 經 　 費	VI. 刑 　 罰	

本書中「昭和十二年」トアルハ昭和十二年一月一日ヨリ同年十二月三十一日ニ至ル一年間、「昭和十一

年度」トアルハ其ノ會計年又ハ敎育年一年間ノ事實ニシテ「昭和十二年末」トアルハ其ノ年ノ末日ニ於

ケル現在數トス但シ衞生及軍馬ノ諸表ニ在リテ「昭和十二年」トアルハ昭和十一年十二月ヨリ同十二年

十一月ニ至ル一年間ノ事實トス

昭 和 十 四 年 三 月

陸 軍 大 臣 官 房

「凡例「陸軍省統計年報　（第49回）　昭和12年」」JACAR：C14020484000、陸軍省統計年報　（第49回）
昭和12（防衛省防衛研究所）

VI刑罰表紙

VI

刑

罰

「VI. 刑罰」JACAR：C14020485500（1 画像目）、陸軍省統計年報　（第 49 回）　昭和 12（防衛省防衛研究所）

同左

罰

事　件　數　及　處　分

公訴提起	不起訴	事件総數	時効	計	業務局	前年繰越	本年新受	計	處刑	無罪	公訴棄却	免訴	管轄	上或告却下移事伴	計	未總局	番號
214	58	10	–	282	110	30	673	703	668	9	1	–	–	2	681	22	3
212	50	8	–	270	100	22	628	650	628	7	–	–	–	–	635	15	4
140	49	4	–	202	104	15	516	531	515	3	–	–	–	1	519	12	5
156	54	2	1	213	144	15	476	491	468	5	–	–	–	–	473	18	6
148	58	2	–	208	173	21	421	442	408	5	–	–	2	1	417	25	7
170	47	6	10	224	181	26	492	518	495	3	1	–	–	1	501	17	8
143	52	3	3	201	193	17	537	554	530	2	1	1	–	–	533	22	9
122	41	13	4	180	189	20	485	505	487	4	–	–	–	1	493	12	10
75	37	4	5	121	170	12	509	521	502	2	–	–	–	–	504	17	11
67	26	3	9	105	138	14	314	328	287	1	1	–	–	1	290	38	12

罰　（昭和十二年）

公訴提起	不起訴	事件総數	時効	計	業務局	前年繰越	本年新受	計	處刑	無罪	公訴棄却	免訴	管轄	上或告却下移事伴	計	未總局	番號
67	26	3	9	105	138	14	314	328	287	1	1	–	–	1	290	38	1
5	–	–	–	5	2	–	13	15	14	1	–	–	–	–	15	–	2
8	5	2	2	17	62	4	41	45	40	–	–	–	–	–	40	5	3
1	–	–	–	1	8	2	12	14	12	–	–	–	–	–	12	2	4
11	2	–	–	13	12	1	19	20	19	–	–	–	–	–	19	1	5
5	3	1	6	15	11	–	18	18	16	–	–	–	–	–	16	8	6
1	–	–	–	1	7	–	5	5	3	–	–	–	–	–	3	2	7
5	–	–	–	5	5	2	16	18	16	–	–	–	–	–	16	2	8
4	3	–	–	7	4	1	23	23	20	–	–	–	–	–	20	2	9
1	3	–	–	4	2	–	10	10	9	–	–	–	–	–	9	1	10
1	–	–	–	1	3	1	12	13	12	–	–	–	–	–	12	3	11
2	–	–	–	2	9	–	16	16	15	–	–	–	–	–	15	1	12
5	1	–	–	6	3	–	13	13	9	–	–	–	–	–	9	4	13
7	2	–	–	9	19	2	33	35	29	–	1	–	–	1	31	4	14
1	1	–	–	2	5	–	7	7	7	–	–	–	–	–	7	–	15
1	1	–	–	2	5	1	22	23	19	–	–	–	–	–	19	4	16
3	3	–	–	6	5	–	27	27	23	–	–	–	–	–	23	4	17
–	1	–	–	1	2	–	12	12	12	–	–	–	–	–	12	–	18
6	2	–	–	8	–	–	15	15	15	–	–	–	–	–	15	–	19

「VI. 刑罰」JACAR：C14020485500（3画像目）、陸軍省統計年報　（第49回）　昭和12（防衛省防衛研究所）

36. 軍法会議刑事件数及処分

128　Ⅵ.　刑　罰

Ⅵ. 刑

36. 軍 法 會 議 刑

	番號	受理件數			處　　理　　內　　譯							未終局	速　　決		
		前年繰越	本年新受	計	豫審請求	公訴提起	事件送致	罪法律條律合三書議百知	時效	死亡	計		前年繰越	本年新受	計
昭和 三 年	3	264	989	1 254	386	459	7	231	8	—	991	263	107	286	392
同　四 年	4	265	897	1 162	269	416	7	205	2	3	902	260	110	269	379
同　五 年	5	260	765	1 025	197	367	6	196	5	1	771	254	108	197	305
同　六 年	6	60	706	766	203	320	5	178	—	—	706	60	154	203	375
同　七 年	7	6	644	650	188	278	13	155	—	1	635	15	190	188	381
同　八 年	8	15	758	773	234	332	13	180	—	—	748	25	180	234	414
同　九 年	9	25	811	836	214	394	14	178	—	1	798	38	180	214	394
同　十 年	10	37	693	730	168	363	16	160	—	3	710	20	201	168	369
同　十一年	11	19	746	765	99	484	9	196	—	1	789	26	192	99	291
同　十二年	12	14	445	459	89	247	6	88	—	—	430	29	154	89	243

軍　法　會　議

	番號	前年繰越	本年新受	計	豫審請求	公訴提起	事件送致	罪合議書知	時效	死亡	計	未終局	前年繰越	本年新受	計
總　　數	1	14	445	459	89	247	6	88	—	—	430	29	154	89	243
近衞師團	2	—	20	20	4	10	—	6	—	—	20	—	3	4	7
第 一 師 團	3	3	50	53	7	33	—	10	—	—	50	3	53	7	59
第 二 師 團	4	—	19	19	4	11	—	4	—	—	19	—	—	4	4
第 三 師 團	5	8	28	28	13	8	—	—	—	—	21	7	12	13	25
第 四 師 團	6	1	28	29	7	13	—	8	—	—	28	1	19	7	26
第 五 師 團	7	—	14	14	1	4	—	5	—	—	10	4	7	1	8
第 六 師 團	8	—	17	17	3	11	—	2	—	—	16	1	5	5	10
第 七 師 團	9	3	41	44	6	17	1	20	—	—	44	—	5	6	11
第 八 師 團	10	—	15	15	3	9	2	1	—	—	15	—	3	3	6
第 九 師 團	11	—	19	19	1	11	1	4	—	—	17	2	3	1	4
第 十 師 團	12	1	17	18	2	14	—	2	—	—	18	—	9	2	11
第 十一 師 團	13	—	17	17	6	8	—	3	—	—	17	—	2	6	8
第 十二 師 團	14	4	48	52	9	26	—	10	—	—	45	7	19	9	28
第 十四 師 團	15	2	11	13	2	6	1	3	—	—	12	1	5	2	7
第 十六 師 團	16	—	30	30	1	31	—	6	—	—	28	2	6	1	7
朝鮮軍 羅南	17	—	37	37	9	21	—	4	—	—	37	—	2	9	11
朝鮮軍 龍山	18	—	16	16	1	12	1	1	—	—	15	1	2	1	3
臺 灣 軍	19	—	18	18	8	9	—	1	—	—	18	—	—	8	8

時效ハ逃亡中時效完成ニ依リ公訴權滅шタルモノトス

「Ⅵ. 刑罰」JACAR：C14020485500（2画像目）、陸軍省統計年報　（第 49 回）　昭和 12（防衛省防衛研究所）

同左

VI. 刑罰　120

事人員及處分

	麥					公							向						番
			內譯			公訴役程塊裁			處	處	理	內譯							號
公訴提逃	不起訴	事件良救	時效	計	未移局	前年繼續	本年新受	計	刑	無罪	公訴棄却	免訴	管轄違	上告費事件送	計	未移局		
233	87	22	–	342	136	35	726	761	724	11	1	–	1	2	739	22	3
233	88	11	–	332	125	22	688	710	683	7	–	–	–	–	690	20	4
167	54	5	–	226	124	20	544	564	548	3	–	–	–	1	552	12	5
177	61	10	1	249	149	16	517	533	504	5	–	–	–	–	509	24	6
162	91	4	–	257	192	26	447	473	434	7	1	–	2	1	445	28	7
230	82	15	10	287	186	31	558	589	562	5	1	1	–	3	572	17	8
169	67	9	3	248	250	17	632	649	611	8	–	–	–	–	617	32	9
130	63	34	4	231	245	26	528	554	528	12	–	–	–	1	542	12	10
125	75	28	5	233	186	12	589	601	580	2	–	–	–	–	582	19	11
92	28	7	9	136	155	14	382	396	335	1	1	–	–	1	338	58	12

別　（昭和十二年）

92	28	7	9	136	155	14	382	396	335	1	1	–	–	1	338	58	1
5	–	–	–	5	2	–	18	18	17	1	–	–	–	–	18	–	2
8	5	6	2	21	42	4	42	46	40	–	–	–	–	–	40	6	3
1	–	–	–	1	3	2	14	16	14	–	–	–	–	–	14	2	4
11	2	–	–	13	12	1	19	20	19	–	–	–	–	–	19	1	5
5	4	1	6	16	11	–	19	19	15	–	–	–	–	–	15	4	6
1	–	–	–	1	7	–	5	5	3	–	–	–	–	–	3	2	7
5	–	–	–	5	5	2	16	18	16	–	–	–	–	–	16	2	8
6	3	–	–	9	4	1	26	29	27	–	–	–	–	–	27	2	9
1	4	–	–	5	2	–	10	10	9	–	–	–	–	–	9	1	10
2	–	–	–	2	3	1	14	15	10	–	–	–	–	–	10	5	11
2	–	–	–	2	9	–	17	17	16	–	–	–	–	–	16	1	12
21	1	–	–	22	2	–	29	29	9	–	–	–	–	–	9	20	13
7	2	–	–	9	19	2	36	38	32	–	1	–	–	1	34	4	14
1	1	–	–	2	5	–	8	8	8	–	–	–	–	–	8	–	15
1	–	–	1	2	5	1	24	25	21	–	–	–	–	–	21	4	16
3	3	–	–	6	22	–	41	41	37	–	–	–	–	–	37	4	17
–	1	–	1	2	–	12	12	12	–	–	–	–	–	12	–	18
12	2	–	–	14	–	–	30	30	30	–	–	–	–	–	30	–	19

「VI. 刑罰」JACAR：C14020485500（5 画像目）、陸軍省統計年報　（第 49 回）　昭和 12（防衛省防衛研究所）

37. 軍法会議刑事人員及処分

128　　VI.　刑　罰

37.　軍 法 會 議 刑

	番號	總數			處　理							在　獄	總數		
		前年繰越	本年新受	計	檢事請求	公訴提起	事件送致數	原裁判所檢三佰相	時效	死亡	計	尚務局	前年繰越	本年新受	計
昭和 三 年	3	269	1 102	1 371	356	403	7	242	8	–	1 106	265	123	359	478
同 四 年	4	267	998	1 360	321	450	8	214	2	3	998	262	136	321	457
同 五 年	5	262	825	1 087	225	377	6	217	5	1	831	256	125	225	350
同 六 年	6	60	784	844	239	340	6	199	–	–	784	60	159	239	398
同 七 年	7	6	796	732	251	285	13	163	–	1	715	17	198	251	449
同 八 年	8	17	881	898	282	353	15	207	–	–	862	36	191	282	473
同 九 年	9	36	1 021	1 057	314	463	29	206	–	1	1 013	44	184	314	498
同 十 年	10	43	806	849	223	398	17	182	–	3	828	21	148	223	476
同 十一 年	11	20	901	921	174	464	13	219	–	1	871	50	245	174	419
同 十二 年	12	20	593	613	132	290	13	119	–	–	554	59	159	132	291

軍　法　會　議

	番號	前年繰越	本年新受	計	檢事請求	公訴提起	事件送致數	原裁判所檢三佰相	時效	死亡	計	尚務局	前年繰越	本年新受	計
總 數	1	20	593	613	132	290	13	119	–	–	554	59	159	132	291
近衛師團	2	–	27	27	4	13	–	10	–	–	27	–	3	4	7
第 一 師團	3	3	78	81	7	34	–	27	–	–	68	13	56	7	63
第 二 師團	4	–	21	21	4	13	–	4	–	–	21	–	–	4	4
第 三 師團	5	–	28	28	13	8	–	–	–	–	21	7	12	13	25
第 四 師團	6	1	44	45	8	14	–	9	–	–	31	14	19	8	27
第 五 師團	7	–	14	14	1	4	–	5	–	–	10	4	7	1	8
第 六 師團	8	–	17	17	5	11	–	5	–	–	16	1	5	5	10
第 七 師團	9	9	51	60	8	22	4	26	–	–	60	–	5	6	13
第 八 師團	10	–	19	19	3	9	6	1	–	–	19	–	4	3	7
第 九 師團	11	–	21	21	2	12	1	4	–	–	19	2	3	2	5
第 十 師團	12	1	18	19	2	15	–	2	–	–	19	–	9	2	11
第 十一 師團	13	–	33	33	22	8	–	3	–	–	33	–	2	22	24
第 十二 師團	14	4	60	64	9	29	–	12	–	–	50	14	19	5	38
第 十四 師團	15	2	12	14	2	7	1	8	–	–	18	1	5	2	7
第 十六 師團	16	–	38	38	1	23	–	7	–	–	31	2	6	1	7
朝鮮軍 { 龍山	17	–	68	68	26	38	–	4	–	–	68	–	2	26	28
羅南	18	–	16	16	1	12	1	1	–	–	15	1	2	1	3
臺灣軍	19	–	33	33	14	18	–	1	–	–	33	–	–	14	14

時效ハ過亡中時效完成ニ依リ公訴權消滅シタルモノトス

「VI. 刑罰」JACAR：C14020485500（4 画像目）、陸軍省統計年報 （第 49 回） 昭和 12（防衛省防衛研究所）

同左

VI. 刑 罰　131

件 処 理 日 数

付	審		平 均 公	例	日 数		合 計	番号
自應審請求公處審終了日數	自應審終了至公訴提起日數	計	自公訴提起至裁判價額日數	自裁判價額至裁判確定日數	計			
27.42	4.78	32.20	12.92	2.18	15.10	38.77	3
31.71	8.38	41.09	13.88	3.11	16.89	44.01	4
39.89	5.13	45.02	17.28	2.69	19.97	48.83	5
183.70	5.22	188.92	15.13	2.92	17.95	94.92	6
51.56	5.63	57.24	16.60	2.48	19.03	55.25	7
42.12	7.04	49.16	16.79	2.33	19.62	57.34	8
47.33	8.01	55.34	16.68	2.44	19.12	56.88	9
44.66	6.12	50.76	14.26	2.95	17.21	49.85	10
51.19	13.01	64.20	21.42	2.94	24.36	58.93	11
36.40	4.92	41.32	20.26	2.93	23.19	49.56	12

別　【昭和十二年】

36.40	4.92	41.32	20.26	2.53	23.19	49.56	1
61.40	2.40	63.80	15.87	3.07	18.93	63.33	2
65.50	13.50	79.00	59.25	4.23	56.48	98.85	3
27.00	7.00	34.00	30.33	2.08	32.42	48.83	4
24.91	0.45	25.36	9.58	1.11	10.68	33.08	5
27.25	7.75	35.00	28.67	4.13	32.80	55.00	6
11.00	5.00	16.00	16.00	1.00	17.00	16.33	7
23.20	9.60	36.80	13.69	2.06	15.75	41.94	8
28.00	5.75	33.75	13.95	3.25	17.10	48.80	9
50.00	3.00	53.00	7.67	0.89	8.56	30.56	10
–	–	–	8.00	1.90	9.90	16.00	11
12.50	7.00	19.50	9.73	1.54	11.27	23.27	12
23.00	0.33	23.33	3.56	0.79	4.33	34.92	13
44.67	2.83	47.50	20.79	4.66	25.45	53.27	14
1.00	6.00	7.00	18.86	1.29	18.14	38.71	15
41.00	–	41.00	17.71	4.00	21.71	38.67	16
56.67	1.00	57.67	14.65	3.78	18.43	38.00	17
–	–	–	13.58	4.00	17.58	34.67	18
21.33	4.50	25.83	7.20	0.40	7.60	27.37	19

「VI. 刑罰」JACAR：C14020485500（7 画像目）、陸軍省統計年報 （第 49 回） 昭和 12（防衛省防衛研究所）

38. 軍法会議事件処理日数

120　VI. 刑　罰

38. 軍　法　會　議　事

| | 番號 | 件　數 | | | 一　件 | | | 二　並 |
		棄却請求件數	廳密ヲ料スシテ公訴提起ノ件數	計	復 自捜査報告日數	自捜査報告請求日數	自復査報告廳公訴提起日數	計
昭和 三 年	3	213	455	668	8.98	8.75	4.71	13.36
同　四 年	4	218	415	636	8.89	3.97	4.66	13.08
同　五 年	5	119	366	515	11.40	8.12	4.98	15.84
同　六 年	6	155	313	468	10.22	2.76	4.77	14.40
同　七 年	7	140	277	417	12.55	1.73	16.13	17.00
同　八 年	8	172	328	500	14.83	2.83	6.11	20.81
同　九 年	9	145	385	530	16.95	2.77	6.04	22.11
同　十 年	10	121	366	487	16.69	1.60	4.00	20.04
同 十一年	11	73	429	502	19.41	4.96	5.34	24.50
同 十二年	12	62	228	290	12.82	5.29	4.54	17.53

軍　法　會　議

| | 番號 | 件　數 | | | 一　件 | | | 二　並 |
		棄却請求件數	廳密ヲ料スシテ公訴提起ノ件數	計	復 自捜査報告日數	自捜査報告請求日數	自復査報告廳公訴提起日數	計
總　數	1	62	228	290	12.82	5.29	4.54	17.53
近衛師團	2	5	10	15	17.17	8.00	7.00	23.18
第　一 師團	3	8	32	40	17.65	3.75	10.22	26.58
第　二 師團	4	1	11	12	4.75	31.00	6.32	13.58
第　三 師團	5	11	8	19	6.00	1.97	3.75	8.32
第　四 師團	6	4	11	15	13.57	—	—	13.57
第　五 師團	7	1	2	3	23.00	2.00	8.00	34.00
第　六 師團	8	5	11	16	12.18	0.40	3.55	14.69
第　七 師團	9	4	16	20	21.65	1.50	3.50	24.75
第　八 師團	10	1	8	9	7.79	—	9.88	16.11
第　九 師團	11	—	10	10	5.30	—	2.80	8.10
第　十 師團	12	2	13	15	7.37	0.50	0.54	9.40
第 十一師團	13	3	6	9	22.11	—	—	22.11
第 十二師團	14	6	23	29	19.00	24.33	8.26	23.69
第 十四師團	15	1	6	7	6.29	80.00	4.17	19.87
第 十六師團	16	1	20	21	14.19	2.00	0.75	15.00
朝鮮軍 龍山	17	3	20	23	12.04	—	—	12.04
羅南	18	—	12	12	14.58	—	2.50	17.09
臺灣軍	19	6	9	15	5.97	1.83	5.80	9.33

本表ハ軍法會議ニ於テ處測例決確定シタル事件ニ付揚上ス

「VI. 刑罰」JACAR：C14020485500（6 画像目）、陸軍省統計年報　（第 49 回）　昭和 12（防衛省防衛研究所）

同左

VI. 刑罰　133

処　分　罪　数

法令								朝鮮軍		台湾軍	関東軍	計	番号
軍													
第七	第八	第九	第十	第十一	第十二	第十四	第十六	龍山	羅南				
183	37	36	87	67	54	44	68	37	58	16	28	1,123	3
71	33	64	50	24	82	46	38	40	23	7	22	938	4
40	34	56	36	25	45	33	53	29	26	14	21	844	5
31	18	32	50	16	90	41	35	12	14	23	26	691	6
29	12	20	31	17	79	40	26	19	12	10	40	617	7
25	13	37	18	26	70	10	31	16	13	12	132	759	8
39	29	21	31	32	83	22	27	20	9	15	132	773	9
22	27	18	58	34	89	15	21	29	6	15	155	735	10
47	18	11	42	18	45	8	21	10	7	19	196	761	11
34	15	10	22	14	44	14	34	39	12	22	-	428	12

（昭和十二年）

第七	第八	第九	第十	第十一	第十二	第十四	第十六	龍山	羅南	台湾軍	関東軍	計	番号
34	15	10	22	14	44	14	34	39	12	22	-	428	1
10	1	-	8	6	15	8	9	18	2	9	-	121	2
-	-	-	-	-	-	-	-	1	-	-	-	1	3
1	-	-	-	-	-	-	-	-	1	-	-	2	4
1	-	-	-	-	-	1	-	-	-	-	-	4	5
1	-	-	-	-	1	-	-	6	-	2	-	10	6
1	-	-	-	-	-	-	-	-	-	-	-	1	7
1	-	-	-	-	1	-	4	2	-	4	-	16	8
-	-	-	-	-	1	-	-	1	-	-	-	1	9
-	-	-	-	-	-	1	-	1	-	-	-	2	10
-	-	-	-	-	-	-	-	1	-	1	-	2	11
-	-	-	-	-	-	-	-	1	-	-	-	1	12
-	-	-	-	-	-	-	-	-	-	-	-	1	13
-	-	-	-	-	1	-	-	-	-	-	-	2	14
-	-	-	1	-	-	-	-	-	-	-	-	1	15
1	-	-	3	2	5	3	2	2	-	-	-	30	16
-	-	-	-	-	-	-	-	-	-	-	-	1	17
-	-	-	-	-	1	-	-	-	-	-	-	1	18
1	1	-	4	3	4	4	-	1	1	1	-	30	19
2	-	-	-	-	1	-	2	8	-	-	-	10	20
1	-	-	-	1	-	-	-	1	-	-	-	4	21
-	-	-	-	-	-	1	-	-	-	-	-	1	22

「VI. 刑罰」JACAR：C14020485500（9画像目）、陸軍省統計年報　（第49回）　昭和12（防衛省防衛研究所）

39. 軍法会議処分罪数

132　VI. 刑　罰

39. 軍　法　會　議

年別・罪別	番號	累計	第一	第二	第三	第四	第五	第六
昭和 三 年	3	62	118	86	111	86	42	49
同 四 年	4	81	99	28	72	50	48	48
同 五 年	5	67	124	28	47	66	34	87
同 六 年	6	33	87	12	65	44	32	40
同 七 年	7	53	71	11	56	38	25	30
同 八 年	8	44	93	21	61	51	38	47
同 九 年	9	33	113	17	48	42	25	41
同 十 年	10	28	60	30	33	36	38	36
同 十 一 年	11	23	58	45	53	64	39	32
同 十 二 年	12	22	59	15	25	23	4	20

罪　名　別

罪別	番號	累計	第一	第二	第三	第四	第五	第六
總　　數	1	22	59	15	25	23	4	20
陸 軍 刑 法	2	4	10	4	4	11	-	2
軍中哨兵故ナク守地ヲ離ル	3	-	-	-	-	-	-	-
哨兵故ナク守地ヲ離ル	4	-	-	-	-	-	-	-
哨兵睡眠	5	-	-	-	-	2	-	-
衛兵其ノ能督戒勤務ニ應スル者故ナク勤務ノ場所ヲ離ル	6	-	-	+	-	-	-	-
故ナク規馬ニ依ラスシテ哨兵ヲ交代セシム	7	-	-	-	-	-	-	-
哨令違反	8	-	-	-	1	2	-	1
上官ノ命令ニ反抗ス	9	-	-	-	-	-	-	-
上官ノ命令ニ服從セス	10	-	-	-	-	-	-	-
上官暴行又ハ脅迫	11	-	-	-	-	-	-	-
用兇器上官暴行又ハ脅迫	12	-	-	-	-	-	-	-
用兇器上官暴行又ハ脅迫	13	-	1	-	-	-	-	-
上官侮辱	14	-	1	-	-	-	-	-
哨兵侮辱	15	-	-	-	-	-	-	-
逃亡	16	2	5	1	1	3	-	1
黨與逃亡	17	-	-	-	-	1	-	-
軍用物損壞	18	-	-	-	-	-	-	-
軍用物竊盜	19	1	3	2	1	3	-	-
哨兵ヲ欺キ哨所ヲ通過ス	20	-	-	1	1	-	-	-
兵役ヲ免ルル目的ヲ以テ身體ヲ毀傷ス	21	1	-	-	-	-	-	-
勒竄	22	-	-	-	-	-	-	-

「VI. 刑罰」JACAR：C14020485500（8 画像目）、陸軍省統計年報 （第 49 回） 昭和 12（防衛省防衛研究所）

同左

VI. 刑　罰　135

處　分　罪　數　昭和十二年　　程

法					會			議		朝鮮軍			臺灣軍	關東軍	計	番號
第七	第八	第九	第十	第十一		第十二	第十四	第十六	龍山	羅南						
23	13	9	14	8	21	5	23	20	10	12			-	276	1
-	-	-	-	-	-	-	-	-	1	-			-	2	3
-	-	-	-	-	-	-	-	1	-	-			-	1	4
-	-	-	-	-	-	-	1	-	-	-			-	1	5
1	-	-	-	-	-	-	1	3	-	-			-	8	6
-	-	-	-	-	-	-	1	2	-	-			-	8	7
-	-	-	-	-	-	-	1	-	-	-			-	1	8
-	-	-	1	-	-	-	-	1	-	1			-	6	9
-	-	-	-	1	-	-	-	1	-	1			-	2	10
-	-	-	-	1	-	-	-	-	-	1			-	4	11
1	-	-	-	-	-	-	1	-	-	-			-	3	12
3	1	3	3	1	7	1	6	1	5	1			-	48	13
-	-	-	-	-	-	-	1	-	-	-			-	1	14
-	-	-	-	1	-	-	-	-	-	-			-	4	15
-	-	-	-	-	-	-	-	-	-	-			-	4	16
-	-	-	-	1	-	-	-	1	-	-			-	3	17
-	-	-	-	-	-	-	-	-	-	-			-	1	18
11	6	5	6	7	3	4	4	7	3	5			-	110	19
-	-	-	-	-	-	-	-	-	-	-			-	1	20
1	-	-	-	-	-	-	-	-	-	-			-	1	21
-	-	-	-	-	-	-	-	-	-	-			-	1	22
1	2	1	2	-	2	-	2	-	-	1			-	31	23
-	-	-	-	-	-	-	1	-	-	1			-	3	24
-	-	-	-	1	-	-	-	-	-	-			-	1	25
4	1	-	2	-	3	-	3	1	-	1			-	24	26
1	1	-	-	-	-	-	1	-	-	1			-	10	27
-	-	-	-	-	-	-	-	-	-	-			-	1	28
-	-	-	-	-	-	-	1	-	-	-			-	1	29
-	-	-	-	-	-	-	1	-	-	-			-	1	30
-	1	-	-	-	-	-	-	-	-	-			-	1	31
-	-	-	-	-	-	1	-	-	-	-			-	1	32
-	-	-	-	-	-	-	1	-	-	-			-	1	33
1	1	1	-	-	8	1	2	1	-	1			-	31	34
-	-	-	-	-	1	-	-	-	-	1			-	9	35
-	-	-	-	-	-	-	-	-	-	-			-	6	36
-	-	1	-	-	-	-	1	-	-	-			-	6	37
-	1	-	-	-	1	-	-	-	-	-			-	3	38
-	-	-	-	-	1	-	-	-	-	-			-	1	39
-	-	-	-	-	2	-	-	-	-	-			-	5	40
-	-	-	-	-	2	1	1	1	-	-			-	4	41
-	-	-	-	-	-	-	-	-	-	-			-	1	42
-	-	-	-	-	-	-	-	-	-	-			-	2	43
-	-	-	-	-	1	-	-	-	-	-			-	2	44
1	-	-	-	-	-	-	-	-	-	-			-	1	45
-	-	-	-	-	1	-	-	-	-	-			-	1	46

「VI. 刑罰」JACAR：C14020485500（11 画像目）、陸軍省統計年報　（第 49 回）　昭和 12（防衛省防衛研究所）

39. 軍法会議処分罪数　昭和 12 年　続

134　　Ⅵ. 刑　罰

39.　軍　法　會　議

罪名	番號	軍						
		近衛	第一	第二	第三	第四	第五	第六
刑　法	1	16	45	10	17	10	4	16
不　敬	2	-	-	-	-	1	-	-
住居侵入	3	1	-	-	-	-	-	-
信書開披	4	-	-	-	-	-	-	-
公文書偽造文書毀棄	5	-	-	-	-	-	-	-
偽造又ハ変造公文書行使	6	-	1	-	-	1	-	1
偽造公文書行使	7	-	-	-	-	-	-	-
同　教唆	8	-	-	-	-	1	-	-
偽造私文書行使	9	1	2	-	-	-	-	-
印章不正使用	10	-	1	-	-	1	-	-
開　披	11	1	-	-	-	-	-	-
放　火	12	-	1	-	-	-	-	1
失　火	13	8	-	1	-	3	-	4
傷害致死	14	-	-	-	-	-	-	-
過失致死	15	1	1	-	1	-	-	-
業務上過失傷害	16	-	1	-	1	-	1	1
業務上過失致死	17	-	3	2	1	-	-	1
脅　迫	18	1	-	-	-	-	-	-
窃　盗	19	6	16	5	10	3	3	4
同　未遂	20	-	1	-	-	-	-	-
器物毀棄	21	-	-	-	-	-	-	-
強　盗	22	-	-	-	-	1	-	-
詐　欺	23	-	7	-	8	-	-	-
恐　喝	24	-	-	-	-	-	-	-
同　未遂	25	-	-	-	-	-	-	-
横　領	26	1	3	2	-	1	-	2
業務上横領	27	1	3	-	-	-	-	2
遺失物横領	28	-	-	-	-	1	-	-
古物盗品寄蔵収受	29	-	-	-	-	-	-	-
贓物収受	30	-	-	-	-	-	-	-
公文書毀棄	31	-	-	-	-	-	-	-
信書隠匿	32	-	-	-	-	-	-	-
器物損壊	33	-	-	-	-	-	-	-
他ノ法令	34	2	4	1	4	2	-	2
兵役法施行規則違反	35	-	-	-	-	-	-	-
陸軍火薬類取締法施行規則違反	36	-	1	-	-	-	-	-
郵便法違反	37	1	2	-	1	-	-	-
同　教唆	38	1	-	-	-	-	-	-
電信法違反等	39	-	-	-	-	-	-	-
自動車取締令違反	40	-	-	-	1	-	-	2
賭銭奕賭博令違反	41	-	-	-	1	-	-	-
工場法違反	42	-	-	-	1	-	-	-
府縣會議員選擧罰則違反	43	-	1	-	-	-	-	-
衆議院議員選擧法違反	44	-	-	-	-	2	-	-
北海道漁業取締規則違反	45	-	-	-	-	-	-	-
狩獵取締規則違反	46	-	-	-	-	-	-	-

本表ハ處分ヲ科セラレタル罪數ヲ掲ケタ故ニ數人共ニ一罪ヲ犯シタルモノハ一罪トシ一人數罪ヲ犯シタルモノハ數罪トシテ積算セリ

「Ⅵ. 刑罰」JACAR：C14020485500（10 画像目）、陸軍省統計年報　（第 49 回）　昭和 12（防衛省防衛研究所）

同左

VI. 刑　罰　137

刑　人　員　（罪　名　別）

法	會							議		朝鮮軍		臺灣軍	關東軍	計	番號
第七	第八	第九	第十	第十一	第十二	第十四	第十六			龍山	羅南				
23	24	21	58	30	46	29	33			34	32	19	21	724	3
29	26	38	64	15	66	33	33			26	14	7	16	683	4
19	25	28	26	16	33	23	19			22	15	11	15	543	5
16	20	24	26	10	61	32	27			11	13	12	21	501	6
16	6	16	24	14	54	33	17			14	9	6	30	434	7
14	7	40	12	19	47	7	32			12	11	8	112	562	8
32	16	28	23	17	45	19	17			14	7	14	198	511	9
19	16	14	42	29	50	10	12			90	6	10	122	523	10
34	14	10	29	12	33	5	20			9	6	13	184	580	11
27	9	10	16	9	32	8	21			37	12	30	–	335	12

（昭和十二年）

第七	第八	第九	第十	第十一	第十二	第十四	第十六	龍山	羅南	臺灣軍	關東軍	計	番號
27	9	10	16	9	32	8	21	37	12	30	–	335	1
7	1	–	4	1	6	3	6	19	2	8	–	75	2
–	–	–	–	–	–	–	–	1	–	–		1	3
1	–	–	–	–	1	–	–	–	2	–		4	4
–	–	–	–	–	–	–	–	–	–	–		2	5
–	–	–	–	–	–	9	–	–	–	–		9	6
1	–	–	–	–	–	–	–	–	–	–		1	7
1	–	–	–	–	–	3	–	–	3	–		9	8
–	–	–	–	–	1	–	1	–	–	–		2	9
–	–	–	–	–	–	1	–	1	–			2	10
–	–	–	–	–	1	–	–	–	–			1	11
–	–	–	–	–	–	–	–	–	–			1	12
–	–	–	–	1	–	–	–	–	–			2	13
–	–	1	–	–	–	–	–	–	–			1	14
–	–	1	–	2	1	1	1	–	–			9	15
–	–	1	–	–	–	–	–	–	–			1	16
–	1	2	–	1	–	1	1	–	–			12	17
8	–	–	–	1	–	2	4	–	–			14	18
1	–	–	1	–	–	–	1	–	–			4	19

「VI. 刑罰」JACAR：C14020485500（13 画像目）、陸軍省統計年報　（第 49 回）　昭和 12（防衛省防衛研究所）

40. 軍法会議処刑人員（罪名別）

136　　VI.　刑　罰

40.　軍　法　會　議　處

	番號	軍 部隊						
		近衛	第一	第二	第三	第四	第五	第六
昭和三年	3	43	96	22	85	55	33	37
同四年	4	43	78	25	53	40	31	29
同五年	5	47	88	20	31	43	23	39
同六年	6	24	59	10	44	39	28	34
同七年	7	37	50	7	34	23	21	23
同八年	8	27	87	14	50	33	25	35
同九年	9	25	89	13	52	26	19	31
同十年	10	17	46	19	23	23	23	27
同十一年	11	18	43	33	32	41	23	21
同十二年	12	17	40	14	19	15	3	16
						罪 名 別		
總數	1	17	40	14	19	15	3	16
陸軍刑法	2	1	8	4	3	4	-	2
軍中哨兵故ナク守地ヲ離ル	3	-	-	-	-	-	-	-
哨兵故ナク守地ヲ離ル	4	-	-	-	-	-	-	-
哨兵逃眠	5	-	-	-	-	2	-	-
衛兵其ノ他警戒勤務ニ服スル者許ナク勤務ノ場囲ヲ離ル	6	-	-	-	-	-	-	-
並ナク規則ニ依ラスシテ哨兵ヲ安代セシム	7	-	-	-	-	-	-	-
哨令違反	8	-	-	-	1	-	-	1
上官ノ命令ニ服従セス	9	-	-	-	-	-	-	-
上官暴行又ハ脅迫	10	-	-	-	-	-	-	-
用兵器上官暴行又ハ脅迫	11	-	-	-	-	-	-	-
用兇器上官暴行又ハ脅迫	12	-	1	-	-	-	-	-
上官侮辱	13	-	1	-	-	-	-	-
哨兵侮辱	14	-	-	-	-	-	-	-
逃亡	15	-	2	-	-	-	-	1
軍用物損壊	16	-	-	-	-	-	-	-
軍用物毀棄	17	-	2	1	1	2	-	-
哨兵ヲ欺キ哨所ヲ通過ス	18	-	-	3	1	-	-	-
兵役ヲ免ルル目的ヲ以テ身體ヲ毀傷ス	19	1	-	-	-	-	-	-

「VI. 刑罰」JACAR：C14020485500（12 画像目）、陸軍省統計年報 （第 49 回） 昭和 12（防衛省防衛研究所）

同左

VI. 刑 罰　139

刑 人 員（罪 名 別）　昭和十二年　後・

第七	第八	第九	第十	第十一	第十二	第十四	第十六	龍山	臺南	臺灣軍	關東軍	計	番號
17	8	9	12	8	21	5	15	18	10	23	-	240	1
1	-	-	-	-	-	-	1	5	-	-	-	1	2
-	-	-	-	-	-	-	1	2	-	-	-	10	3
-	-	-	-	-	-	-	1	-	-	-	-	3	4
-	-	-	-	-	-	-	1	-	-	-	-	1	5
-	-	-	-	-	-	-	-	-	-	-	-	2	6
-	-	-	-	4	-	-	1	-	10	-	-	18	7
1	-	-	-	-	-	-	-	-	-	-	-	1	8
3	1	3	3	1	7	1	5	1	5	1	-	48	9
-	-	-	-	-	-	-	-	-	-	-	-	1	10
-	-	-	-	-	-	-	1	-	-	-	-	4	11
-	-	-	-	1	-	-	-	-	-	-	-	4	12
-	-	-	-	1	-	-	-	1	-	-	-	9	13
-	-	-	-	-	-	-	-	-	-	-	-	1	14
10	4	5	7	7	4	4	2	5	4	5	-	97	15
-	-	-	-	-	-	-	-	-	-	-	-	1	16
-	1	1	1	-	2	-	-	-	-	1	-	1	17
-	-	-	-	-	-	-	-	-	-	-	-	11	18
-	-	-	-	-	-	-	1	-	5	-	-	6	19
-	-	-	-	-	1	-	-	1	-	-	-	1	20
1	-	-	1	-	-	-	2	1	-	-	-	10	21
1	1	-	-	-	-	-	1	-	1	-	-	7	22
-	-	-	-	-	-	-	1	-	-	-	-	1	23
-	-	-	-	-	-	-	1	-	-	-	-	1	24
-	-	-	-	-	-	-	-	1	-	-	-	1	25
3	-	1	-	-	5	-	-	-	1	-	-	20	26
-	-	1	-	-	1	-	-	-	1	-	-	3	27
-	-	-	-	-	1	-	-	-	-	-	-	3	28
-	-	-	-	-	1	-	-	-	-	-	-	1	29
-	-	-	-	-	1	-	-	-	-	-	-	1	30
-	-	-	-	-	1	-	-	-	-	-	-	4	31
-	-	-	-	-	-	-	-	-	-	-	-	2	32
-	-	-	-	-	-	-	-	-	-	-	-	2	33
-	-	-	-	-	-	-	-	-	-	-	-	1	34
3	-	-	-	-	-	-	-	-	-	-	-	3	35
-	-	-	-	1	-	-	-	-	-	-	-	1	36

40. 軍法会議処刑人員（罪名別）　昭和 12 年　続

40. 軍　法　會　議　處

	番議	軍 團						
		近衛	第 一	第 二	第 三	第 四	第 五	第 六
刑　法	1	16	32	9	13	9	3	12
不　敬	2	-	-	-	-	1	-	-
偽造又ハ變造公文書行使	3	-	1	-	1	-	-	1
變造公文書行使	4	-	-	-	-	-	-	-
同　教唆	5	-	-	-	-	-	-	-
偽造私文書行使	6	1	1	-	-	-	-	-
賭　博	7	3	-	-	-	-	-	-
收　賄	8	-	-	-	-	-	-	-
傷　害	9	4	3	1	-	3	-	4
傷害致死	10	-	-	1	-	1	-	-
過失致死	11	1	1	-	1	-	-	-
業務上過失傷害	12	-	1	-	-	-	1	1
業務上過失致死	13	-	3	2	1	-	-	1
脅　迫	14	1	-	-	-	-	-	-
竊　盗	15	5	15	5	7	3	2	3
同　未遂	16	-	1	-	-	-	-	-
强　盗	17	-	-	-	-	-	-	-
詐　欺	18	-	3	-	2	-	-	-
恐　喝	19	-	-	-	-	-	-	-
同　未遂	20	-	-	-	-	-	-	-
横　領	21	-	-	1	-	1	-	1
業務上横領	22	1	1	-	-	-	-	-
贓物牙保	23	-	-	-	-	-	-	-
信書隱匿	24	-	-	-	-	-	-	-
器物毀棄	25	-	-	-	-	-	-	-
他ノ法令	26	-	2	3	2	2	-	2
兵役法施行規則違反	27	-	-	-	-	-	-	-
竊盗法違反	28	-	1	-	-	-	-	-
同　教唆	29	-	-	-	-	-	-	-
賞與特別條	30	-	-	-	-	-	-	-
自動車取締令違反	31	-	-	-	1	-	-	-
市會議員選擧罰則違反	32	-	1	1	-	-	-	-
衆議院議員選擧法違反	33	-	-	-	-	2	-	-
同法違反	34	-	-	-	1	-	-	-
北海道漁業取締規則違反	35	-	-	-	-	-	-	-
鐵道營業取締規則違反	36	-	-	-	-	-	-	-

一人數罪ヲ犯シタル者ニ付テハ一ノ重キ罪名ノミヲ掲ク

「Ⅵ. 刑罰」JACAR：C14020485500（14 画像目）、陸軍省統計年報　（第 49 回）　昭和 12（防衛省防衛研究所）

同左

VI. 刑罰　141

刑　人　員　(刑　名　別)

法	會							贏		豪訓軍	關東軍	計	番號
	圖							朝鮮軍					
第七	第八	第九	第十	第十一	第十二	第十四	第十六	龍山	柤南				
23	24	21	58	30	46	29	33	24	32	12	21	731	3
29	26	38	64	15	66	33	33	26	14	7	16	683	4
19	25	28	26	18	32	33	19	23	15	11	16	548	5
16	25	24	29	15	61	32	37	11	13	12	21	504	6
18	6	16	24	14	54	33	17	14	9	6	33	431	7
14	7	40	12	19	47	7	22	12	11	8	112	562	8
32	16	25	23	17	45	18	17	14	7	14	128	611	9
19	16	14	42	29	50	10	12	20	6	10	122	528	10
34	14	10	29	12	38	5	20	9	6	18	134	580	11
27	9	10	16	9	32	8	21	37	12	30	–	335	12
(昭和十二年)													
27	9	10	16	9	32	8	21	37	12	30	–	335	1
7	1	–	4	1	6	3	6	19	2	6	–	75	2
–	–	–	–	–	–	–	–	–	–	–	–	–	3
1	1	–	2	1	2	1	–	4	–	1	–	16	4
–	–	–	–	–	–	–	–	–	–	–	–	–	5
6	–	–	2	–	4	2	6	15	2	5	–	59	6
17	8	9	12	8	21	5	15	18	10	23	–	240	7
–	–	–	–	–	–	–	–	–	–	–	–	–	8
–	–	–	–	–	–	–	–	–	–	–	–	–	9
14	8	7	10	7	10	5	10	16	5	13	–	166	10
–	–	–	–	–	–	–	–	–	–	–	–	–	11
–	–	–	–	–	–	–	–	–	–	–	–	–	12
3	–	2	2	–	11	–	5	2	5	–	–	62	13
–	–	–	–	–	–	–	–	–	–	–	–	–	14
–	–	–	–	1	–	–	–	–	–	10	–	12	15
3	–	1	–	–	5	–	–	–	–	1	–	20	16
–	–	–	–	–	–	–	–	–	–	–	–	–	17
–	–	–	–	2	–	–	–	–	–	–	–	2	18
–	–	–	–	–	–	–	–	–	–	–	–	–	19
–	–	–	–	–	–	–	–	–	–	–	–	1	20
3	–	1	–	–	2	–	–	–	–	–	–	14	21
–	–	–	–	–	–	–	–	–	–	–	–	–	22
–	–	–	–	1	–	–	–	–	–	1	–	3	23

「VI. 刑罰」JACAR：C14020485500（17 画像目）、陸軍省統計年報　（第 49 回）　昭和 12（防衛省防衛研究所）

210

41. 軍法会議処刑人員（刑名別）

41. 軍 法 會 議 處

	番號	軍 團 近衛	第一	第二	第三	第四	第五	第六
昭和三年	3	48	96	22	85	55	53	87
同四年	4	58	75	25	58	40	31	29
同五年	5	47	86	30	34	43	28	39
同六年	6	34	59	10	44	29	28	34
同七年	7	37	50	7	34	23	21	23
同八年	8	27	67	14	50	33	25	35
同九年	9	25	89	13	52	26	19	31
同十年	10	17	46	19	24	23	23	27
同十一年	11	18	43	33	32	41	23	21
同十二年	12	17	40	14	19	15	3	16

刑 名 別

	番號	近衛	第一	第二	第三	第四	第五	第六
總　數	1	17	40	14	19	15	3	16
陸軍刑法	2	1	6	4	3	4	-	2
懲役　六年以上	3	-	-	-	-	-	-	-
懲役　六年未滿	4	1	1	-	1	-	-	-
禁錮　六年以上	5	-	-	-	-	-	-	-
禁錮　六年未滿	6	-	5	4	2	4	-	2
刑　法	7	16	32	9	13	9	3	12
死　刑	8	-	-	-	-	-	-	-
懲役　六年以上	9	-	-	-	-	-	-	-
懲役　六年未滿	10	8	29	6	11	6	2	6
禁錮　六年以上	11	-	-	-	-	-	-	-
禁錮　六年未滿	12	-	-	-	-	-	-	-
罰　金	13	8	10	2	2	3	1	6
拘　留	14	-	-	-	-	-	-	-
科　料	15	-	-	1	-	-	-	-
他ノ法令	16	-	2	1	3	2	-	2
懲役　六年以上	17	-	-	-	-	-	-	-
懲役　六年未滿	18	-	-	-	-	-	-	-
禁錮　六年以上	19	-	-	-	-	-	-	-
禁錮　六年未滿	20	-	1	-	-	-	-	-
罰　金	21	-	1	1	2	2	-	2
拘　留	22	-	-	-	-	-	-	-
科　料	23	-	-	-	1	-	-	-

一人ニ對シ數個ノ罪ヲ併科シタルモノニ付テハ一ノ重キ刑名ノミヲ揭ク

「VI. 刑罰」JACAR：C14020485500（16画像目）、陸軍省統計年報　（第49回）　昭和12（防衛省防衛研究所）

同左

VI. 刑罰　143

刑　人　員　（刑名刑期別）

禁			懲										罰						拘留	科料	合計	番號
二年以上	二月未満	計	六年以上	一年以上	九月以上	六月以上	五月以上	四月以上	三月以上	二月以上	二月未満	計	五百圓以上	百圓以上	五十圓以上	二十圓以上	二十圓未満	計				
97	48	441	-	1	-	1	1	9	6	42	68	137	-	1	19	133	2	133	-	28	721	2
91	37	397	-	3	-	5	1	4	19	30	56	118	-	3	19	131	3	149	-	19	683	4
67	38	339	-	2	-	3	3	8	22	42	83	1	4	8	102	-	115	1	10	548	5
58	16	277	-	-	-	3	-	2	18	34	37	84	-	1	13	111	-	125	-	18	504	6
46	15	236	-	2	-	3	4	14	35	31	89	-	3	9	87	2	100	-	9	431	7
54	23	325	12	2	1	11	6	3	6	35	33	109	-	2	8	98	2	110	-	18	562	8
76	18	346	-	2	-	2	3	2	17	34	39	98	-	2	19	122	2	143	2	33	611	9
61	28	319	3	3	-	1	-	2	15	48	12	94	-	3	17	81	-	101	-	11	528	10
64	9	313	4	6	5	7	8	3	24	37	29	118	-	9	18	110	-	137	-	11	580	11
33	**13**	**184**	**1**	**1**	**-**	**3**	**4**	**10**	**12**	**9**	**20**	**60**	**-**	**4**	**11**	**61**	**-**	**76**	**-**	**15**	**335**	**12**

（昭和十二年）

禁			懲										罰						拘留	科料	合計	番號
33	13	184	1	1	-	3	4	10	12	9	20	60	-	4	11	61	-	76	-	15	335	1
2	-	16	1	1	3	4	10	12	8	20	59	-	-	-	-	-	-	-		75	2	
-	-	-	-	-	-	1	-	-	-	1	-	-	-	-	-	-	-	-		1	3	
-	-	-	-	-	2	1	-	-	3	-	-	-	-	-	-	-	-		4	4		
-	-	-	-	-	-	1	1	2	-	-	-	-	-	-	-	-		2	5			
-	-	-	-	2	-	1	4	1	1	9	-	-	-	-	-	-		9	6			
-	-	-	-	-	-	1	-	-	1	-	-	-	-	-	-		1	7				
-	-	-	-	1	1	1	-	2	4	9	-	-	-	-	-		9	8				
-	-	-	-	-	-	1	-	1	2	-	-	-	-	-		2	9					
-	-	1	-	-	-	1	-	1	-	-	-	-	-		2	10						
-	-	1	-	-	-	-	-	1	-	-	-	-		1	11							
-	-	-	1	-	-	-	1	-	-	-	-		1	12								
-	-	1	-	1	-	-	2	-	-	-	-		2	13								
-	-	-	-	-	-	1	1	-	-	-	-		1	14								
2	-	5	-	-	1	-	1	2	4	-	-	-	-		9	15							
-	-	-	-	-	1	-	-	1	-	-	-	-		1	16								
-	-	5	-	-	-	2	4	7	-	-	-	-		12	17								
-	-	-	-	1	4	2	7	14	-	-	-	-		14	18								
-	-	4	-	-	-	-	-	-	-	-	-		4	19								

42. 軍法会議処刑人員（刑名刑期別）

142　VI. 刑　罰

42. 軍　法　會　議　處

	番號	死刑	發									校		
			無期	一五年以上	十二年以上	九年以上	六年以上	三年以上	一年以上	九月以上	六月以上	五月以上	四月以上	三月以上
昭和三年	3	–	–	–	1	–	1	9	45	9	80	43	52	96
同　四年	4	–	–	–	–	–	3	5	48	13	16	82	45	82
同　五年	5	–	–	–	1	4	6	31	8	44	36	43	61	
同　六年	6	–	–	–	–	1	4	93	7	39	21	41	85	
同　七年	7	–	1	–	–	–	1	7	33	7	27	28	32	38
同　八年	8	–	–	1	–	3	2	4	49	14	62	23	48	45
同　九年	9	–	–	–	–	1	12	46	6	59	23	48	57	
同　十年	10	–	–	1	–	1	3	3	55	14	55	18	27	54
同　十一年	11	1	–	1	–	–	3	5	43	18	50	21	31	60
同　十二年	12	–	–	–	–	–	–	3	27	14	26	15	21	32

罪名ニ對スル刑名刑期別

	番號	死刑	無期	一五年以上	十二年以上	九年以上	六年以上	三年以上	一年以上	九月以上	六月以上	五月以上	四月以上	三月以上
總　數	1	–	–	–	–	–	–	3	27	14	26	15	21	32
陸軍刑法	2	–	–	–	–	–	–	2	–	1	1	5	5	
陣中哨兵故ナク守地ヲ離ル	3													
哨兵故ナク守地ヲ離ル	4													
哨兵睡眠	5													
疾病其ノ他特ノ勤務ニ服スルモノ故ナク勤務ノ場所ヲ離ル	6													
故ナク混酒ニ依ラスシテ哨兵ヲ交代セシム	7													
哨令認否	8													
上官ノ命令ニ服従セス	9													
上官暴行又ハ脅迫	10												1	
用兵器上官暴行又ハ脅迫	11													
用兇器上官暴行又ハ脅迫	12													
上官侮辱	13													
哨兵侮辱	14													
逃　亡	15													3
軍用物毀壊	16													
軍用物毀棄	17										1		2	2
哨兵ヲ欺キ哨所ヲ通過ス	18													
兵役ヲ免ルル目的ヲ以テ身體ヲ毀傷ス	19								1	–	–	1	2	–

「VI. 刑罰」JACAR：C14020485500（18画像目）、陸軍省統計年報　（第49回）　昭和12（防衛省防衛研究所）

同左

VI. 刑　調　145

刑　人　員　（刑名刑期別）　昭和十二年　　殺

			禁　　錮								罰　　金						拘	料	合	番
二月以上	二月未満	計	六年以上未満	一年以上	九月以上	六月以上	五月以上	四月以上	三月以上	二月以上	二月未満	計	五百円以上未満	千円未満以上	五十円以上	二十円以上	二十円未満	計	留	料	計	號
31	12	166	-	-	-	-	-	-	-	-	-	-	3	11	48	-	62	-	12	240	1
-	-	1	-	-	-	-	-	-	-	-	-	-	-	-	-	-	-	-	-	1	2
-	-	10	-	-	-	-	-	-	-	-	-	-	-	-	-	-	-	-	-	10	3
-	-	3	-	-	-	-	-	-	-	-	-	-	-	-	-	-	-	-	-	3	4
-	-	1	-	-	-	-	-	-	-	-	-	-	-	-	-	-	-	-	-	1	5
-	-	2	-	-	-	-	-	-	-	-	-	-	-	-	-	-	-	-	-	2	6
-	-	-	-	-	-	-	-	-	-	-	-	-	1	7	-	8	-	10	19	7
-	-	-	-	-	-	-	-	-	-	-	-	-	-	1	-	1	-	-	1	8
4	1	10	-	-	-	-	-	-	-	-	-	-	1	3	32	-	36	-	3	49	9
-	-	1	-	-	-	-	-	-	-	-	-	-	-	-	-	-	-	-	-	1	10
-	-	-	-	-	-	-	-	-	-	-	-	-	-	3	-	4	-	-	4	11
-	-	-	-	-	-	-	-	-	-	-	-	-	1	4	-	5	-	-	5	12
-	-	-	-	-	-	-	-	-	-	-	-	-	6	3	-	8	-	-	8	13
-	-	1	-	-	-	-	-	-	-	-	-	-	-	-	-	-	-	-	1	14
23	6	97	-	-	-	-	-	-	-	-	-	-	-	-	-	-	-	-	97	15
-	-	1	-	-	-	-	-	-	-	-	-	-	-	-	-	-	-	-	1	16
-	-	1	-	-	-	-	-	-	-	-	-	-	-	-	-	-	-	-	1	17
1	1	11	-	-	-	-	-	-	-	-	-	-	-	-	-	-	-	-	11	18
-	-	6	-	-	-	-	-	-	-	-	-	-	-	-	-	-	-	-	6	19
1	-	1	-	-	-	-	-	-	-	-	-	-	-	-	-	-	-	-	1	20
1	3	10	-	-	-	-	-	-	-	-	-	-	-	-	-	-	-	-	10	21
-	-	7	-	-	-	-	-	-	-	-	-	-	-	-	-	-	-	-	7	22
1	-	1	-	-	-	-	-	-	-	-	-	-	-	-	-	-	-	-	1	23
-	-	-	-	-	-	-	-	-	-	1	-	-	-	1	-	-	1	24
-	1	1	-	-	-	-	-	-	-	-	-	-	-	-	-	-	-	-	1	25
-	1	2	-	-	-	-	-	-	1	-	1	-	1	-	13	-	14	-	3	20	26
-	-	-	-	-	-	-	-	-	-	-	-	-	-	-	-	-	2	2	27
-	-	-	-	-	-	-	-	-	-	-	3	-	3	-	-	3	28
-	1	1	-	-	-	-	-	-	-	-	-	-	-	-	-	-	-	1	29
-	-	1	-	-	-	-	-	-	-	-	-	-	-	-	-	-	-	1	30
-	-	-	-	-	-	-	-	-	-	-	3	-	3	-	1	4	31
-	-	-	-	-	-	-	-	-	1	-	1	-	1	-	1	-	-	2	32
-	-	-	-	-	-	-	-	-	-	1	-	1	-	2	-	-	2	33
-	-	-	-	-	-	-	-	-	1	-	1	-	-	1	34
-	-	-	-	-	-	-	-	-	-	3	-	3	-	-	3	35
-	-	-	-	-	-	-	-	-	-	1	-	1	-	-	1	36

「VI. 刑罰」JACAR：C14020485500（21 画像目）、陸軍省統計年報　（第 49 回）　昭和 12（防衛省防衛研究所）

42. 軍法会議処刑人員（刑名刑期別）　昭和12年　続

144　VI. 刑罰

42. 軍 法 會 議 處

番號	死刑	懲役											
		無期	十五年以上	十二年以上	九年以上	六年以上	三年以上	一年以上	九月以上	六月以上	五月以上	四月以上	三月以上
刑法　1	-	-	-	-	-	-	-	2	25	14	25	14	16	27
不敬　2	-	-	-	-	-	-	-	-	-	-	-	-	-
僞造文書ハ變造公文書行使　3	-	-	-	-	-	-	1	4	-	5	-	1	-
虚僞公文書行使　4	-	-	-	-	-	-	1	1	-	2	-	-
同　敎唆　5	-	-	-	-	-	-	-	1	-	-	-	-
僞造私文書行使　6	-	-	-	-	-	-	-	-	-	-	1	1
賍博　7	-	-	-	-	-	-	-	-	-	-	-	-
收賄　8	-	-	-	-	-	-	-	1	-	-	-	-
傷害　9	-	-	-	-	-	-	-	1	-	1	-	3
傷害致死　10	-	-	-	-	-	-	-	1	-	-	-	-
過失致死　11	-	-	-	-	-	-	-	-	-	-	-	-
業務上過失傷害　12	-	-	-	-	-	-	-	-	-	-	-	-
業務上過失致死　13	-	-	-	-	-	-	-	-	-	-	-	-
僞造　14	-	-	-	-	-	-	-	-	-	-	-	-
詐欺　15	-	-	-	-	-	-	-	9	8	13	11	11	16
同　未遂　16	-	-	-	-	-	-	-	-	-	-	-	1
恐喝　17	-	-	-	-	-	-	1	-	-	-	-	-
詐欺　18	-	-	-	-	-	-	4	2	-	-	1	2
恐喝　19	-	-	-	-	-	-	3	1	2	-	-	-
同　未遂　20	-	-	-	-	-	-	-	-	-	-	3	3
横領　21	-	-	-	-	-	-	-	-	-	-	-	-
業務上横領　22	-	-	-	-	-	-	1	1	3	1	-	1
贓物牙保　23	-	-	-	-	-	-	-	-	-	-	-	-
住居侵害　24	-	-	-	-	-	-	-	-	-	-	-	-
器物毀棄　25	-	-	-	-	-	-	-	-	-	-	-	-
他ノ法令　26	-	-	-	-	-	-	1	-	-	-	-	-
兵役法施行規則違反　27	-	-	-	-	-	-	-	-	-	-	-	-
電信法違反　28	-	-	-	-	-	-	-	-	-	-	-	-
同　敎唆　29	-	-	-	-	-	-	-	-	-	-	-	-
官有物轉賣令違反　30	-	-	-	-	-	-	-	-	-	-	-	-
自動車取締令違反　31	-	-	-	-	-	-	-	-	-	-	-	-
市町村會議員選擧罰則違反　32	-	-	-	-	-	-	-	-	-	-	-	-
衆議院議員選擧罰則違反　33	-	-	-	-	-	-	-	-	-	-	-	-
工場法違反　34	-	-	-	-	-	-	-	-	-	-	-	-
北海道漁業取締規則違反　35	-	-	-	-	-	-	-	-	-	-	-	-
鑛夫勞役扶助規則違反　36	-	-	-	-	-	-	-	-	-	-	-	-

「VI. 刑罰」JACAR：C14020485500（20画像目）、陸軍省統計年報　（第49回）　昭和12（防衛省防衛研究所）

43. 軍法会議処刑人員（身分別）（其一）

146　Ⅵ. 刑　罰

43. 軍法會議處刑人員（身分別）　（其 一）

	軍		人			軍		屬			生	俘	當	合
	佐官	尉官	准士官	下士官	兵	計	高等文官	判任交官	雇員	傭人	計	徒	虜	人	計
昭和 三 年	-	3	4	71	615	693	-	-	4	22	26	4	-	1	724
同 四 年	-	5	-	82	574	661	-	2	3	8	13	9	-	1	683
同 五 年	-	5	1	71	460	537	-	8	1	7	11	-	-	-	548
同 六 年	-	1	-	73	424	498	-	-	-	5	5	1	-	-	504
同 七 年	-	5	2	45	370	422	-	2	3	7	12	-	-	-	434
同 八 年	1	6	-	46	464	517	-	2	2	16	20	-	-	25	562
同 九 年	-	6	1	74	462	542	-	1	4	30	35	-	-	34	611
同 十 年	-	4	3	64	416	487	-	2	9	20	31	-	-	10	528
同 十一 年	3	4	7	70	441	525	-	1	4	24	29	-	-	26	580
同 十二 年	1	-	2	38	271	312	-	2	2	19	23	-	-	-	335

軍 法 會 議 別　（昭和十二年）

	佐官	尉官	准士官	下士官	兵	計	高等文官	判任交官	雇員	傭人	計	徒	虜	人	計
總 數	1	-	2	38	271	312	-	2	2	19	23	-	-	-	335
近 衞 師 團	-	-	1	-	16	17	-	-	-	-	-	-	-	-	17
第 一 師 團	1	-	-	6	18	25	-	2	2	11	15	-	-	-	40
第 二 師 團	-	-	-	-	14	14	-	-	-	-	-	-	-	-	14
第 三 師 團	-	-	-	2	17	19	-	-	-	-	-	-	-	-	19
第 四 師 團	-	-	1	1	11	13	-	-	-	2	2	-	-	-	15
第 五 師 團	-	-	-	-	3	3	-	-	-	-	-	-	-	-	3
第 六 師 團	-	-	-	5	11	16	-	-	-	-	-	-	-	-	16
第 七 師 團	-	-	-	7	17	24	-	-	-	3	3	-	-	-	27
第 八 師 團	-	-	-	1	8	9	-	-	-	-	-	-	-	-	9
第 九 師 團	-	-	-	-	10	10	-	-	-	-	-	-	-	-	10
第 十 師 團	-	-	-	-	16	16	-	-	-	-	-	-	-	-	16
第 十一 師 團	-	-	-	-	9	9	-	-	-	-	-	-	-	-	9
第 十二 師 團	-	-	-	3	29	32	-	-	-	-	-	-	-	-	32
第 十四 師 團	-	-	-	-	8	8	-	-	-	-	-	-	-	-	8
第 十六 師 團	-	-	-	7	13	20	-	-	-	1	1	-	-	-	21
朝鮮軍 龍 山	-	-	-	2	34	36	-	-	-	1	1	-	-	-	37
朝鮮軍 羅 南	-	-	-	1	10	11	-	-	-	1	1	-	-	-	12
臺 灣 軍	-	-	-	3	27	30	-	-	-	-	-	-	-	-	30

見習士官ハ尉官ニ、土官候補生、幹部候補生ヘ各其ノ階級相當欄ニ計上ス

「Ⅵ. 刑罰」JACAR：C14020485500（22 画像目）、陸軍省統計年報　（第 49 回）　昭和 12（防衛省防衛研究所）

44. 軍法会議処刑人員（身分別）（其二）

VI. 刑　罰　147

44. 軍法會議處刑人員 （身分別） （其二）

	軍　　　人						軍　　屬					生徒従卒	傭人	常人	合計
	佐官	尉官	准士官	下士官	兵	計	高等文官	判任文官	雇員	傭人	計				
昭和三年	-	3	4	71	615	693	-	-	4	12	26	4	-	1	724
同四年	-	5	-	82	574	661	-	2	2	8	12	9	-	1	683
同五年	-	5	1	71	460	537	-	3	1	7	11	-	-	1	548
同六年	-	1	1	72	424	498	-	-	-	5	5	1	-	-	504
同七年	-	5	2	45	370	422	-	2	3	7	12	-	-	-	434
同八年	1	6	-	76	434	517	-	2	2	16	20	-	-	25	562
同九年	-	5	1	74	462	542	-	1	4	30	35	-	-	34	611
同十年	1	4	2	64	416	487	-	1	4	20	25	-	-	26	538
同十一年	3	4	7	70	441	525	-	1	4	24	29	-	-	26	580
同十二年	1	-	2	38	271	312	-	2	2	19	23	-	-	-	335

罪名ニ對スル身分別　（昭和十二年）

	佐官	尉官	准士官	下士官	兵	計	高等文官	判任文官	雇員	傭人	計	生徒従卒	傭人	常人	合計
総　数	1	-	2	38	271	312	-	2	2	19	23	-	-	-	335
総軍刑法	-	-	-	7	68	75	-	-	-	-	-	-	-	-	75
軍中哨兵散ナク守地ヲ離ル	-	-	-	-	1	1	-	-	-	-	-	-	-	-	1
哨兵散ナク守地ヲ離ル	-	-	-	-	4	4	-	-	-	-	-	-	-	-	4
哨兵睡眠	-	-	-	-	2	2	-	-	-	-	-	-	-	-	2
衛兵其ノ監督或勤務ニ服スルモノ散ナク勤務ノ場所ヲ離ル	-	-	-	-	9	9	-	-	-	-	-	-	-	-	9
故ナク濫用ニ依テ哨兵ヲ交代セシム	-	-	-	1	-	1	-	-	-	-	-	-	-	-	1
哨舎造反	-	-	-	2	7	9	-	-	-	-	-	-	-	-	9
上官ノ命令ニ服従セス	-	-	-	-	2	2	-	-	-	-	-	-	-	-	2
上官暴行又ハ脅迫	-	-	-	-	2	2	-	-	-	-	-	-	-	-	2
用兵器上官暴行又ハ脅迫	-	-	-	-	1	1	-	-	-	-	-	-	-	-	1
用兵器上官暴行又ハ脅迫	-	-	-	1	-	1	-	-	-	-	-	-	-	-	1
上官侮辱	-	-	-	1	1	2	-	-	-	-	-	-	-	-	2
哨兵侮辱	-	-	-	-	1	1	-	-	-	-	-	-	-	-	1
逃亡	-	-	-	-	9	9	-	-	-	-	-	-	-	-	9
官用物損壊	-	-	-	-	1	1	-	-	-	-	-	-	-	-	1
軍用物毀棄	-	-	-	-	12	12	-	-	-	-	-	-	-	-	12
哨兵ヲ散キ哨所ヲ通過ス	-	-	-	2	12	14	-	-	-	-	-	-	-	-	14
兵役ヲ免ルル目的ヲ以テ身體ヲ毀傷ス	-	-	-	-	4	4	-	-	-	-	-	-	-	-	4

「Ⅵ. 刑罰」JACAR：C14020485500（23 画像目）、陸軍省統計年報　（第 49 回）　昭和 12（防衛省防衛研究所）

44. 軍法会議処刑人員（身分別）（其二）　昭和 12 年　続

148　　Ⅵ．刑　罰

44. 軍法會議處刑人員（身分別）　（其二）昭和十二年　續

	軍　　人						軍　　屬					生徒	傷痍	常人	合計
	佐官	尉官	准士官	下士官	兵	計	高等文官	奏任文官	判任官	傭人	計				
刑　法	1	-	2	31	189	223	-	2	2	13	17	-	-	-	240
不　敬	-	-	-	-	1	1	-	-	-	-	-	-	-	-	1
僞造又ハ變造公文書行使	-	-	-	2	8	10	-	-	-	-	-	-	-	-	10
虛僞公文書行使	-	-	-	3	-	3	-	-	-	-	-	-	-	-	3
僞　敎　竣	-	-	-	1	1	-	-	-	-	-	-	-	-	-	1
僞造私文書行使	-	-	-	1	1	2	-	-	-	-	-	-	-	-	2
賭　博	-	-	-	-	18	18	-	-	-	-	-	-	-	-	18
收　賄	-	-	-	1	-	1	-	-	-	-	-	-	-	-	1
傷　害	-	-	2	12	34	48	-	-	-	-	-	-	-	-	48
傷害致死	-	-	-	1	-	1	-	-	-	-	-	-	-	-	1
過失致死	1	-	-	-	3	4	-	-	-	-	-	-	-	-	4
業務上過失傷害	-	-	-	-	4	4	-	-	-	1	1	-	-	-	5
業務上過失致死	-	-	-	1	4	1	-	-	-	4	4	-	-	-	8
窃　盜	-	-	-	2	88	90	-	-	1	6	7	-	-	-	97
同　未遂	-	-	-	-	-	-	-	1	-	1	-	-	-	-	1
强　盜	-	-	-	-	1	1	-	-	-	-	-	-	-	-	1
詐　欺	-	-	-	-	9	9	-	-	1	1	2	-	-	-	11
恐　喝	-	-	-	-	6	6	-	-	1	-	1	-	-	-	6
同　未遂	-	-	-	-	1	1	-	-	-	-	-	-	-	-	1
横　領	-	-	-	2	8	10	-	-	-	-	-	-	-	-	10
業務上横領	-	-	-	5	1	6	-	-	1	-	1	-	-	-	7
贓物牙保	-	-	-	-	1	1	-	-	-	1	1	-	-	-	1
信書隱匿	-	-	-	1	-	1	-	-	-	-	-	-	-	-	1
器物毀壞	-	-	-	1	1	1	-	-	-	-	-	-	-	-	1
他ノ法令	-	-	-	-	14	14	-	-	-	6	6	-	-	-	20
兵役逃避行規則違反	-	-	-	-	2	2	-	-	-	-	-	-	-	-	2
電信法違反	-	-	-	-	1	1	-	-	-	-	-	-	-	-	1
同　敎唆	-	-	-	-	1	1	-	-	-	-	-	-	-	-	1
營業特殊勘業	-	-	-	-	1	1	-	-	-	-	-	-	-	-	1
自動車取締令違反	-	-	-	-	4	4	-	-	-	-	-	-	-	-	4
市區會議員選擧額則違反	-	-	-	-	1	1	-	-	-	1	1	-	-	-	2
衆議院議員選擧法違反	-	-	-	-	1	1	-	-	-	2	2	-	-	-	3
工場法違反	-	-	-	-	1	1	-	-	-	-	-	-	-	-	1
北馬道進取締規則違反	-	-	-	-	1	1	-	-	-	3	3	-	-	-	3
鮾魚賣買取締規則違反	-	-	-	-	1	1	-	-	-	-	-	-	-	-	1

一人數罪ヲ犯シタルモノニ付テハ一ノ重キ罪名ノミヲ揚グ

「Ⅵ. 刑罰」JACAR：C14020485500（24 画像目）、陸軍省統計年報　（第 49 回）　昭和 12（防衛省防衛研究所）

45. 軍法会議処刑人員（身分別）（其三）

45. 軍法會議處刑人員 （身分別） （其 三）

	軍　人						軍　屬					生徒従	学慮	常雇人	合計
	佐官	尉官	准士官	下士官	兵	計	高等文官	判任文官	雇員	傭人	計				
昭和　三　年	–	8	4	71	615	698	–	–	4	22	26	6	–	1	724
同　　四　年	–	5	–	82	574	661	–	2	8	12	–	–	1	683
同　　五　年	–	5	1	71	460	537	–	3	1	7	11	–	–	–	548
同　　六　年	–	1	1	72	424	498	–	–	5	5	1	–	–	504
同　　七　年	–	5	2	45	370	422	–	2	3	7	12	–	–	–	434
同　　八　年	1	6	–	76	434	517	–	2	2	16	20	–	–	25	562
同　　九　年	–	5	1	74	462	542	–	1	4	30	35	–	–	34	611
同　　十　年	1	4	2	64	416	487	–	2	9	20	31	–	–	10	528
同　十一　年	3	4	7	70	441	525	–	1	4	24	29	–	–	26	580
同　十二　年	1	–	2	38	271	312	–	2	2	19	23	–	–	–	335

罪名刑期ニ對スル身分別 （昭和十二年）

	佐官	尉官	准士官	下士官	兵	計	高等文官	判任文官	雇員	傭人	計	生徒従	学慮	常雇人	合計
総　　数	1	–	2	38	271	312	–	2	2	19	23	–	–	–	335
死　　刑	–	–	–	–	–	–	–	–	–	–	–	–	–	–	–
懲　　役	–	–	–	19	154	173	–	2	2	7	11	–	–	–	184
十五年以上二十年未満	–	–	–	–	–	–	–	–	–	–	–	–	–	–
九年以上	–	–	–	–	–	–	–	–	–	–	–	–	–	–
六年以上	–	–	–	–	–	–	–	–	–	–	–	–	–	–
三年以上	–	–	–	3	3	–	–	–	–	–	–	–	–	8
一年以上	–	–	–	6	19	25	–	–	2	2	–	–	–	27
九月以上	–	–	–	2	10	12	–	–	2	–	2	–	–	–	14
六月以上	–	–	–	4	20	24	–	–	1	1	2	–	–	–	26
五月以上	–	–	–	1	14	15	–	–	–	–	–	–	–	15
四月以上	–	–	–	–	21	21	–	–	–	–	–	–	–	21
三月以上	–	–	–	5	28	30	–	1	–	1	2	–	–	–	33
二月以上	–	–	–	–	30	30	–	–	3	3	–	–	–	33
三月未満	–	–	–	1	21	13	–	–	–	–	–	–	–	13
禁　　錮	–	–	–	7	51	58	–	–	2	2	–	–	–	60
三年以上六年未満	–	–	–	1	1	–	–	–	–	–	–	–	–	1
一年以上	–	–	–	1	–	1	–	–	–	–	–	–	–	1
九月以上	–	–	–	3	3	–	–	–	–	–	–	–	–	8
六月以上	–	–	–	1	3	4	–	–	–	–	–	–	–	4
五月以上	–	–	–	1	3	4	–	–	–	–	–	–	–	4
四月以上	–	–	–	1	8	9	–	–	1	1	–	–	–	10
三月以上	–	–	–	2	10	12	–	–	–	–	–	–	–	12
二月以上	–	–	–	8	8	–	–	1	1	–	–	–	9
二月未満	–	–	–	1	19	20	–	–	–	–	–	–	–	20
罰　　金	1	–	2	12	51	66	–	–	10	10	–	–	–	76
百圓以上五百圓未満	1	–	–	2	7	–	–	1	1	–	–	–	4
五十圓以上	–	–	–	1	7	8	–	–	3	3	–	–	–	11
三十圓以上	–	–	2	9	44	55	–	–	6	6	–	–	–	61
二十圓未満	–	–	–	–	–	–	–	–	–	–	–	–	–
拘　　留	–	–	–	–	–	–	–	–	–	–	–	–	–	–
科　　料	–	–	–	–	15	15	–	–	–	–	–	–	–	15

「VI. 刑罰」JACAR：C14020485500（25画像目）、陸軍省統計年報 （第49回）　昭和12（防衛省防衛研究所）

46. 軍法会議処刑人員（初犯累犯別）
47. 軍法会議処刑人員（教育及年齢別）

150　　VI.　刑罰

46. 軍法會議處刑人員 （初犯累犯別）

	初犯	累犯								合計
		再犯	三犯	四犯	五犯	六犯	七犯以上	計		
昭和　三　年	686	50	18	4	1	—	—	—	68	754
同　四　年	629	40	19	3	1	—	—	—	63	692
同　五　年	495	39	13	2	—	—	—	—	53	548
同　六　年	466	27	9	1	1	—	—	—	38	504
同　七　年	391	29	13	2	—	—	—	—	43	434
同　八　年	510	34	13	3	—	—	—	—	52	562
同　九　年	545	32	9	3	1	—	1	—	46	611
同　十　年	467	46	9	6	—	—	—	—	61	528
同十一年	526	43	9	1	1	—	—	—	54	580
同十二年	309	20	4	1	1	—	—	—	26	335

軍法會議別 （昭和十二年）

	初犯	再犯	三犯	四犯	五犯	六犯	七犯以上	計	合計
總　　數	309	20	4	1	1	—	—	26	335
近衛師團	17	—	—	—	—	—	—	—	17
第一師團	39	1	—	—	—	—	—	1	40
第二師團	14	—	—	—	—	—	—	—	14
第三師團	17	—	1	1	—	—	—	2	19
第四師團	13	1	1	—	—	—	—	2	15
第五師團	2	1	—	—	—	—	—	1	3
第七師團	15	1	—	—	—	—	—	1	16
第八師團	97	—	—	—	—	—	—	—	97
第九師團	8	1	—	—	—	—	—	1	9
第　師團	9	1	—	—	—	—	—	1	10
第十一師團	12	4	—	—	—	—	—	4	16
第十二師團	9	—	—	—	—	—	—	—	9
第　師團	28	2	2	—	—	—	—	4	32
第十四師團	7	1	—	—	—	—	—	1	8
第十六師團	19	2	—	—	—	—	—	2	21
朝鮮軍	35	—	—	—	1	—	—	2	37
臺灣軍	26	4	—	—	—	—	—	4	33

47. 軍法會議處刑人員 （教育及年齢別）

	人員	教育					年齢							
		尋常小學校全科卒業以上ノ者	高等尋常小學校卒業ノ者	中學校卒業者又ハ之ト同等以上ノ學力ヲ有スル者	高等學校卒業者又ハ之ト同等以上ノ學力ヲ有スル者	不明	二十歳未滿	二十歳以上	二十五歳以上	三十歳以上	三十五歳以上	四十歳以上	四十五歳以上	五十歳以上	五十五歳以上
---	---	---	---	---	---	---	---	---	---	---	---	---	---	---	---
昭和三年	734	138	555	21	9	1	7	536	105	49	8	1	1	—	—
同四年	683	132	533	30	8	1	8	534	97	37	3	1	1	—	1
同五年	548	117	408	20	8	—	10	447	64	21	3	2	1	1	2
同六年	504	90	386	24	4	—	5	410	68	17	1	2	1	—	—
同七年	434	76	330	23	4	—	4	349	57	18	4	1	1	—	—
同八年	562	45	463	48	6	—	7	433	85	16	13	3	3	1	—
同九年	611	31	541	32	7	—	4	452	107	29	7	3	8	1	—
同十年	528	39	437	45	7	—	4	408	90	13	10	6	3	3	—
同十一年	580	75	447	47	9	2	34	434	70	28	9	7	4	2	2
同十二年	335	23	274	34	4	—	10	242	43	23	9	4	3	1	—

刑名刑期ニ對スル教育及年齢別 （昭和十二年）

	人員	尋常小學校全科卒業以上ノ者	高等尋常小學校卒業ノ者	中學校卒業者又ハ之ト同等以上ノ學力ヲ有スル者	高等學校卒業者又ハ之ト同等以上ノ學力ヲ有スル者	不明	二十歳未滿	二十歳以上	二十五歳以上	三十歳以上	三十五歳以上	四十歳以上	四十五歳以上	五十歳以上	五十五歳以上
總　數	335	23	274	34	4	—	10	242	43	23	9	4	3	1	—
六年以上ノ懲役若ハ禁錮	246	16	197	30	3	—	6	187	28	15	8	3	1	—	—
六年未滿ノ懲役若ハ禁錮	89	7	77	4	1	—	4	55	15	8	1	3	3	1	—
罰金又ハ科料															

「VI. 刑罰」JACAR：C14020485500（26画像目）、陸軍省統計年報 （第49回） 昭和12（防衛省防衛研究所）

48. 軍法会議処刑人員（総数）　自明治 17 年至昭和 12 年

Ⅵ. 刑罰　151

48. 軍法會議處刑人員（總數）　自明治十七年 迄昭和十二年

	死刑	懲役			禁錮			罰金	拘留	科料	計
		無期	六年以上	六年未満	無期	六年以上	六年未満				
明治十七年	1	—	20	715	—	1	1 492	30	10	171	2 380
同 十八年	1	—	18	637	—	1	1 105	85	18	177	1 997
同 十九年	2	3	21	579	—	6	1 189	23	6	175	2 004
同 二十年	1	1	20	610	—	6	871	30	8	155	1 701
同 二十一年	1	1	13	633	—	5	818	24	13	121	1 630
同 二十二年	—	—	8	719	1	5	1 147	28	14	167	2 089
同 二十三年	2	2	15	999	2	7	859	29	11	133	1 759
同 二十四年	—	3	13	1 386	—	—	868	35	17	144	1 966
同 二十五年	—	—	10	1 390	—	2	171	34	6	149	1 761
同 二十六年	—	1	8	1 267	—	5	220	35	7	103	1 639
同 二十九年	—	2	6	1 265	—	1	173	30	17	91	1 584
同 三十年	—	2	19	1 452	—	1	195	33	16	6	1 681
同 三十一年	1	2	14	1 519	—	3	173	42	16	6	2 179
同 三十二年	—	2	9	1 838	—	3	245	33	3	4	2 151
同 三十三年	—	2	7	1 915	—	8	256	38	19	5	2 250
同 三十四年	1	2	15	1 695	1	1	182	36	21	5	1 958
同 三十五年	—	1	12	1 365	1	1	236	32	11	3	1 661
同 三十六年	1	—	20	1 502	—	—	904	42	11	2	1 782
同 三十九年	—	2	21	1 875	1	1	180	123	18	4	2 223
同 四十年	4	2	22	1 708	1	3	189	34	7	3	1 993
同 四十一年	1	2	16	1 825	1	—	222	50	8	4	2 130
同 四十二年	1	3	15	1 657	—	1	157	42	—	6	1 892
同 四十三年	—	2	7	1 283	—	—	66	34	—	23	1 444
同 四十四年	—	—	15	1 023	—	—	118	35	2	22	1 215
大正元年	—	—	6	1 031	—	—	164	51	—	17	1 269
同 二年	—	—	4	1 086	—	—	79	61	—	32	1 265
同 三年	—	1	7	980	—	—	112	44	—	11	1 125
同 四年	—	3	18	1 302	—	—	198	83	—	45	1 648
同 五年	1	—	11	1 193	—	—	146	121	1	19	1 492
同 六年	—	1	8	1 226	—	—	217	151	—	27	1 640
同 七年	—	1	11	1 218	—	—	172	160	—	13	1 575
同 八年	6	—	5	1 207	—	—	237	180	1	20	1 671
同 九年	—	1	6	973	—	—	179	144	—	30	1 340
同 十年	—	1	10	955	—	—	215	163	—	34	1 370
同 十一年	—	2	1	893	—	—	136	123	—	12	1 102
同 十二年	—	—	1	679	—	—	140	115	—	8	948
同 十三年	—	—	6	624	—	—	146	138	—	24	938
同 十四年	—	—	1	868	—	—	105	177	—	98	874
昭和元年	—	—	3	498	—	—	129	168	—	28	896
同 二年	—	—	1	444	—	—	116	159	—	35	775
同 三年	—	—	2	489	—	—	197	184	—	28	734
同 四年	—	—	3	397	—	—	115	149	—	19	683
同 五年	—	—	5	334	—	—	83	115	1	10	548
同 六年	—	—	1	277	—	—	83	125	—	18	504
同 七年	—	—	—	234	—	—	89	100	—	9	484
同 八年	—	—	6	319	—	—	109	110	—	18	502
同 九年	—	—	1	344	—	—	98	143	2	23	611
同 十年	—	—	8	314	—	—	94	101	—	14	523
同 十一年	1	—	4	309	—	—	118	137	—	11	580
同 十二年				184			60	76	—	15	335

1.　明治二十九年以前ノ拘留及科料中ニハ懲兵隊ニ於テ處分セシ陸軍重囚人軍居ヲ含ム

2.　本表ノ外舊刑法省陸軍刑法施行以前ノ法令ニ依リ處罰シタルモノ明治十七年ニ於テ2人、同二十年ニ於テ1人アリ

3.　定刑法及省陸軍刑法ニ於ケル徒刑、重懲役、重懲役ハ懲役欄ニ、流刑、重禁錮、輕禁錮、輕懲錮ハ禁錮欄ニ各記入シタリ

「Ⅵ. 刑罰」JACAR：C14020485500（27 画像目）、陸軍省統計年報　（第 49 回）　昭和 12（防衛省防衛研究所）

49. 同左
50. 同左
52. 高等軍法会議事件処理日数（平均日数）　自昭和 3 年至昭和 12 年

VI. 刑罰　153

審刑事件數及處分　昭和十二年

審						公			判							番
處理內譯				未		公訴提起總數			處理內譯						未	
公訴提起	不起訴	事件逃致	時效	計	終局	前年護越	本年新受	計	處刑	無罪	公訴棄却	免訴	管轄移送	計	終局	號
2	ー	1	ー	3	1	ー	2	2	ー	ー	ー	ー	ー	2	1	1
		1	ー	1	ー	2	ー	2	2	ー	ー	ー	ー	2	ー	2

審刑事人員及處分　昭和十二年

審						公			判							番
處理內譯				未		公訴提起總數			處理內譯						未	
公訴提起	不起訴	事件逃致	時效	計	終局	前年護越	本年新受	計	處刑	無罪	公訴棄却	免訴	管轄移送	計	終局	號
2	ー	29	ー	31	17	ー	2	2	ー	ー	ー	ー	ー	2	1	1
ー	ー	17	ー	17	ー	2	ー	2	2	ー	ー	ー	ー	2	ー	2

52.　高等軍法會議事件處理日數　（平均日數）　自昭和 三 年　至昭和十二年

	件	人	一　件　ニ　付　上　平　均　日　數						
	數	員	自上告申立至原審檢察官日數	自原審檢察官至上告審檢察官日數	計	自上告檢察官至上告審裁判官日數	自上告受理至事件終局日數	計	合　計
昭和 三 年	8	8	9.00	9.13	10.13	2.38	26.00	38.38	49.00
同　四 年	15	20	6.60	2.80	9.40	1.73	56.47	58.20	67.60
同　五 年	13	13	4.69	2.38	7.07	1.23	30.53	31.76	38.83
同　六 年	9	9	5.61	2.55	8.16	1.65	38.77	40.43	48.59
同　七 年	11	15	5.86	1.16	7.02	1.18	37.27	38.45	45.47
同　八 年	6	8	5.00	4.33	9.33	1.50	41.83	43.33	52.66
同　九 年	3	3	4.67	5.65	10.33	1.00	27.30	28.30	38.33
同　十 年	8	10	12.63	3.37	16.00	4.25	49.88	54.13	70.13
同 十一 年	2	2	8.00	6.00	14.00	0.50	102.00	102.50	116.50
同 十二 年	3	3	2.33	9.00	11.33	3.66	76.33	79.99	91.32

「VI. 刑罰」JACAR：C14020485500（29 画像目）、陸軍省統計年報　（第 49 回）　昭和 12（防衛省防衛研究所）

49. 高等軍法会議始審判刑事事件数及処分　昭和 12 年
50. 高等軍法会議始審判刑事人員及処分　昭和 12 年
51. 高等軍法会議刑事件数及処理内訳　昭和 12 年

152　Ⅵ. 刑罰

49. 高等軍法會議始

番號	搜數			處理內譯							未結局	殘數		
	前年繼越	本年新受	計	豫審請求	公訴提起	事件送致	軍法等會議百知	時效	死亡	計		前年繼越	本年新受	計
昭和十一年 1	-	5	5	4	-	-	1	-	-	5	-		4	4
同 十二年 2	-	-	-	-	-	-	-	-	-	-	-	1	-	1

50. 高等軍法會議始

番號	度數			處理內譯							未歷局	殘數		
	前年繼越	本年新受	計	豫審請求	公訴提起	事件送致	軍法等會議百知	時效	死亡	計		前年繼越	本年新受	計
昭和十一年 1	-	49	49	48	-	-	1	-	-	49	-		48	48
同 十二年 2	-	-	-	-	-	-	-	-	-	-	-	17	-	17

51. 高等軍法會議刑事件數及處理內譯　昭和十二年

	上告申立人	上告件數			終局										未結局
		前年繼越	本年新受	計	判決						決		決定 上告取下	合計	
					上告棄却	原判棄差戻	決移送	破自判	服	計	計	決定 上告棄却			
昭和 三 年	2	7	9	8	1	1	-	-	2	5	-	3	8	1
同 四 年	1	16	17	8	1	1	-	3	2	13	1	1	15	2
同 五 年	2	13	15	3	1	1	-	2	3	6	-	7	14	1
同 六 年	1	9	10	3	2	1	-	-	3	6	1	3	9	1
同 七 年	1	10	11	4	2	2	-	-	4	8	1	2	11	-
同 八 年	-	6	6	3	-	1	-	-	1	4	1	1	6	-
同 九 年	-	8	8	3	1	1	-	1	-	3	-	1	8	-
同 十 年	-	8	8	5	1	-	-	1	-	3	-	1	8	-
同 十一 年	-	4	4	2	-	-	1	-	2	-	-	2	-	2
同 十二 年	2	3	5	1	1	1	-	2	3	-	-	3	2	
第 四 師 團 辯護人	-	1	1										1	1
第 十二 師 團 檢察官	1	-	1					1	1	-	1	-	1	-
第 十六 師 團 檢察官	-	2	2					1	1	-	1	-	1	1
關 東 軍 被告人	1	-	1	1	-			-	1	-	-	1	-	

「Ⅵ. 刑罰」JACAR：C14020485500（28 画像目）、陸軍省統計年報　（第 49 回）　昭和 12（防衛省防衛研究所）

53. 高等軍法会議処理人員（身分別）　昭和 12 年
54. 高等軍法会議処理人員（罪名別）　昭和 12 年
55. 高等軍法会議破毀自判（総数）　自昭和 3 年至昭和 12 年

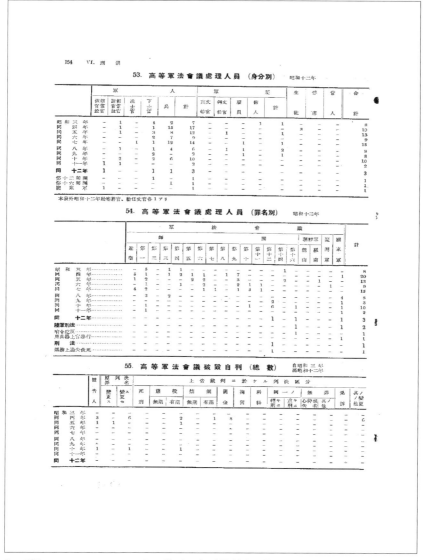

「Ⅵ．刑罰」JACAR：C14020485500（30 画像目）、陸軍省統計年報 （第 49 回） 昭和 12（防衛省防衛研究所）

56. 高等軍法会議原判決破毀理由　昭和 12 年
57. 高等軍法会議破毀事件差戻及移送　昭和 12 年

VI. 刑罰　155

56. 高等軍法會議原判決破毀理由　昭和十二年

上告破毀理由

上告破毀事件		其ノ他ノ法令違反

昭和　三年
同　　四年
同　　五年
同　　六年
同　　七年

同　　八年
同　　九年
同　　十年
同　十一年

同　十二年

57. 高等軍法會議破毀事件差戻及移送　昭和十二年

原審會議名	軍法名	被　差　戻			被　移　送		
		件數	人員		件數	人員	

昭和　三年
同　　四年
同　　五年
同　　六年
同　　七年

同　　八年
同　　九年
同　　十年
同　十一年

同　十二年

「Ⅵ. 刑罰」JACAR：C14020485500（31 画像目）、陸軍省統計年報　（第 49 回）　昭和 12（防衛省防衛研究所）

2

「支那事変の経験に基づく無形戦力軍紀風紀関係資料（案）」（昭和15年11月大本営陸軍部研究班）

第1号「支那事変に於ける犯罪非違より観たる軍紀風紀の実相並に之が振粛対策」より

「第3章　支那事変の経験より観たる軍紀振作対策」を抜粋

表紙

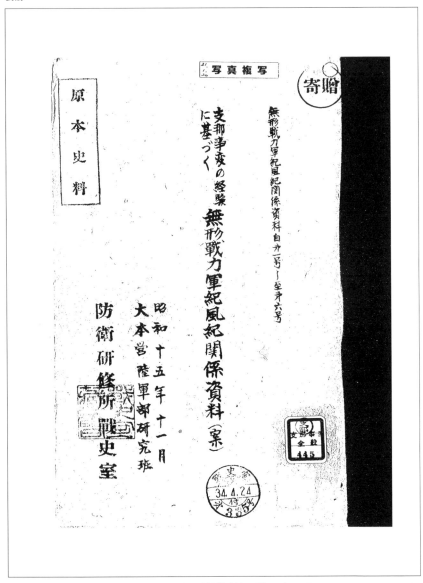

写真複写

原本史料

寄贈

無形戦力軍紀風紀関係資料自第一号～至第六号

支那事変の経験に基づく

無形戦力軍紀風紀関係資料（案）

昭和十五年十一月
大本営陸軍部研究班

防衛研修所戦史室

「表紙「支那事変の経験に基づく無形戦力軍紀風紀関係資料（案）　昭和 15 年 11 月」」JACAR：C11110757700
（1 画像目）、支那事変の経験に基づく無形戦力軍紀風紀関係資料（案）　昭和 15 年 11 月（防衛省防衛研究所）

表紙

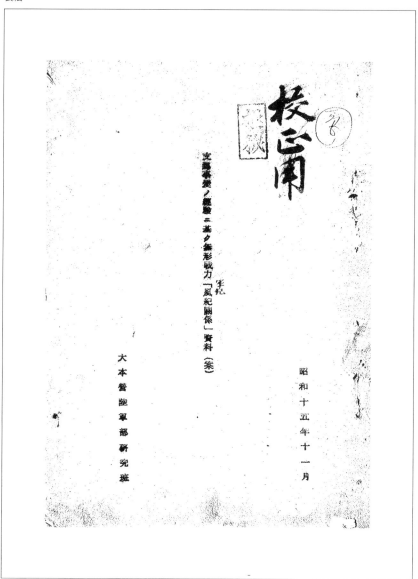

「表紙「支那事変の経験に基づく無形戦力軍紀風紀関係資料（案）　昭和 15 年 11 月」」JACAR：C11110757700
（5 画像目）、支那事変の経験に基づく無形戦力軍紀風紀関係資料（案）　昭和 15 年 11 月（防衛省防衛研究所）

192

配布先

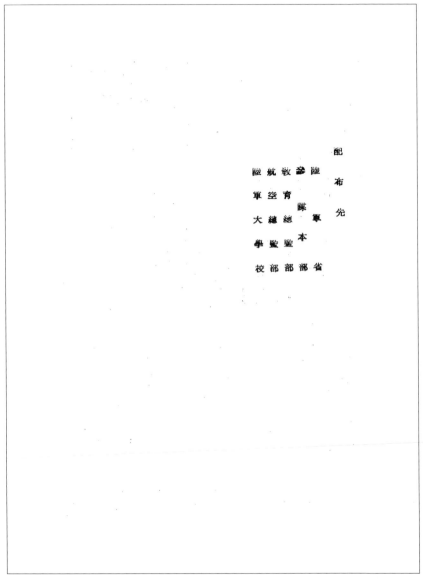

配布先

陸軍省
参謀本部
教育総監部
航空総監部
陸軍大学校

総目次

支那事變ノ經驗ニ基ク無形戰力「風紀關係」資料（案）

總　目　次

第一號　支那事變ニ於ケル犯罪非違ヨリ觀タル
　　　　軍紀風紀ノ實相ニ之ガ振肅對策

第二號　支那事變ノ經驗ヨリ觀タル軍紀風紀ノ
　　　　振否ト戰鬪力及其ノ他トノ關係

第三號　支那事變ニ於ケル幹部ノ犯罪及對上官犯ニ就テ

第四號　支那事變ニ於ケル經理上ノ非違行爲ニ就テ

第五號　支那事變ニ於ケル軍紀風紀ノ見地ヨリ
　　　　觀察セル性病ニ就テ

第六號　支那事變ノ經驗ヨリ觀タル
　　　　戰時臨軍病院ニ於ケル軍紀風紀ニ就テ

「総目次「支那事変の経験に基づく無形戦力軍紀風紀関係資料（案）　昭和 15 年 11 月」」JACAR:C11110757800、
支那事変の経験に基づく無形戦力軍紀風紀関係資料（案）　昭和 15 年 11 月（防衛省防衛研究所）

第1号「支那事変に於ける犯罪非違より観たる軍紀風紀の實相並に之が振粛対策」表紙

極秘

無形戦力軍紀風紀關係資料第一號

校正用

支那事變ニ於ケル
犯罪非違ヨリ觀タル軍紀風紀ノ實相並ニ之ガ振肅對策

昭和十五年十一月
大本營陸軍部研究班

「第1号　支那事変に於ける犯罪非違より観たる軍紀風紀の實相並に之が振粛対策」JACAR：C11110757900
（1画像目）、支那事変の経験に基づく無形戦力軍紀風紀関係資料（案）　昭和15年11月（防衛省防衛研究所）

第1号目的・配布先

本冊ハ主トシテ軍隊教育ニ資スル目的ヲ以テ支那事變（事變勃

發ヨリ昭和十四年六月末迄）ニ發生セル犯罪非違ヨリ觀タル軍

紀風紀ノ實相並ニ之ガ振肅對策ヲ研究セルモノナリ

内容更ニ推敲ノ餘地アルモ參考ノ爲配布ス

　　　配　布　先

　　　所要ノ軍隊、學校、官衙、

188

第１号目次

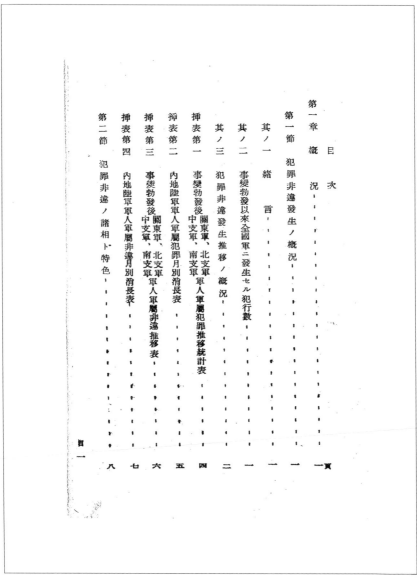

目　次

第一章　概　況 ……………………………………………… 一

第一節　犯罪非違發生ノ概況 ……………………………… 一

其ノ一　緒　言 ……………………………………………… 一

其ノ二　事變勃發以來全國軍ニ發生セル犯行數 ………… 一

其ノ三　犯罪非違發生推移ノ概況 ………………………… 二

挿表第一　事變勃發後關東軍、北支軍、中支軍、南支軍軍人軍屬犯罪推移統計表 ……………………… 四

挿表第二　內地陸軍軍人軍屬犯罪月別消長表 …………… 五

挿表第三　事變勃發後關東軍、北支軍、中支軍、南支軍軍人軍屬非違推移表 …………………………… 六

挿表第四　內地陸軍軍人軍屬非違月別消長表 …………… 七

第二節　犯罪非違ノ諸相ト特色 …………………………… 八

目一

「第１号目次」JACAR：C11110758000（１画像目）、支那事変の経験に基づく無形戦力軍紀風紀関係資料（案）昭和 15 年 11 月（防衛省防衛研究所）

第1号目次

其ノ一　犯罪ノ性質及特色‥‥‥‥‥‥‥‥‥‥‥　八

其ノ二　役種及階級別ト犯罪トノ關係‥‥‥‥‥‥　九

挿表第五　階級區分ト犯罪表（全現地軍）‥‥‥‥　一三

挿表第六　支那事變發以後滿蒙軍人軍屬犯罪階級別表（内地）‥‥‥‥　一四

二箇年間ニ於ケル

其ノ三　非行一般ノ狀況‥‥‥‥‥‥‥‥‥‥‥‥　一五

第二章　總部ノ狀況‥‥‥‥‥‥‥‥‥‥‥‥‥‥　一六

第一節　事變勃發後ニ於ケル犯罪非違推移ノ狀況‥　一六

其ノ一　關東軍‥‥‥‥‥‥‥‥‥‥‥‥‥‥‥　一六

挿表第七　關東軍隷下部隊軍人軍屬犯罪發生推移調‥　二〇

挿表第八　關東軍隷下部歐軍人軍屬非行推移調‥‥　二一

其ノ二　北支軍‥‥‥‥‥‥‥‥‥‥‥‥‥‥‥　二二

「第1号目次」JACAR：C11110758000（2画像目）、支那事変の経験に基づく無形戦力軍紀風紀関係資料（案）
昭和 15 年 11 月（防衛省防衛研究所）

186

同右

挿表第九	事變勃發後北支軍陸軍軍人軍屬犯罪推移統計表	二三
挿表第十	事變勃發後北支軍陸軍軍人軍屬非遠推移統計表	二四
其ノ三	中支軍	二五
挿表第十一	中支軍陸軍軍人軍屬犯罪推移觀察表	二九
挿表第十二	中支軍陸軍軍人軍屬非行推移觀察表	三〇
其ノ四	南支軍	三一
挿表第十三	南支軍軍人軍屬犯罪推移觀察表	三二
挿表第十四	南支軍軍人軍屬非行推移觀察表	三三
其ノ五	内地（含朝鮮臺灣）	三四
一	犯罪（挿表第二）	
二	非行（挿表第四）	

「第 1 号目次」JACAR：C11110758000（3 画像目）、支那事変の経験に基づく無形戦力軍紀風紀関係資料（案）
昭和 15 年 11 月（防衛省防衛研究所）

第1号目次

目二

第二節　事變勃發後ニ於ケル犯罪非違ノ特色‥‥‥‥‥‥‥三五

　其ノ一　關東軍‥‥‥‥‥‥‥‥‥‥‥‥‥‥‥‥‥‥‥‥‥三五

　其ノ二　戰地（在支軍）‥‥‥‥‥‥‥‥‥‥‥‥‥‥‥‥‥五七

　其ノ三　內地‥‥‥‥‥‥‥‥‥‥‥‥‥‥‥‥‥‥‥‥‥‥五八

第三節　各種素因ト軍紀風紀‥‥‥‥‥‥‥‥‥‥‥‥‥‥‥五九

　其ノ一　部隊ノ狀態（戰闘間、移動間、駐軍間）ト軍紀風紀‥五九

　其ノ二　階級區分ト犯罪非違‥‥‥‥‥‥‥‥‥‥‥‥‥‥‥四一

　其ノ三　役種別ト犯罪非違‥‥‥‥‥‥‥‥‥‥‥‥‥‥‥‥四四

　其ノ四　兵科別ト犯罪非違‥‥‥‥‥‥‥‥‥‥‥‥‥‥‥‥四九

挿表第十五　兵科別ト犯罪ノ關係調査一覽表‥‥‥‥‥‥‥‥五〇

　其ノ五　地區別ト犯罪非違‥‥‥‥‥‥‥‥‥‥‥‥‥‥‥‥五三

「第1号目次」JACAR：C11110758000（4画像目）、支那事変の経験に基づく無形戦力軍紀風紀関係資料（案）
昭和15年11月（防衛省防衛研究所）

184

同右

其ノ六　季節別ト犯罪非違‥‥‥‥‥‥‥‥‥‥‥‥‥‥五五

挿表第十六　季節別犯罪調査一覧表‥‥‥‥‥‥‥‥‥‥五六

其ノ七　出身地方ト犯罪非違‥‥‥‥‥‥‥‥‥‥‥‥‥五八

挿表第十七　軍隊處刑者ト地方處刑者トノ府縣別比較表‥‥六〇

挿表第十八　昭和十四年軍法會議處刑者府縣別一覧表‥‥‥六一

挿表第十九　出身地方別ト犯罪表‥‥‥‥‥‥‥‥‥‥‥六七

挿表第二十　陸軍軍屬犯罪師管別統計表（内地）‥‥‥‥‥六八

其ノ八　犯行場所ト犯罪‥‥‥‥‥‥‥‥‥‥‥‥‥‥‥六九

挿表第二十一　隊ノ内外別犯罪場所調査一覧表‥‥‥‥‥‥七〇

第四節　多發犯生起ノ原因動機‥‥‥‥‥‥‥‥‥‥‥‥七一

第三章　支那事變ノ經驗ヨリ觀タル軍紀振作對策‥‥‥‥七三

「第1号目次」JACAR：C11110758000（5画像目）、支那事変の経験に基づく無形戦力軍紀風紀関係資料（案）
昭和15年11月（防衛省防衛研究所）

第1号目次

目　次

第一　緒　言‥‥‥‥‥‥‥‥‥‥‥‥‥‥‥‥‥‥‥‥‥‥‥‥‥‥‥七三

第二　一般的事項‥‥‥‥‥‥‥‥‥‥‥‥‥‥‥‥‥‥‥‥‥‥‥‥‥七四

第三　主トシテ戦地ニ於テ著意スベキ事項‥‥‥‥‥‥‥‥‥‥‥‥‥八一

第四　其　ノ　他‥‥‥‥‥‥‥‥‥‥‥‥‥‥‥‥‥‥‥‥‥‥‥‥‥八二

第五　結　言‥‥‥‥‥‥‥‥‥‥‥‥‥‥‥‥‥‥‥‥‥‥‥‥‥‥‥八三

附録　主要多發犯ノ若干ニ對スル一部ノ觀察‥‥‥‥‥‥‥‥‥‥‥‥八四

「第 1 号目次」JACAR：C11110758000（6 画像目）、支那事変の経験に基づく無形戦力軍紀風紀関係資料（案）
昭和 15 年 11 月（防衛省防衛研究所）

第三章　支那事變ノ經驗ヨリ觀タル軍紀振作對策

第一　緒言

一、要旨

軍紀ハ軍隊ノ命脈ナリ而シテ其ノ弛張ハ軍ノ運命ヲ左右スルモ
ノニシテ透徹セル訓練モ之ニ依リテ能ク其ノ成果ヲ實戰裡ニ發揚
スルヲ得ベク軍隊ノ指揮亦之ニ依リテ完璧ヲ期シ得ベク聖戰ニ從フ
皇軍ノ嚴價モ之ニ依リテ光採ヲ發揮スルコトヲ得ベシ然ルニ支那事
變勃發以來ノ實績ニ徴スルニ各關係當事者ノ努力ニ依リ漸次緊密ノ
道程ニ在リト信ズルモ赫々タル武勳ノ反面ニ幾多其ノ弛緩ヲ證セ
ル專犯並ニ就中統帥指揮ノ神聖ヲ冒瀆シ罕存立ノ本義ヲ害スル
軍紀犯並ニ武士道的精神及躾ノ缺如ニ因由スル諸犯多發シ軍紀ヲ侵
害セルノミナラズ軍ノ威信ヲ失墜シ延イテハ聖戰ニ對スル内外ノ嫌
惡反感ヲ招來シ治安工作ヲ害シ國際關係ニ惡影響ヲ及シ聖戰目的ノ
遂成ヲ困難ナラシメアルモノアルハ眞ニ遺憾トスル所ナリ戰爭狀態

七三

「第3章　支那事変の経験より観たる軍紀振作対策・第1　緒言」JACAR：C11110762000（1画像目）、支那事変の経験に基づく無形戦力軍紀風紀関係資料（案）　昭和15年11月（防衛省防衛研究所）

第1号第3章第1　緒言

長期ニ亘ルニ従ヒ動モスレバ軍紀弛緩ノ諸因ヲ包藏シアルニ鑑ミ之ガ振作ニ關シテハ格別ノ配慮ヲ要ス

二、支那事變ニ於ケル犯罪、非行ノ特色

支那事變間ニ於ケル犯罪ハ非違ノ件數ハ國軍總員數ノ激増セルニ比スレバ其ノ増加率ハ必ズシモ大ナラザルモ軍紀犯ハ平時ノ數倍ニ達シ就中軍紀上最モ忌ムベキ上官暴行脅迫同侮辱犯激増シ、逃亡、掠奪、強姦、賭博等ノ悪質犯及經理上ノ非違行爲多發シ幹部ノ犯罪非行亦少カラザルコトハ其ノ特色トス而シテ犯罪ノ件數ハ時日ノ經過ト共ニ漸増ノ趨勢ヲ示シ驚異ト上官暴行、用兵器上殺害等ノ悪質犯發生セルハ特ニ注意ヲ要スル所ナリ

三、前項ノ外犯罪非行防遏上留意スベキ主ナル事項左ノ如シ

1.犯罪非行者ノ大部ハ事件生起當時飲酒ヲ伴ヒアルコト

2.悪質ノ犯罪ハ召集者特ニ後備役、豫備役ノ者ニ多キコト

3.事變地ニ於ケル犯罪非行ハ敵前ノ者ニハ比較的少キニ反シ警備勤

「第3章　支那事変の経験より観たる軍紀振作対策・第1　緒言」JACAR：C11110762000（2画像目）、支那事変の経験に基づく無形戦力軍紀風紀関係資料（案）　昭和15年11月（防衛省防衛研究所）

180

同右

務者及役方勤務者ニ多キコト

4. 事變地ニ於ケル犯罪非行ハ戰鬪直後及駐軍間ニ多發シ移動間特ニ戰鬪間ハ少キコト

5. 事變地ニ於テハ住民ニ對シ徒ラニ優越感ニ驅ラレ生起スル事犯多キコト

6. 內務ノ實施不確實ニ基因スル事故多キコト

⑦ 事變長期化ニ伴ヒ
イ、犯罪、非行惡質巧妙化ノ傾向アルコト
ロ、現役者ノ事故漸増ノ傾向アルコト
ハ駐留長期ニ及ブヤ特ニ物慾犯増加ノ傾向アルコト
ニ、戰鬪倦怠、凱旋希望、軍隊生活厭忌ニ關スル要注意言動多キコト

8. 氣候不順ノ地ニ於テハ精神錯亂ニ基因スル事故發生シアルコト

9. 事變地ヨリ歸還セル軍人、軍屬ノ要注意事故少カラザルコト

七四

「第3章　支那事変の経験より観たる軍紀振作対策・第1　緒言」JACAR：C11110762000（3画像目）、支那事変の経験に基づく無形戦力軍紀風紀関係資料（案）　昭和15年11月（防衛省防衛研究所）

第1号第3章第2　一般的事項

10.軍服ヲ着用セル軍人軍属ノ自爾自戒ヲ要スル非行多キコト

11.軍機保護、防諜観念ノ缺如ニ基ク事故多キコト

以下軍紀振作上著意スベキ事項ニ就キ逃ベントス

　　第二　一般的事項

一、指揮官ハ軍紀ノ緊要ナル所以ヲ自覺シ身ヲ以テ之ガ振作ニ任ズルヲ要ス

軍紀ノ振作ハ軍統率ノ重要要素ナリ各級指揮官ハ時ト所トヲ論ゼズ身ヲ以テ之ガ振作ヲ圖ルヲ要ス事變間各部隊ニ於ケル軍紀ノ振作ハ部隊ニ依リ著シキ差異アリ是ハ下級幹部及兵ノ素質、環境等ニ依ルモノアリト雖モ其ノ根源ハ指揮官ノ軍紀廓正ニ對スル熱意ノ如何ニ支配セラルルモノ多キハ事實ノ證明スル所ナリ例ヘバ出征當初ヨリ深甚ナル注意ヲ以テ軍紀ノ振作ヲ圖リシ部隊ハ克ク當初ヨリ嚴肅ナル軍紀ヲ保持スルヲ得タルニ反シ嚴然タル統率ヲ缺キ常ニ事勿レ主義

178

同右

○   ○

ヲ以テ臨ミ動モスレバ部下ノ歡心ヲ求ムルニ汲々トシテ不軍紀事件

發生スルモ之ヲ不問ニ附シアリシ部隊ハ事犯ヲ累加シ遂ニハ重大事

件ヲ生起シ統率至難ニ陥リシガ如キ或ハ指揮官ノ軍紀振作ニ對スル

斷乎タル處置ヲ講ゼシ以後ニ於ケル○○ノ成績ハ著シク良好ニ向ヒタ

ルガ如キ或ハ指揮官ノ交代ニ依リ其ノ部隊ノ軍紀ノ状況急變セルモ

ノアルガ如或ハ踊還部隊ノ指揮官ニシテ指揮的確ナリシ部隊ノ軍紀

ハ著シク良好ナリシガ如キ或ハ事變地ヨリノ携行並ニ遷送私物品ニ

關シ指揮官ガ周到ナル監督指導ヲ實施セル部隊ノ成績ハ極メテ良好

ナリシガ如キ等是ナリ

二、指揮官（幹部）ハ部下ニ對スル任務ノ附與ヲ適切ニシ命令（規定）指

示ヲ的確ナラシムルヲ要ス

犯罪非行生起ノ原因ヲ觀ルニ任務ノ附與適切ナラズ命令（規定）徹

底ヲ缺キ指示ノ確ナラザルニ基因スルモノ少カラズ例ヘバ事變地ニ

於ケル出張、派遣及退院兵ニシテ速カニ部隊ニ復歸セズ後方地區ヲ

七五

「第3章・第2　一般的事項」JACAR：C11110762100（2画像目）、支那事変の経験に基づく無形戦力軍紀風紀関係資料（案）　昭和15年11月（防衛省防衛研究所）

第1号第3章第2　一般的事項

流浪シ遂ニ逃亡罪ヲ犯シ又ハ金錢缺乏ニ基キ或ハ誘惑ニ依リ各種犯
罪ヲ犯スモノアルハ一面出發ニ方リ指揮官ノ任務ノ確ヲ缺キ
退院時ノ指示懇切ヲ缺キシニ因ルル所アルガ如キ或ハ兵站地通過
及宿營部隊ニシテ兵站司令官ノ規定徹底セザルニ基因シ不軍紀ナル
行爲ニ陷ル者アルガ如キ或ハ諸勤務者ニ與フル任務ノ確ナラズシテ
服務緊張ヲ缺クノ因ヲ爲シ或ハ駐留地ニ於ケル醫備規定不十ニシ
テ軍紀違反ノ誘因ヲ爲セルガ如キ等是ナリ
三、軍紀振作ノ爲幹部教育ヲ徹底セシムルヲ要ス
諸事犯ノ由テ來ル所ハ多々アルベシ雖モ幹部ノ德操ノ缺如、統率
指揮ノ不嚴正、教育指導力ノ不十ニ基因スル所少シトセズ戰時下
國軍幹部ノ大部ハ應召者ニシテ教育訓練十分ナラザル者ヲ包含シ殊
ニ下級幹部中ニハ指揮官タリ教官タルノ素養ニ缺クル者アルニ鑑ミ
之ガ教育指導ヲ適切ニシ以テ嚴肅ナル軍紀ノ振作ヲ期スルノ要切ナ
ルモノアリ之ヲ上官ニ對スル軍紀犯ニ就テ觀ルモ幹部ニ於ケル武德

「第3章・第2　一般的事項」JACAR：C11110762100（3画像目）、支那事変の経験に基づく無形戦力軍紀風紀
関係資料（案）　昭和15年11月（防衛省防衛研究所）

同右

ノ缺如、處置、態度適當ナラザルニ基因スルモノ少カラザルヲ認メラル卽チ犯罪生起ノ原因ノ一牛ハ上官ニ在ルコトヲ省思セザルベカラズ

又軍紀ヲ緊欄スルノ要ハ幹部ノ垂範ニ在ルニ拘ラズ幹部ノ犯罪、非行少カラズシテ累ヲ部下ニ及シアルモノアルハ眞ニ遺憾トスル所ナリ

從來　下級指揮官ノ指揮及指導適切ナラズ軍紀弛緩ノ因ヲ爲セリト思料セラルル事項左ノ如シ

1　型戰目的ヲ了得セズ且軍ハ軍紀ヲ以テ成ルノ所以ヲ理解セズ爲ニ皇軍ヲシテ自ラ其ノ威武ヲ損ゼシムルノ虞アルモノアリ

2　指揮官タルノ責務ノ重且大ニシテ指揮權ノ神聖不可侵ナルコトニ關スル自覺及信念十分ナラザルモノアリ

3　指揮權行使ノ嚴正ノ確ヲ峡キ徒ラニ部下ニ迎合シ事勿レ主義ニ淌スルモノ、甚ダシキハ不良ナル部下ニ惛伏シ其ノ顧使ニ甘ンズル

「第3章・第2　一般的事項」JACAR：C11110762100（4画像目）、支那事変の経験に基づく無形戦力軍紀風紀関係資料（案）　昭和15年11月（防衛省防衛研究所）

第1号第3章第2　一般的事項

○

四　服従観念ヲ透徹セシムルヲ要ス

　綏セシメシモノアリ

5　軍隊能力ノ不足ヨリ指揮ニ自信ナク之ガ厳正ヲ缺キ自ラ軍紀ヲ弛

ルモノアリ

下ノ名誉ヲ發揚シ之ヲ愛護スル途ナルコトニ關シ認識十分ナラザ

4　軍紀ヲ振作セントスルノ熱意ニ乏シク且軍紀ヲ振作スルハ部

ガ如キモノアリ

事變勃發以來ノ軍紀犯ノ發生狀況ヲ觀ルニ軍紀ニ關スル信念徹底ヲ

缺キ服從心ニ動搖ヲ生ジ遂ニハ上官蔑視ノ下剋上的觀念胚胎シ上官

ノ處僨、態度若クハ自己ニ對スル取扱ニ不滿ヲ懷キ反抗心ヲ起シ上

官暴行脅迫、侮辱、抗命等ノ重要軍紀犯ヲ敢行スルニ至レルモノ多

シ一層軍紀ニ關スル確乎タル信念ニ基キ上官ニ對シテハ絶對ニ服從

スベキコトヲ習性タラシムルノ如ク教育指導スルヲ要ス

而シテ禮儀ノ嚴正ナル實施ハ服從心ヲ涵養シ軍紀ヲ確立スル爲ノ要

七六

174

同右

件タルハ兹ニ資言ヲ要セザル所ナリ
然ルニ今次事變以來ノ敎訓ニ徵スルニ禮儀ノ實施嚴正ヲ缺キ延イテ
ハ軍紀ヲ紊ルノ因ヲ釀成セシモノ少カラザルハ特ニ留意ヲ要スル所
ナリ

五部下ノ指導薫化ヲ徹底セシムルト共ニ監督指導ヲ周到ニシ過誤ヲ未

然ニ防遏スルヲ要ス
幹部ハ眞ニ骨肉ノ情ヲ以テ部下ヲ敎導薫化スルト共ニ一面監督指導
ヲ周到ニシ過誤ヲ未然ニ防遏スルヲ要ス斯クノ如クニシテ始メテ部
下ヲシテ上官ハ眞ニ己ノ擁護者タルノ念ヲ懷キ死生ノ間眞ニ上官ニ
服從スルニ至ラシメ軍紀ヲ確立スルヲ得ベシ戰時ニ於ケル軍隊ハ各
種ノ經歷及素質ノ者ヲ包含シアル實情ニ於テ特ニ然リトス從來此等
ニ關スル著意竝ニ指導ノ不徹底ニ基因シ部下ヲシテ過ヲ犯サシメ軍
紀ヲ紊ルニ至ラシメタルモノ顧ル多シ各種事故發生原因ノ大部ハ幹
部指導監督ノ不備ニ在リト言フモ過言ニアラズ例ハバ或ハ特ニ注意

七七

「第3章・第2　一般的事項」JACAR：C11110762100（6画像目）、支那事変の経験に基づく無形戦力軍紀風紀
関係資料（案）　昭和15年11月（防衛省防衛研究所）

第1号第3章第2　一般的事項

ヲ要スル兵ニ對スル身上調査周到ヲ缺キ教導薫化ノ實ヲ擧ゲ得ズ爲

ニ自殺、逃亡等ヲ豫防シ得ザリシ例少カラザルガ如キ或ハ監督指導

ノ不十分ヨリ經理上ノ非違行爲者ヲ續發セシメシモノアルガ如キ等

ハ其ノ一例ナリ

而シテ上官ガ平素部下ノ冒動ニ著意シ絶エズ監督ヲ怠ラザルトキハ

克ク過誤ヲ未然ニ防止シ得ベシ卑近ナル一例ヲ逃ブレバ左ノ如シ

イ　某中隊長ハ中隊ノ郵便物配達簿ト面會簿トヲ一覧シテ某伍長ニ對

シ面會人ノ多キト來信（發信人ハ異ナルモ）ノ多キトニ氣附キ取

調ベタルニ何レモ同一婦人ナリシヲ以テ情婦ナラント更ニ調査ヲ

進メタルニ豈圖ランヤ同婦人ハ所謂主義者ノ手先ニシテ伍長ヲ同

志ニ引入レントセルモノナルヲ發覺シ過ヲ未然ニ防止シ得タリ

2.　某大隊長ハ大隊内ニ於ケル下士官ノ貯金通帳ヲ一覧セルニ某曹長

ハ三箇月前ニ貯金ノ大部ヲ引出シタルノミナラズ爾後貯金シアラ

「第3章・第2　一般的事項」JACAR：C11110762100（7画像目）、支那事変の経験に基づく無形戦力軍紀風紀
関係資料（案）　昭和15年11月（防衛省防衛研究所）

172

同右

ズ依ツテ之ヲ中隊長ニ質シタルニ中隊長ハ某曹長ハ家庭貧困ニシ
テ月々實家ニ送金シアリト答ヘタレバ大隊長ハ更ニ其ノ送金ノ爲替
ノ受領證ノ提示ヲ要求セリ是ニ於テ中隊長之ヲ調ベタルニ送金ノ
事實ナク某曹長ハ某料亭ノ女中ヲ某所ニ圍ヒ之ニ仕送リヲ爲シ且
金錢ニ窮シ同僚及中隊内ノ兵ヨリ借金シアルコトヲ發見シ反省セ
シムルヲ得タリ

又某聯隊長ハ傳票ニ訂正印アルヲ發見シ之ヲ調査シタルニ某主計軍
曹ノ不正行爲ナルコトヲ發覺セリ然レドモ未ダ之ヲ決行シアラザ
リシヲ以テ辛ウジテ犯行ヲ未然ニ防止シ金錢ニ關係ナキ業務ニ轉
移セシメタリ同軍曹ハ爾後准尉迄進級シ一身ヲ完ウシテ豫備役ニ
入レルガ是ハ上官ノ指導宜シキヲ得シ賜ナリト謂ヒ得ベシ

六、賞罰ノ行使ヲ嚴正ナラシムルヲ要ス
賞罰ヲ明カニシ之ガ行使ヲ嚴正ニスルハ軍隊統率上ノ要諦ナリ然ル
ニ事變勃發以來ノ實情ニ徴スルニ或ハ事犯生起當初ニ關シ上官ニ於テ

「第3章・第2　一般的事項」JACAR：C11110762100（8画像目）、支那事変の経験に基づく無形戦力軍紀風紀関係資料（案）　昭和15年11月（防衛省防衛研究所）

第1号第3章第2　一般的事項

殺然トシテ之ニ對處スルコトヲ躊躇シ爲ニ逐次重大犯ヲ累加セシメ
シモノ或ハ刑ノ量定適當ナラズ軍紀犯ニ輕クシテ一般犯ニ重キニ失
スル嫌アル者或ハ懲罰ノ罰目ヲ選定並ニ其ノ期間ニ鬪シ懲罰令ノ本
旨ニ合致セザルモノ或ハ勵モスレバ刑法ニ觸ルル性質ノ犯罪ヲ懲罰
ニヨリ糊塗セントスルガ如キモノ等アリ特ニ軍紀的事犯ニ對シテハ
斷乎タル處置ヲ講ジ禍根ヲ一掃スルヲ必要トス
又幹部ニ對スル賞罰適正ヲ缺キ或ハ監督者ニ對スル責任ノ追及ヲ不
間ニ附スルガ如キコトアラバ軍紀ノ振作ハ期シ難キニ留意スルヲ要
ス

七軍隊内務ノ刷新ヲ圖ルヲ要ス
支那事變下ニ於ケル軍隊ノ内務ハ遺憾ナガラ極メテ不振ニシテ之ニ
因由スル幾多ノ事故ヲ發生シアリ一、二ノ事例左ノ如シ
ノ、兵營ハ苦樂ヲ俱ニシ死生ヲ同ジウスル軍人ノ家庭ニシテ融々和樂
ノ間團結ヲ鞏固ニスベキモノナルニ拘ラズ相互融和ノ氣風ヲ缺キ

七八

「第3章・第2　一般的事項」JACAR：C11110762100（9画像目）、支那事変の経験に基づく無形戦力軍紀風紀関係資料（案）　昭和15年11月（防衛省防衛研究所）

同右

　或ハ傷害事件ヲ惹起シ或ハ内務班（宿舎内）ハ正常ナラザル小貫
ヲ受クル場所ト化シ或ハ私的制裁其ノ跡ヲ絶タザル等ノ為特ニ下
級者ハ内務ノ起居ヲ厭ヒ遂ニハ逃亡自殺者ヲ發生スルニ至リシモ
ノ少シトセズ

2. 内務ノ實施不確實ニ基因シ廠營間無斷引率外出遊與セシモノアリ

3. 内務ノ履行不確實ニ因リ營内（宿舎内）ヨリ火災ヲ發生セルモノ
アリ

4. 物品授受ニ關スル内務規定ノ不備ニ因リ重要機秘舊類ヲ紛失セ
ルモノアリ

5. 公用證ノ取扱適切ナラズ事故發生ノ因ヲ爲セルモノアリ
　内務ノ不振ハ兵員素質ノ底下、教育期間ノ短縮、戰場心理ノ波及、
幹部移動ノ頻繁等幾多ノ原因アルベキモ幹部特ニ下級幹部中ニハ進
級ノ迅速、教育ノ不十分等ニ因リ經驗及能力ニ乏シク内務指導ノ要
ヲ得ザルモノ少カラザルニ因ル所大ナリト思料セラル卽チ或ハ部下

七九

「第3章・第2　一般的事項」JACAR：C11110762100（10画像目）、支那事変の経験に基づく無形戦力軍紀風紀関係資料（案）　昭和15年11月（防衛省防衛研究所）

第 1 号第 3 章第 2　一般的事項

ノ過失ヲ矯正スルニ叱責、殴打ヲ以テ事足レリトシ諄々薫化指導スルノ着意ヲ缺クモノ或ハ之ニ反シ徒ラニ媒レル溫情ニ惰シ事勿レ主義ニ陥ルルモノ或ハ週番士官ニシテ内務審査精神ノ理解ヲ缺キ外出許可幾当ナラザルモノアルガ如キ此ノ間ノ事情ヲ立證スルモノナリ

穏当各隊長ハ現下軍隊内務ノ實情及之ガ不振ノ原因ヲ究メ教練ト内務ノ調和ヲ圖ルハ勿論各種ノ手段ヲ盡クシテ直接内務ノ指導ノ當ル下級幹部ノ之ニ關スル能力ヲ向上セシメ内務ノ刷新ヲ圖ルヲ要ス

尚戰地ニ於ケル内務ノ實施及起居ノ施設ハ内地ノ夫レニ比シ懸隔大ニシテ内地教育ヲ受ケタル者ガ一度戰地ニ臨ムヤ反動的ニ軍紀ヲ紊スノ傾向ナキヤヲ虞ルル指揮官（幹部）ハ戰地ノ特殊環境ニ鑑ミ一層

眞劍ナル教育指導ヲ爲スコト肝要トス

八部下ノ非違矯正上ノ要アリ特ニ私的制裁ヲ根絶セシムルヲ要ス就テハ細心ノ注意ヲ拂ヒ愼宣ヲ期スルノ要アリ特ニ私的制裁ヲ根絶セシムルヲ要ス

部下ノ非違矯正時ノ態度、言語穏當ヲ缺キ或ハ飮酒酩酊時又ハ嫌悪環境

「第 3 章・第 2　一般的事項」JACAR：C11110762100（11 画像目）、支那事変の経験に基づく無形戦力軍紀風紀関係資料（案）　昭和 15 年 11 月（防衛省防衛研究所）

168

同右

ヲ考慮セズ濫リニ多衆ノ面前ニ於テ此實ヲ
ザルノミナラズ却ツテ反抗心ヲ生起セシムルノ虞アルコトアリ特ニ
私的制裁ハ其ノ弊害最モ大ニシテ軍紀ヲ紊リ團結ヲ破リ軍隊ニ於ケ
ル犯罪生起ノ重要原因ヲ爲シアリ對上官犯ニ就テ之ヲ觀ルモ上官ノ
處置ヲ恨ミ私刑ヲ受ケテ俄然之ニ反抗セルモノ少カラザルハ此ノ間
ノ事情ヲ立證スルモノナリ

九、時其ノ他ノ取扱ハ特ニ公平ナラシムルヲ要ス
犯罪生起ノ原因ヲ觀ルニ上官ノ人事其ノ他ノ取扱ガ不公平ナリトシ
テ不平不滿ヲ懷キ機ニ乘ジテ暴行爲ニ出デタルモノ甚ダ多シ
特ニ戰地ニ於ケル下士官兵ノ進級問題ニ於テ然リ
尚細部ニ互リ逑ブレバ左ノ如シ
／自昭和十三年九月至昭和十四年十一月約十五箇月間ニ發生セル對
上官犯三七六名ニ就キ之ヲ觀ルニ三七名卽チ約一割ハ人事ノ不平
ニ基キ上官暴行ヲ敢行セルモノナリ

八○

第1号第3章第2　一般的事項

2. 歸還兵ノ要注意言動九六一件中二八六件即チ三分ノ一弱ハ戰地ニ於ケル人事ノ不平ヲ漏ラセシモノニシテ又現地ノ通信檢閲ニ依リ觀察スルニ人事ノ不平ヲ記述シテ上司ヲ怨恨セルモノ頗ル多シ

七、飲酒ニ關スル指導ハ周到ナルヲ要ス
酒ガ犯罪非行ノ原因トナリ或ハ動機トナルコトハ犯罪非行者ノ大部ガ事件生起時飲酒ヲ伴ヒアルコトニ依リテモ明カナリ幹部ハ之ニ關スル精神教育ヲ徹底セシメ且酒癖者ニ對スル指導ヲ適切ニスルハ勿論、加給酒分配ノ時期分量、酒保ニ於ケル酒販賣ノ制限、強烈ナル支那酒ノ取締等飲酒ニ關スル指導ニ周到ナル配慮ヲ要ス

十、軍紀振作ノ爲憲兵トノ協力ニ努ムルヲ要ス又事故生起ノ場合ハ機ヲ失セズ上級指揮官ニ報告シ之ガ處理ニ遺憾ナキヲ期スルヲ要ス
往々ニシテ憲兵ハ軍隊ノ擬察者タルノ念ヲ以テ積極的ニ連繋協力ヲ求メ以テ事犯ヲ警防シ且事件生起後ノ處斷ヲ適正ナラシムルコトハ事變下ニ於ケル軍隊ノ實情ニ鑑ミ特

「第3章・第2　一般的事項」JACAR：C11110762100（13画像目）、支那事変の経験に基づく無形戦力軍紀風紀関係資料（案）　昭和15年11月（防衛省防衛研究所）

第1号第3章第3　主として戦地に於て著意すべき事項

二　必要ト思料ス

又亭件生起ノ場合ニ於テモスレバ上級指揮官ニ報告スルコトナク之ヲ處理セントスルモノアリ宜シク機ヲ失セズ之ヲ級告シ上級指揮官ノ統率ヲ容易ナラシムルト共ニ事件ノ處理ニ遺憾ナキヲ期スルコト肝要ナリ

士　銃後ノ後援ヲシテ軍ノ志氣ヲ振起スルト共ニ併セテ軍紀ノ振作ニ資スル如ク指導スルコト肝要ナリ

出征時ニ於ケル郷黨先輩ノ激勵的言辭並ニ戰地ニ於テ受クル郷黨ヨリノ激勵的通信ガ出征軍人ノ志氣ヲ振起スルニ大ナル影響アルハ其ノ事例少カラザルニ著意スルコト必要ナリ

第三　主トシテ戰地ニ於テ著意スベキ事項

一、皇軍ノ本質立ニ今次聖戰ノ意義ヲ的確ニ把握シ其ノ行動ヲシテ之ニ即應セシムルヲ要ス

事變勃發以來ノ實情ニ徴スルニ赫々タル武勲ノ反面ニ掠奪、強姦、

八一

「第3章・第3　主として戦地に於て著意すべき事項」JACAR：C11110762200（1画像目）、支那事変の経験に基づく無形戦力軍紀風紀関係資料（案）　昭和15年11月（防衛省防衛研究所）

第1号第3章第3　主として戦地に於て著意すべき事項

放火、俘虜惨殺等皇軍タルノ本質ニ反スル幾多ノ犯行ヲ生ジ爾ニ聖戦目的ノ遂成ヲ困難ナラシメアルハ遺憾トスル所ナリ宜シク皇軍ノ本質竝ニ今次聖戦ノ目的ハ抗日排日容共政権及其ノ軍像ヲ打倒シ東洋永遠ノ平和ヲ確立シ新秩序ノ建設ニ寄與スルニ在リテ決シテ一般民衆ヲ敵トスルモノニアラザル所以ヲ一兵ニ至ル迄徹底セシメ其ノ行動ヲシテ之ニ卽應セシムルコト肝要ナリ

二、事變地ニ於ケル軍紀ノ實相特ニ犯罪非行ノ特色ヲ把握シ其ノ由ツテ來ル所ヲ究メ指導取締上ノ要點ヲ逸セザル如ク留意スルヲ要ス

三、戰鬪行動直後ニ於ケル軍紀風紀ニ關スル指導取締ニ就キ格別ナル留意ヲ必要トス
犯罪非行生起ノ狀況ヲ觀察スルニ戰鬪行動直後ニ多發スルヲ認ム是戰鬪間ニ於ケル殺伐タル心情ノ餘波ヲ受ケアリト思料セラルルヲ以テ戰鬪直後ノ指導取締ニハ特別ナル留意ヲ必要トス

四、事變地ニ於テモ萬難ヲ排シテ教育訓練ヲ勵行スルヲ要ス

「第3章・第3　主として戦地に於て著意すべき事項」JACAR：C11110762200（2画像目）、支那事変の経験に基づく無形戦力軍紀風紀関係資料（案）　昭和15年11月（防衛省防衛研究所）

同右

今次事變ニ於ケル部隊ノ編成、素質及戰場ノ諸相ヨリ考フルニ「且
教ヘ且戰フ」ハ最モ必要トスル所ニシテ之ニ依リテ將兵ヲシテ常ニ
軍紀ヲ嚴正ニシ志氣ヲ振起シ團結ヲ強化シ戰力ヲ發揮スルコトヲ得
ベシ特ニ戰場ノ機微ノ間ニ實施セル精神教育ハ最モ深キ感銘ヲ與ヘ
發憤興起ノ基トナルハ想像外ニシテ平時ニ於テ見ラレザル所ナリ而
シテ戰地ニ於テ最モ困難トスルハ資料ノ乏シキニ在リ特ニ現下軍隊
下級幹部ノ精神教育能力ニ鑑ミ之ガ資料ヲ作製配布スルノ著意ヲ必
要トス
又戰地ニ於ケル起居ハ不規則ニ互リ易キヲ以テ機會ヲ求メテ軍紀調
練ヲ實施スルハ價値大ナルモノアルベシ
尚從來犯行者取調ノ結果ニ徵スルニ陸軍刑法、同懲罰令ニ課スル必
要事項ノ教育不十分ナル爲不知ノ間ニ犯罪非行ヲ爲セルモノ少カラ
ザルヲ以テ苟モ此等教育ノ不徹底ニ基キ勳功アル部下ヲシテ犯罪者
タルノ汚名ヲ蒙ラシムルコトナキヲ要ス

「第3章・第3　主として戦地に於て著意すべき事項」JACAR：C11110762200（3画像目）、支那事変の経験に
基づく無形戦力軍紀風紀関係資料（案）　昭和15年11月（防衛省防衛研究所）

第1号第3章第4　其の他

五、事變地ニ於テハ特ニ環境ヲ整理シ慰安施設ニ關シ周到ナル考慮ヲ拂

ヒ殺伐ナル感情及劣情ヲ緩和抑制スルコトニ留意スルヲ要ス

環境ガ軍人ノ心理延イテハ軍紀ノ振作ニ影響アルハ贅言ヲ要セザル

所ナリ故ニ兵營（宿舎）ニ於ケル起居ノ設備ヲ適切ニシ慰安ノ諸施

設ニ留意スルヲ必要トス特ニ性的慰安所ヨリ受クル兵ノ精神的影響

ハ最モ率直深刻ニシテ之ガ指導監督ノ適否ハ志氣ノ振興、軍紀ノ維

持、犯罪及性病ノ豫防等ニ影響スル所大ナルヲ思ハザルベカラズ

八二

第四　其ノ他

一、在鄉軍人ニ對スル教育指導ニ就テ

今次事變勃發後二箇年間ニ發生セル在支全軍ノ犯罪ヲ役種別ニ就テ

調査スルニ

豫備役　　　　四六三

後備役　　　　六一四

補充兵役　　　二八五
　　　　　　　　　　　一、三六二

「第3章・第4　其の他」JACAR：C11110762300（1画像目）、支那事変の経験に基づく無形戦力軍紀風紀関係
資料（案）　昭和15年11月（防衛省防衛研究所）

現役

三一二

ニシテ應召者ニ極メテ多ク又應召者ノ犯セシ罪質ハ軍成立ノ根元ニ
觸ルルル對上官犯或ハ聖戰完遂ヲ妨害スベキ掠奪、強盜、強姦等極メ
テ惡質ナルモノ多數シアリ此ニ依リテ觀ルモ軍紀振作上在郷軍人ノ
教育指導ニハ格別ナル配慮ヲ要スルモノト思料セラル

二、事變地在留邦人ノ取締指導ニ就テ

部隊ノ駐留、移動ヲ間ハズ最モ關係深キハ邦人居留民ナルベシ、過
去ノ事例ニ依リ之ヲ觀察スルニ特ニ作戰部隊ニ跟隨移動スル邦人ノ
中ニハ不良性ヲ帶ビ部隊ノ軍紀ヲ紊シ宣撫工作ヲ害スル者アルヲ以
テ之ガ取締ヲ適切ニシ累ヲ軍隊ニ及サザルコトニ著意スルヲ要ス

第五　結言

軍紀振作ノ爲ニハ以上述ブルガ如ク各般ノ事項ニ亘リ著意スルヲ要
スルモ軍紀振作ノ要ハ軍紀ノ源泉タル將校先ヅ自ラ武德ヲ涵養シ統
率指揮ヲ嚴正ニスルト共ニ教育指導ヲ適切ニシ部下ノ服從觀念ヲ透

八三

「第3章・第5　結言」JACAR：C11110762400（1画像目）、支那事変の経験に基づく無形戦力軍紀風紀関係資料（案）　昭和15年11月（防衛省防衛研究所）

第1号第3章第5　結言

徹セシメ且信賞必罰ヲ勵行シ身ヲ以テ之ガ振作ヲ圖ルニ在リ特ニ軍
紀ノ根本ニ牴觸シ自由主義思想ニ胚胎セル下剋上的上官ノ軍紀犯並
ニ皇軍ノ本質ニ背馳スル掠奪、強姦等ノ惡質犯多發セルハ國軍ノ爲
誠ニ痛嘆ニ堪ヘザル所ニシテ宜シク其ノ由ツテ來ル所ヲ究メ拔本塞
源的芟除策ヲ講ジ軍紀ヲ確立シ以テ毎皇軍ノ眞價ヲ發揚スルヲ要ス

「第3章・第5　結言」JACAR：C11110762400（2画像目）、支那事変の経験に基づく無形戦力軍紀風紀関係資料（案）　昭和15年11月（防衛省防衛研究所）

第１号第３章附録　主要多発犯の若干に対する一部の観察

附　録

主要多發犯ノ若干ニ對スル一部ノ觀察

對上官犯、掠奪、強姦、賭博犯、經理上ノ非遠行爲等戰時多發犯ニ對シ注意スベキ事項ハ如上記述スル所ニ依リ概ネ盡キアルモ其ノ重要性ニ鑑ミ重複ヲ厭ハズ一部ノ觀察ヲ記シ參考ニ資セントス

一、對上官犯ニ就テ

支那事變勃發ヨリ昭和十四年末ニ至ル間ニ軍法會議ニ於テ處刑セラレシ者ハ上官暴行脅迫、同侮辱五八八抗命七八ニ達シアリ尚右ノ外隱レタル犯行者アルニ想到セザルベカラズ　之ヲ日露戰爭全期間ニ發生セル對上官犯一二〇ニ比スルニ今次事變ニ於テハ兵力亦增大シアルモ犯罪生起ノ比率苦大ナルヲ認メ得ベシ本事犯ハ支那事變勃發以來支那各地、滿洲、内地ヲ問ハズ全冥ニ亘リ急激ニ增加シ當事者ノ異常ナル努力ニモ拘ラズ依然減少セザルノミナラズ上官殺害、傷害與暴行、對直屬上官犯等其ノ内容惡質ノモノヲ生ジアリ

八四

「第３章・附録　主要多発犯の若干に対する一部の観察」JACAR：C11110762500（１画像目）、支那事変の経験に基づく無形戦力軍紀風紀関係資料（案）　昭和15年11月（防衛省防衛研究所）

第1号第3章附録　主要多発犯の若干に対する一部の観察

而シテ本事犯多發ノ由ツテ來ル所ハ複雑多岐ナルモ幹部特ニ下級幹部ノ德操ノ缺如、指揮統御及教育能力ノ不十分竝ニ下級者ノ軍紀ニ對スル觀念ノ缺如ニ基因スル所大ナリト思料セラル

尚幹部ノ軍紀振作ニ關スル監督指導ノ確ヲ缺キ事犯生起スルモ表面ヲ糊塗シ斷乎タル處分ノ實施ヲ躊躇シ爲ニ逐次重大事犯ヲ累加セシメアルモノ少カラザルコト竝ニ飲酒ガ犯行直接ノ動機トナレルモノ多キコトハ教育指導上特ニ注意ヲ要スル所ナリ

本事犯ハ軍隊存立ノ根本ヲ破壞スル虞アルモノナルヲ以テ深ク其ノ原因ヲ究メ徹底セル對策ヲ講ジ之ヲ警防スルト共ニ一度事犯生起セバ斷乎タル處置ニ出デ以テ軍紀ヲ確立スルヲ要ス

二、掠奪、強姦、賭博等ニ就テ
支那事變勃發ヨリ昭和十四年末ニ至ル間ニ軍法會議ニ於テ處刑セラレシ者ハ掠奪、同強姦致死傷四二〇、強姦、同致死傷三一二、賭博四九四ニ達シアリ其ノ他支那人ニ對スル暴行、放火、慘殺等ノ所爲

「第3章・附録　主要多発犯の若干に対する一部の観察」JACAR：C11110762500（2画像目）、支那事変の経験に基づく無形戦力軍紀風紀関係資料（案）　昭和15年11月（防衛省防衛研究所）

同左

　　　　　　　　　　　　○

亦散見スル所ナリ

抑此ノ種事犯ハ皇軍ノ本質ニ悖ル惡質犯ニシテ軍紀ヲ紊ルノミナラ
ズ事變地民ノ抗日意識ヲ煽リ、治安工作ヲ妨ケ、支那側及第三國ノ
宣傳資料ニ利用セラレテ皇軍ノ聲價ヲ傷ツケ延イテハ對外政策ニモ
不利ナル影響ヲ及シ聖戰目的ノ遂行ヲ阻碍スル等其ノ弊害誠ニ大ナ
ルモノアリ宜シク軍隊幹部ニ於テ部下ノ教育指導ヲ適切ニシ特ニ今
次聖戰ノ目的ヲ一兵ニ至ル迄徹底セシメ其ノ行動ヲ之ニ即應セシム
ルト共ニ慰安其ノ他ノ諸施設ヲ強化スル等各種ノ手段ヲ講ジ以テ此
ノ種犯行ヲ防過シ皇軍ノ眞價ヲ發揚スルヲ要ス

三、經理上ノ非違行爲ニ就テ
經理上ノ非違行爲ノ防過ニ就テハ各種ノ機會ニ於テ上司ヨリ屢々注
意ヲ喚起セラレタル所ナルモ事犯ハ依然トシテ續出シアリ
而シテ往々其ノ手段極メテ巧妙ニシテ尋常ノ手段ヲ以テハ之ガ防
容易ナラザルモノアルコト、甚ダシキハ巧妙ナル方法ニ依リ贍賄ヲ

「第3章・附録　主要多発犯の若干に対する一部の観察」JACAR：C11110762500（3画像目）、支那事変の経験
に基づく無形戦力軍紀風紀関係資料（案）　昭和15年11月（防衛省防衛研究所）

第1号第3章附録　主要多発犯の若干に対する一部の観察

八五

要求セルガ如キモノアルコト、非行者ノ大部ハ遊興ニ耽リ而モ長期間ニ亙リ犯行ヲ繼續セルモノ多キコト竝ニ事變ニ方リ軍關係業務ニ從事スルニ至レル軍屬等ニ在リテハ地方ノ風習ヨリ推斷シテ此ノ種非違行爲ニ對スル是非ノ觀念透徹セザルモノアルコト等ハ監督指導上留意ヲ要スル所ナリ

民間業者中ニハ各種ノ老猾ナル衛策ヲ以テ軍關係者ニ接近シ不正手段ニ依リ利益ヲ壟斷セントスルモノ生ジ易キ社會ノ實相ニ鑑ミ本事犯ノ防遏ニ就テハ特ニ深甚ナル配慮ヲ必要トス

「第3章・附録　主要多発犯の若干に対する一部の観察」JACAR：C11110762500（4画像目）、支那事変の経験に基づく無形戦力軍紀風紀関係資料（案）　昭和15年11月（防衛省防衛研究所）

第1号裏表紙

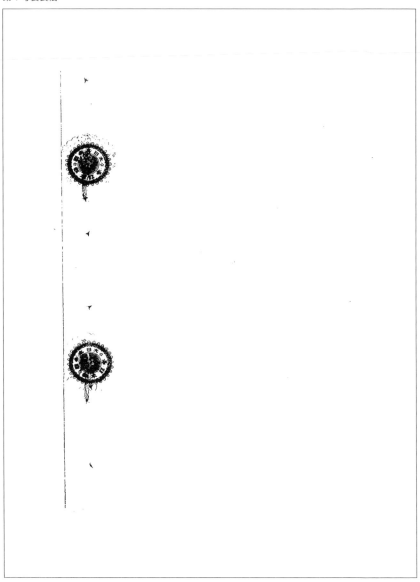

「第3章・附録　主要多発犯の若干に対する一部の観察」JACAR：C11110762500（5画像目）、支那事変の経験
に基づく無形戦力軍紀風紀関係資料（案）　昭和15年11月（防衛省防衛研究所）

あとがき

　本書に収録した論文は、拓殖大学大学院国際協力学研究科安全保障専攻博士後期課程における学位請求論文として執筆したものである。今回出版するに際して、若干の加筆訂正を行うとともに、索引と参考資料（付録）を加えた。

　私は、38年間の会社員生活の後、上記大学院の博士前期課程に学び、引き続き後期課程に進んだ。安全保障専攻を選択した理由のひとつには、もともと軍隊に対する関心が深かったことがあった。中でも、軍隊を秩序と規律ある組織たらしめる仕組みとしての軍事司法制度は、わが国ではあまり研究が進んでいない分野である。さらに一般的には、恣意的な裁きが横行する悪しき制度であったかのように漠然と捉えられている面もあるのではないかと考えていた。それは果たして真実なのか？　という素朴な疑問が原動力となり、博士前期、後期課程とも、旧日本陸軍の軍事司法制度に的を絞って研究を進めた。その集大成が本論文である。

　すなわち、終章に記したように本論文の第1章は修士論文が、また、第2章と第3章はそれぞれ『拓殖大学大学院　国際協力学研究科紀要』に掲載された論文が基となっている。

　学会は防衛法学会および軍事史学会に所属した。2018（平成30）年5月20日には、「2018年度防衛法学会春期研究大会」（開催場所は拓殖大学文京キャンパス）において、「軍刑法の必要性に関する検討——欧米諸国の現行法制及び戦前日本の法制を手掛かりとして——」と題して報告を行った。

　終章にも記したが、本論文の執筆に当たっては、指導教官であった遠藤哲也教授から一貫して懇切な指導と暖かい励ましをいただいた。遠藤教授には、博士前期及び後期課程の6年間を通じてご指導いただき、学問の楽しさと厳しさを教えていただいた。重ねて衷心から感謝の意を表したい。

　併せて、副査の先生方――拓殖大学海外事情研究所・荒木和博教授、同大学大学院国際協力学研究科の丸茂雄一先生、宇佐見正行先生――にも心より御礼申し上げたい。

　また、お一人お一人のお名前を挙げることはしないが、多大な学恩を受けた国際協力学研究科の諸先生方に感謝申し上げたい。

　本論文の出版に関しては、拓殖大学国際日本文化研究所・浜口裕子客員教授（前拓殖大学経済学部教授）に、厚く御礼申し上げたい。浜口教授による出版の勧めと、一藝社へのご紹介がなければ、本書は生まれなかったであろう。出版に関する有益なアドバイスもいただいた。

　浜口教授とのご縁は、私が博士後期課程において教授の授業を履修したことに始まる。しかし、それだけではなく、履修中に判明して驚いたのであるが、教授と私は幼稚園の同級生であった。半世紀余りの時を超えた縁の不思議さを感じる。

　出版に際しては、一藝社の菊池公男会長と小野道子社長に大変お世話になった。お二方に厚く御礼申し上げる。

　最後に、私事にわたって恐縮であるが、私の大学院生活を終始広い心で見守ってくれた妻には、心から感謝している。この場を借りて、感謝の言葉を刻んでおきたい。

　　2023（令和 5）年 8 月 2 日

　　　　　　　　　　　　　　　　　　　石橋早苗

著者略歴

石橋 早苗（いしばし・さなえ）

1953（昭和 28）年　仙台市に生まれる。

1977（昭和 52）年　早稲田大学政治経済学部政治学科卒業。

1977 年〜2015（平成 27）年
　　企業に勤務。主に人事・労務・総務畑を歩む。

2015 年（平成 27）年　定年退職を機に、拓殖大学大学院国際協力学
　　研究科安全保障専攻博士前期課程入学。

2017（平成 29）年　同課程修了。修士（安全保障）。同大学院同研究科
　　同専攻博士後期課程進学。

2021（令和 3）年　同課程修了。博士（安全保障）。

日本陸軍の軍事司法制度
〜「指揮・統制」と「公正性・人権」の視点から〜

2023年8月2日　初版第1刷発行

著者　石橋早苗

発行者　小野道子

発行所　株式会社 一藝 社
〒160-0014東京都新宿区内藤町1-6
Tel. 03-5312-8890　Fax. 03-5312-8895
E-mail info@ichigeisha.co.jp
HP http://www.ichigeisha.co.jp
振替　東京00180-5-350802
印刷・製本　株式会社丸井工文社